高职高专土建类专业"十三五"规划教材

GAOZHIGAOZHUAN TUJIANLEI ZHUANYE SHISANWU GUIHUAJIAOCAI

U0668867

工程经济

GONGCHENG JINGJI

主　编　曾福林　徐猛勇　史舒心

副主编　唐飞云　王　璐　陈　佳　肖恒生

主　审　刘　霁

中南大学出版社
www.csupress.com.cn

内容简介

本书是高职高专工程造价专业"十三五"规划教材。全书包括：工程经济基础、现金流量与资金的时间价值、工程方案经济评价方法、设备更新方案经济评价、工程项目投资与融资、不确定性分析与决策、项目可行性研究与项目评价、价值工程等8个方面的内容。通过学习，可以培养工程管理与技术人员的经济意识，增强经济观念，运用工程经济的基本知识、基本理论和基本技能，以市场为前提、经济为目的、技术为手段，对工程项目投资方案进行经济评价、比较与选择。

本书可作为高职高专院校工程造价、建筑工程技术、工程管理、公路工程技术、市政工程技术、设备工程技术等专业的教材，也可作为注册建造工程师、注册监理工程师、注册造价工程师等有关技术人员的资格考试备考参考用书。本书配有多媒体教学电子课件。

高职高专土建类专业"十三五"规划教材编审委员会

主 任
(以姓氏笔画为序)

玉小冰　　刘孟良　　刘霁　　李建华　　李柏林

胡六星　　陈安生　　陈翼翔　　郑伟　　谢建波

副主任
(以姓氏笔画为序)

王超洋　　刘庆潭　　刘志范　　刘锡军　　李玲萍　　李恳亮

李精润　　欧长贵　　周一峰　　胡云珍　　夏高彦　　蒋春平

委 员
(以姓氏笔画为序)

万小华	王四清	卢滔	叶姝	吕东风	伍扬波
刘小聪	刘天林	刘可定	刘剑勇	刘晓辉	刘靖
许博	阮晓玲	孙光远	孙明	孙湘晖	杨平
李为华	李龙	李亚贵	李延超	李进军	李丽君
李奇	李侃	李海霞	李清奇	李鸿雁	李鲤
肖飞剑	肖恒升	何立志	何珊	宋士法	宋国芳
张小军	陈贤清	陈晖	陈淳慧	陈翔	陈婷梅
易红霞	罗少卿	金红丽	周伟	周良德	周晖
项林	赵亚敏	胡蓉蓉	徐龙辉	徐运明	徐猛勇
高建平	唐茂华	黄光明	黄郎宁	曹世晖	常爱萍
彭飞	彭子茂	彭仁娥	彭东黎	蒋买勇	蒋荣
喻艳梅	曾维湘	曾福林	熊宇璟	魏丽梅	魏秀瑛

出版说明 INSTRUCTIONS

　　遵照《国务院关于加快发展现代职业教育的决定》〔国发（2014）19号〕提出的"服务经济社会发展和人的全面发展，推动专业设置与产业需求对接，课程内容与职业标准对接，教学过程与生产过程对接，毕业证书与职业资格证书对接"的基本原则，为全面推进高等职业院校土建类专业教育教学改革，促进高端技术技能型人才的培养，依据国家高职高专教育土建类专业教学指导委员会高等职业教育土建类专业教学基本要求，通过充分的调研，在总结吸收国内优秀高职高专教材建设经验的基础上，我们组织编写和出版了这套高职高专土建类专业"十三五"规划教材。

　　高职高专教学改革不断深入，土建行业工程技术日新月异，相应国家标准、规范，行业、企业标准、规范不断更新，作为课程内容载体的教材也必然要顺应教学改革和新形式的变化，适应行业的发展变化。教材建设应该按照最新的职业教育教学改革理念构建教材体系，探索新的编写思路，编写出版一套全新的、高等职业院校普遍认同的、能引导土建专业教学改革的"十三五"规划系列教材。为此，我们成立了规划教材编审委员会。教材编审委员会由全国30多所高职院校的权威教授、专家、院长、教学负责人、专业带头人及企业专家组成。编审委员会通过推荐、遴选，聘请了一批学术水平高、教学经验丰富、工程实践能力强的骨干教师及企业专家组成编写队伍。

　　本套教材具有以下特色：

　　1. 教材依据国家高职高专教育土建类专业教学指导委员会《高职高专土建类专业教学基本要求》编写，体现科学性、创新性、应用性；体现土建类教材的综合性、实践性、区域性、时效性等特点。

　　2. 适应高职高专教学改革的要求，以职业能力为主线，采用行动导向、任务驱动、项目载体，教、学、做一体化模式编写，按实际岗位所需的知识能力来选取教材内容，实现教材与工程实际的零距离"无缝对接"。

　　3. 体现先进性特点。将土建学科的新成果、新技术、新工艺、新材料、新知识纳入教材，结合最新国家标准、行业标准、规范编写。

　　4. 教材内容与工程实际紧密联系。教材案例选择符合或接近真实工程实际，有利于培养学生的工程实践能力。

　　5. 以社会需求为基本依据，以就业为导向，融入建筑企业岗位（八大员）职业资格考试、国家职业技能鉴定标准的相关内容，实现学历教育与职业资格认证相衔接。

　　6. 教材体系立体化。为了方便老师教学和学生学习，本套教材建立了多媒体教学电子课件、电子图集、标准规范、优秀专业网站、教学指导、教学大纲、题库、案例素材等教学资源支持服务平台。

全国高职高专土建类专业规划教材

编审委员会

前 言 PREFACE

工程经济课程是工程领域的一门专业基础课，是为适应市场经济的需要而产生的一门技术学科与经济学科相互渗透的边缘学科。通过本课程学习，可以培养工程管理与技术人员的经济意识，增强经济观念，运用工程经济的基本知识、基本理论和基本技能，以市场为前提、经济为目的、技术为手段，对工程项目投资方案进行经济评价、比较与选择。

本书内容包括：工程经济基础，现金流量与资金的时间价值，工程方案经济评价方法，设备更新方案经济评价，工程项目投资与融资，不确定性分析与决策，项目可行性研究与项目评价，价值工程等8个模块。在系统介绍工程经济学基本理论的基础上，突出职业教育特点，吸收工程经济研究领域的最新成果，并列举了众多案例。同时，力求用案例说明知识点的应用，注重经济知识及其分析方法在工程项目中的运用。本书内容精练、重点突出、文字叙述通俗易懂。

本书由湖南城建职业技术学院曾福林、湖南水利水电职业技术学院徐猛勇、贵州工商职业学院史舒心担任主编，由湖南城建职业技术学院唐飞云、湖南高速铁路职业技术学院王璐、长沙职业技术学院陈佳、怀化职业技术学院肖恒升担任副主编。具体编写分工如下：曾福林编写模块1，模块5；唐飞云编写模块4；史舒心编写模块7；徐猛勇编写模块6，模块8；王璐编写模块3中的3.2，3.3；陈佳编写模块2；湖南城建职业技术学院梁列芬编写模块3中的3.1；赵玲编写附录一，附录三；刘强编写附录二；肖恒升对本书模块设置与大纲提供了建议。全书由曾福林统稿。

本书主审由湖南城建职业技术学院刘霁教授担任，在全书编写过程中主审提出了许多宝贵意见并给予了悉心指导；另外，作者参考和引用了国内外大量的文献资料，在此一并表示衷心的感谢。

由于时间仓促和编者水平有限，书中难免存在错误和不足之处，恳请读者批评指正。

编 者

目　录 CONTENTS

模块 1　工程经济基础

【能力要求】　本模块主要由工程技术与经济、工程经济学概述和基本建设项目三部分组成。通过学习，要求了解工程技术与经济的关系；了解工程经济学研究的对象、基本内容，工程经济研究的意义；了解基本建设的程序，建设项目的主要类型、寿命周期以及经济评价的内容、原则与程序；对工程经济学有基本的了解，从而在工程项目实践中树立经济意识。

1.1　工程技术与经济

1.1.1　工程技术

工程是指人们利用科学的理论、技术手段和先进设备来完成的较大而复杂的工作。如土木工程、设备采购工程、机械工程、交通工程、水利工程等。

技术是人类在认识自然和改造自然的反复实践中积累起来的有关生产劳动的经验、知识和技巧等。

工程项目建设中经常追求工程技术的可行性。完成某一工程项目不仅需要考虑技术上是否可以办到，技术方面是否成熟、适用，同时还必须考虑工程技术是否具有先进性。

工程技术的先进性表现在两个方面：一方面是它能够创造出落后技术所不能创造的产品和服务，另一方面是它能够用更少的人力和物力创造出相同的价值。所以人们总希望用先进的工程技术，达到投入少、产出多的目的。工程技术作为人类进行生产斗争的手段，它的经济目的性是十分明显的，对于任何一种技术，在一般的情况之下，都不能不考虑经济效果的问题。

1.1.2　经济

工程项目建设中也经常追求经济合理性。完成某一工程项目不仅需要考虑投入多少，而且还必须考虑收获多少。"经济"一词在我国古代有"经邦济世"、"经国济民"之意，是治理国家、拯救庶民的意思，与现代"经济"的含义不同。工程经济学中所说的"经济"一词，在不同层面具有不同的含义，常见有以下四种：

（1）经济是指生产关系。经济是指人类社会发展到一定阶段的经济制度，是人类社会生产关系的总和，也是上层建筑赖以存在的经济基础。如国家的宏观经济政策、经济分配体制等就是这里所说的经济。

（2）经济是指一国的国民经济的总称，或指国民经济的各部门，如工业经济、农业经济、商业经济等。

（3）经济是指社会生产和再生产的过程，即物质资料的生产、交换、分配、消费的现象和过程。社会生产和再生产的经济效益、经济规模就是指这里的经济。

1

(4)经济是指节约或节省。就是指在社会生活中如何少花资金、节约资金,如日常生活中的经济实惠、物美价廉。

工程经济所研究的内容主要是人、财、物、时间等资源的节约和有效利用,以及技术经济决策所涉及的经济问题。工程项目的建设都伴随着资源的消耗,同时经历研究、开发、设计、建造、运行、维护、销售、管理等过程。

本书中的经济是指如何以有限的投入获得最大的产出和收益这个经济效益问题。经济效益是指劳动耗费与劳动成果的对比关系。经济效益通常有两种表示方式:

$$经济效益 = 有用的劳动成果/劳动耗费$$
$$经济效益 = 有用的劳动成果 - 劳动耗费$$

有用的劳动成果是指因投入而带来的积极的结果,劳动耗费是指生产过程中耗费的活劳动和物化劳动。

1.1.3 工程技术与经济的关系

工程技术和经济的关系十分密切,不可分割。发展经济所进行的活动必须运用一定的经济手段,而任何技术手段的运用都必须消耗或占有人力、物力和财力等资源。一般而言,一项成功的工程项目,除了技术上可行和成功外,还要产生预期的效益,在有些情况下还要求产生的效益要超过为实施该工程而付出的费用,从而使所设计的工程(或产品)能实现净效益。所以,经济发展是技术进步的动力和方向,而技术进步是推动经济发展、提高经济效益的重要条件和手段。

工程技术和经济之间相互促进又相互制约,具体表现在以下几个方面:

(1)技术研究、开发和应用与经济可行性之间的矛盾。缺乏足够的资金,就不能进行重大领域的科学研究或引进先进的技术设备。反之,没有科学研究和技术改革就不能获得预期的经济效益。

(2)技术先进性与适用性的矛盾。技术的先进性反映技术的水平和创新程度,这是科研部门所追求的;技术的适用性则表示技术适应使用者的生产与市场需要,这是企业的要求。先进的技术不一定适用,适用的技术不一定最先进。在市场经济条件下,技术成为商品,如果技术开发脱离了市场需要,就不可能实现自身的价值和使用价值。

(3)技术效益的滞后性与投资者渴望现实盈利的矛盾。技术成果的应用会带来经济效益,但其过程是循序渐进的,而投资者则希望能尽快地得到资金回报,从而将资金转为它用,因此,投资者有可能由于舍弃先进技术的应用而造成机会成本损失。

(4)技术开发应用效益与风险的矛盾。技术研究开发应用是与风险同在的,研究成功,就会因掌握市场的领先优势而获得超额利润。但研究也可能面临开发失败、时机滞后、竞争失利而达不到预期效益。

(5)技术开发应用成本与新增效益的矛盾。越先进的技术,开发成本也越高,从而出现支付成本与预期效益的矛盾。因此,先进技术开发应用的成本必须低于预期效益。

一项工程能被人们所接受必须具备两个条件:技术上的可行性和经济上的合理性。在技术上无法实现的项目是不可能存在的,而一项工程只讲技术可行,忽略经济合理性也同样是不能被接受的。人们发展技术、应用技术的根本目的在于提高经济活动的合理性,这就是经济效益。因此,为了保证工程技术能更好地服务于经济,最大限度地满足社会需要,就必须研究和寻找工程技术与经济的最佳结合点,在具体目标和具体条件下,获得投入产出的最大效益。

1.2　工程经济学概述

1.2.1　工程经济学的产生与发展

工程经济学,又称为技术经济学,是工程与经济的交叉学科,是研究工程技术实践活动经济效果的学科。它的产生已有100多年。其标志是1887年美国工程师惠灵顿发表的《铁路布局的经济理论》著作,文中对工程经济作了精辟的论述:工程经济并不是建造艺术,而是一门少花钱多办事的艺术。到了1930年,美国格兰特教授出版的《工程经济学原理》奠定了经典工程经济学的基础。格兰特教授在书中阐述了古典工程经济的局限性,利用复利技术,首创了工程经济分析的评价理论和原则。他被誉为工程经济之父。

20世纪后期,工程经济分析的地位日益突出,其重要性得到公认。1982年,里格斯出版的《工程经济学》把工程经济学的学科水平向前推进了一大步。近代工程经济学的发展侧重于用概率统计进行风险性、不确定性等新方法研究以及非经济因素的研究。

在技术经济实践中讲求经济效果,在我国也古已有之。如战国时期李冰父子设计和修建的都江堰水利工程,巧妙地采用了“鱼嘴分江”、“宝瓶口引水”、“飞沙堰排沙”等技术方案,至今被推崇为中国古代讲求工程经济效果的典范。宋代丁谓主持皇宫修建工程中,提出了“挖沟取土制砖、引水行舟运载、竣工前余土回填”等综合经济的施工方案,也是讲求工程经济效果的经典范例。

新中国成立初期开始学习苏联的技术经济论证方法,随着“文化大革命”运动的开展,工程经济研究曾一度中断,改革开放后,我国对工程经济学的研究和应用重新得到广泛重视。现在,在项目投资决策分析、项目评估和管理中,已经广泛地应用工程经济学的原理和方法。

1.2.2　工程经济学的研究对象与内容

工程经济学的研究对象是工程项目。这里所说的项目是指投入一定资源的计划、规划或方案并具有相对独立功能的可以进行分析和评价的单元。

工程项目的含义是很广泛的,它可以是一个拟建中的工厂、车间、住宅小区,也可以是一项技术革新或改造的计划;可以是设备,甚至是设备中某一部件的更换方案,也可以是一项巨大的水利枢纽或交通设施。任何工程项目都可以划分成更小的、便于进行分析和评价的子项目。通常,一个项目需要有独立的功能和明确的费用投入。例如,拟建一个汽车工厂,采用的是××发动机,发动机可以由本厂制造,也可以向其他工厂购进甚至进口,这样“发动机”一项可以作为一个独立项目进行专门研究。

工程经济学从技术的可行性和经济的合理性出发,运用经济理论和定量分析方法,研究工程项目投资和经济效益的关系,研究影响经济效果的各种因素以及这些因素对工程项目产生的影响,具体内容包括如下一些方面:

(1)方案的评价方法。研究投资方案的评价指标,以分析方案的可行性。

(2)投资方案的选择。一个投资项目往往具有多个实施方案,分析方案之间的关系,进行多方案选择。

（3）筹资分析。研究如何建立筹资主体和筹资机制，分析各种筹资方式的成本与风险。

（4）财务分析。研究建设项目对各种投资主体的贡献，从企业角度分析项目的可行性。

（5）经济分析。研究建设项目对国民经济的贡献，从国民经济角度分析项目的可行性。

（6）风险和不确定性分析。任何一项经济活动，由于各种不确定性因素的影响，会使期望的目标与实际状况发生差异，可能会造成经济损失。因此需要进行不确定性分析与风险分析。

1.2.3　工程经济研究的意义

要想提高工程项目的经济效益，使技术能够有效地应用于工程项目的设计与施工工作中，就必须对各种技术方案的经济效益进行计算、分析和评价，在保证质量的前提下，尽可能少花钱、多办事，即进行工程经济研究。

具体说来，工程经济研究的重要意义主要体现在以下三个方面：

1. 工程经济分析是提高社会资源利用效率的有效途径

在任何工程项目（或投资项目）中都伴随着资源的消耗，这里的资源包括资金、土地、劳动力、能源、信息等。而资源具有稀缺性（或有限性）与多用途。稀缺性意味选择必须付出机会成本（潜在收益），追求资源的使用效率。在项目投资和营运过程中，以最大限度地发挥资源的作用，确保资源得到合理的使用并取得满意的经济效果，是工程项目设计、施工、管理等工程技术人员必须考虑的问题。

2. 工程经济分析是工程师的必修课

现代工程建设与施工单位要有竞争力，不仅技术上、设备上要有吸引力，价格上也要有吸引力。如果只考虑质量，不考虑投资成本，将会导致建设项目成本很高，甚至因缺少资金而中途停工。如何降低成本、增加利润，是工程师的主要任务，也是经济发展对工程师提出的要求。

3. 工程经济分析是降低项目投资风险的可靠保证

工程经济研究的最主要目的就是降低投资风险，使决策更加科学化、合理化。在工程项目投资前期进行各种技术方案的论证评价，一方面可以在投资前发现问题，并采取措施；另一方面对于技术方案经济论证不可行的方案，及时否定，从而避免不必要的损失，使风险最小化。只有加强工程经济分析工作，才能降低投资风险，使投资获得预期效益，否则会造成人、财、物等资源的浪费。

1.3　基本建设项目

1.3.1　基本建设

1. 基本建设的概念

基本建设是指人们把一定的建设材料、机械设备和资金，通过购置、建造和安装等活动转化为固定资产，形成新的生产能力或使用效益的经济活动。

基本建设是扩大再生产以提高人民物质、文化生活水平和加强国防实力的重要手段。具体作用是：为国民经济各部门提供生产能力；影响和改变各产业部门内部之间、各部门之间的构成和比例关系；使全国生产力的配置更趋合理；用先进的技术改造国民经济，为社会提供住宅、文化设施、市政设施，为解决社会重大问题提供物质基础。

进行基本建设是为了固定资产的扩大再生产，但它绝不是固定资产扩大再生产的唯一源泉。因为扩大再生产分为外延与内涵两个方面。如生产场所扩大了，就是外延上扩大；如果生产效率方面提高了，就是内涵上扩大了。所以，提高企业的经济效益与总的收益，必须努力提高固定资产的生产效率，而不应当以单纯追求基本建设投资的增加为目的。

基本建设的主要内容有：

(1)建筑工程。包括各种厂房、仓库、住宅、商店、宾馆、影剧院、教学楼、写字楼、办公楼等建筑物和矿井、公路、铁路、码头、桥梁等构筑物的建筑工程；各种管道、电力和通信管线的敷设工程；设备基础、各种工业炉砌筑、金属结构工程；水利工程和其他特殊工程。

(2)设备安装工程。包括动力、电信、起重运输、医疗、实验等各种设备的装配、安装工程；与设备相连的金属工作台、梯子等的安装工程；附属于被安装设备的管线敷设工程；被安装设备的绝缘、保温和油漆工程；安装设备的测试和无负荷试车等。

(3)设备购置。包括一切需要安装和不需要安装设备的购买和加工制作。

(4)工具、器具及生产家具购置。包括车间、实验室等所应配备的、形成固定资产的各种工具、器具及生产家具的选购和加工制作。

(5)其他基本建设工作。包括上述内容以外的基本建设工作，如勘察设计、土地征用、建设场地原有建筑物的拆除补偿、机构筹建、联合试车和职工培训等。

2. 基本建设项目及分类

基本建设项目一般是指经批准包括在一个总体设计范围内进行建设，经济上实行统一核算，行政上有独立组织形式，实行统一管理的建设工程总体。通常情况下是由若干个有内在联系的单项工程或是一个独立的工程所构成。建设项目可以从不同角度进行分类。

(1)按建设性质划分，分为新建、扩建、改建、迁建、恢复项目。①新建项目，是指从无到有，"平地起家"，新开始建设的项目。有的建设项目原有基础很小，经扩大建设规模后，其新增加的固定资产价值超过原有固定资产价值三倍以上的，也算新建项目。②扩建项目，是指原有企业、事业单位为扩大原有产品生产能力(或效益)，或增加新的产品生产能力，而新建主要车间或工程项目。③改建项目，是指原有企业为提高生产效率、增加科技含量，采用新技术改进产品质量或改变新产品方向，对原有设备或工程进行改造的项目。有的企业为了平衡生产能力，增建一些附属、辅助车间或非生产性工程，也算改建项目。④迁建项目，是指原有企业、事业单位由于各种原因经上级批准搬迁到另地建设的项目。迁建项目中符合新建、扩建、改建条件的，应分别作为新建、扩建或改建项目。迁建项目不包括留在原址的部分。⑤恢复项目，是指企业、事业单位因自然灾害、战争等原因，使原有固定资产全部或部分报废，以后又投资按原有规模重新恢复起来的项目。在恢复的同时进行扩建的，应作为扩建项目。

(2)按建设规模大小划分，分为大型、中型、小型项目。基本建设大中小型项目是按项目的建设总规模或总投资来确定的。习惯上将大型和中型项目合称为大中型项目。新建项目按项目的全部设计规模(能力)或所需投资(总概算)计算；扩建项目按扩建新增的设计能力或扩建所需投资(扩建总概算)计算，不包括扩建以前原有的生产能力。但是，新建项目的规模是指经批准的可行性研究报告中规定的建设规模,而不是指远景规划所设想的长远发展规模。明确分期设计、分期建设的,应按分期规模计算。基本建设项目大中小型划分标准,是国家规定的,按总投资划分的项目,能源、交通、原材料工业项目 5000 万元以上,其他项目 3000 万元以上的为大中型项目,在此标准以下的为小型项目。

(3)按项目在国民经济中的作用划分,分为生产性、非生产性项目。①生产性项目,指直接用于物质生产或直接为物质生产服务的项目,主要包括工业项目(含矿业)、建筑业、地质资源勘探及农林水有关的生产项目、运输邮电项目、商业和物资供应项目等。②非生产性项目,指直接用于满足人民物质和文化生活需要的项目,主要包括文教卫生、科学研究、社会福利、公用事业建设、行政机关和团体办公用房建设等项目。

(4)按建设过程划分,分为筹建、施工、投产、收尾、停缓建项目。①筹建项目,指尚未开工,正在进行选址、规划、设计等施工前各项准备工作的建设项目。②施工项目,指报告期内实际施工的建设项目,包括报告期内新开工的项目、上期跨入报告期续建的项目、以前停建而在本期复工的项目、报告期施工并在报告期建成投产或停建的项目。③投产项目,指报告期内按设计规定的内容,形成设计规定的生产能力(或效益)并投入使用的建设项目,包括部分投产项目和全部投产项目。④收尾项目,指已经建成投产和已经组织验收,设计能力已全部建成,但还遗留少量尾工需继续进行扫尾的建设项目。⑤停缓建项目,指根据现有人财物力和国民经济调整的要求,在计划期内停止或暂缓建设的项目。

(5)按项目投资管理形式划分,分为政府投资、企业投资项目。①政府投资项目,是指使用政府性资金的建设项目以及相关投资活动。②企业投资项目,是指不使用政府性资金的投资项目。

1.3.2 建设项目寿命周期

1. 项目寿命周期

工程项目全寿命周期是工程造价控制理论的一个词汇,是指一个建设项目从立项开始,到建成投产,到生产运行,再到报废淘汰即项目完全失去效益的整个过程时间。

一般将工程项目分为三个阶段:投资前期、投资实施期(投资执行期)和投资服务期(营运期)。各个阶段包含的工作内容见图 1 - 1 所示。

投资前期					投资实施期					投资服务期	
机会研究	初步可行性研究	可行性研究	项目评估	投资决策	项目设计	施工招标投标	项目施工	项目竣工	交付验收	项目生产经营	项目后评价

图 1 - 1　工程项目寿命周期

需要注意的是,工程项目往往还需要从项目构想开始。项目构想阶段就是要规定项目应达到的目标,这种目标的设想主要来自市场调查与预测的结果,来自生活与经济发展的需求等等。

2. 基本建设程序

依据基本建设的特点，为了保证建设项目的成功决策、顺利建设和达到预期的投资效果，必须遵循基本工作程序。

基本建设程序是对基本建设项目从酝酿、设想、选择、评估、决策、规划到建成投产所经历的整个过程中必须遵循的工作环节及先后顺序。它反映工程建设各个阶段之间的内在联系，是从事建设工作的各有关部门和人员都必须遵守的原则。这些步骤的先后顺序为：

（1）编制项目建议书。对建设项目的必要性和可行性进行初步研究，提出拟建项目的轮廓设想，写成书面报告，建议有关上级部门同意批准兴建该项目。

（2）编制可行性研究报告。根据上级批准的项目建议书，进行进一步可行性研究、论证，并根据最优方案编制初步设计。可行性研究的目的是要从技术、经济的角度论证该项目是否适合于建设，也就是说在技术上是否可行、经济上是否合理。可行性研究是对项目建议书中提出的各项问题的一份完整答卷，答案要求明确。具体包括推荐建设地点，确定工艺流程，选用设备的型号，预计年产量和建设规模；生产建设协作配合条件的落实情况，估计全部建设费和建成期限；如实地反映出各项技术经济指标和需要解决的问题。

（3）编制设计任务书。设计任务书是确定基本建设项目编制设计文件的主要依据。它在基本建设程序中起主导作用，一方面把国民经济计划落实到建设项目上，另一方面使建设项目及建成投产后所需的人力、财力、物力有可靠保证。

（4）选择建设地点。建设地点的选择主要考虑以下几个问题：一是工程地质、水文地质等自然条件是否可靠；二是建设时所需的水、电、运输条件是否能达到项目生产要求；三是建设项目投产后的原材料、燃料等的供给情况。当然，对生产人员的生活条件、生产环境亦要全面考虑。建设地点的选择，必须在综合调查研究、多个方案比较的基础上，提出选址报告。

（5）编制设计文件。拟建项目的设计任务书和选址报告经批准后，主管部门就应委托设计单位，按照设计任务书的要求，先后编制初步设计（基础设计）、详细设计（施工图设计）等设计文件。设计文件是安排建设项目和组织工程施工的主要依据。

（6）施工准备。主管部门根据计划要求的建设进度和工作实际情况，采取招标方式选定施工企业，或自己组织精干熟练的班子负责施工准备工作。如征地拆迁、场地测量、三通一平（通水、通电、通道路、平整土地）和临时设施，组织物资订货和供应，项目开工审批，以及其他各项准备工作等。所有建设项目，都必须在列入年度计划、做好施工准备、签订施工合同、具备开工条件的前提下，并经有关机关审核、批准后方能组织施工。

（7）全面施工。项目开工许可审批后即进入项目建设施工阶段，在施工过程中要注意科学管理、文明施工。在质量和进度发生矛盾时，首先要保证质量。单位工程必须编制施工组织设计，并且该施工组织设计要受施工组织总设计的约束和限制。要加强经济核算，建立项目负责制，并严格履行工程合同。

（8）竣工验收。竣工验收是工程建设过程的最后一环，是全面考核基本建设成果、检查工程设计和施工质量的重要步骤。验收分为两个阶段：一是单项工程的验收，二是整体项目的验收，依据国家有关规定组成的验收委员会专门负责进行。

所有竣工验收的项目（工程）在办理验收手续之前，必须对所有财产和物资进行清理，编好竣工决算，分析预（概）算执行情况，考核投资效果，报上级主管部门（公司）审查。竣工项目(工程)经验收交接后,应及时办理固定资产移交手续,加强固定资产的管理。整理各种技术文件材料,绘制竣工图纸。建设项目(包括单项工程)竣工验收前,各有关单位应将所有技术文件材料进行系统整理,由建设单位分类立卷,在竣工验收时,交生产单位统一保管,同时将与所在地区有关的文件材料交当地档案管理部门,以适应生产、维修的需要。

(9)项目后评价。建设项目后评价是建设项目竣工投产、正常运营一段时间后,再对项目的立项决策、设计施工、竣工验收、生产运营等全过程进行系统评价的一种技术经济活动,是固定资产投资管理的最后一个环节。通过后评价可以肯定成绩、总结经验、研究问题、吸取教训,并将结果反馈给项目投资者和银行贷款部门,作为今后改进投资规划、评估、管理工作的重要参考。

基本建设程序是不可违背的科学程序,无论是客观需要还是主观意志如何,违反建设程序办事,常会给国家和社会带来不应有的损失,是一种不负责任的行为。

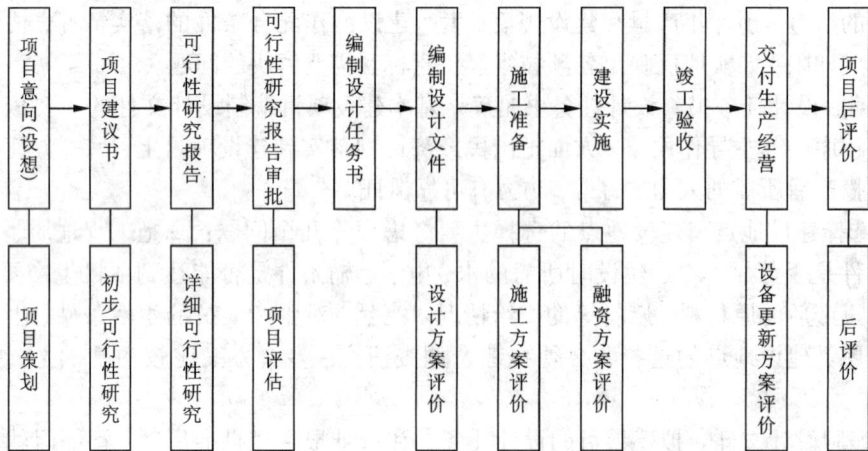

图 1-2　基本建设程序

1.3.3　建设项目经济评价

建设项目经济评价包括国民经济评价和财务评价。其主要作用是在预测、选址、技术方案等项研究的基础上,对项目投入产出的各种经济因素进行调查研究,通过多项指标的计算,对项目的经济合理性、财务可行性及抗风险能力作出全面的分析与评价,为项目决策提供主要依据。

1.经济评价的内容

建设项目经济评价主要包括以下内容:

(1)盈利能力分析。就是分析和测算项目计算期的盈利能力和盈利水平。

(2)清偿能力分析。就是分析和测算项目偿还贷款的能力和投资的回收能力。

(3)抗风险能力分析。就是分析项目在建设和生产期可能遇到的不确定性因素和随机因素对项目经济效果的影响程度,考察项目承受各种投资风险的能力,提高项目投资的可靠性和盈利性。

2.经济评价应遵循的基本原则

(1)力求做到技术先进性和经济合理性的统一。技术和经济的关系是一种辩证的关系,它们相互之间既相互统一,又相互矛盾。我们知道,人们为了达到一定的目的和满足一定的需要,就必须采用一定的技术,而任何技术的社会实践都必须消耗人力、物力和财力。换句话说,不能脱离开经济,这就是技术和经济之间互相制约和互相统一的关系。许多先进的技术往往同时有着很好的经济效益,在生产实践中得到了广泛的应用和推广,促进了国民经济的发展,同时,反过来也推动了这种先进技术的提高和发展。这反映了技术和经济之间相互促进、共同发展的辩证关系。但是,由于各种因素的影响,技术和经济之间也常常有着互相矛盾和互相限制的一面。例如,某种技术从其本身来说(不从经济性来说)是比较先进的,但在当时和当地的经济条件和技术条件下,由于其经济效益不及另一种技术经济效益好,因而这种技术就不能在生产实践中被广泛使用。又如,有不少技术,从技术本身讲是比较先进的,但是,在一定情况下,某一种技术可能最经济,在实践中被采用,而另一种技术可能不是最经济,在实践中不能被采用。但是随着事物的发展以及条件的改变,这种相互矛盾的关系也会随着改变。原来不经济的技术可以转化为经济的,原来经济的技术可以转化为不经济的。上述这种关系,实际上就是技术和经济之间根本的矛盾所在。因此,在进行技术经济评价时,既要求技术上的先进性,又要分析经济上的合理性,力求做到两者的统一。

(2)坚持以全局的观点计算经济效益。我们在进行技术经济评价时,不仅要计算直接的经济效益,还要考虑相关投资的经济效益。国民经济是一个有机的整体,建筑业是国民经济的一个重要组成部分,它和其他各部门紧密联系,互相制约,相互矛盾,互为依存。在评价建筑技术的经济效益时,不但要对给建筑部门带来的经济效益加以详细计算,还要考虑对相邻部门(如建材工业、机械工业部门等)和整个国民经济带来的效益和影响。也就是说,要处理好全局和局部经济效益的关系。局部的经济效益(又称微观经济效益)是基础,全局的经济效益(又称宏观经济效益)是重点、是前提。有些方案,从个别地区或局部范围来看,经济效益是较大的,但从整个国民经济来看却较小,甚至相反,这种方案就不可取。要坚持全局观点,应主要根据给国民经济带来的经济效益来决策。

(3)既要计算目前的经济效益,又要考虑长远的经济效益。我国实行的社会主义市场经济,从根本上说目前和长远的经济效益应是一致的,但有时也会出现某些技术方案从当前看较为有利,从长远看却不利,或者相反。因此,在评价建筑工程技术经济效益时,既要考虑生产施工过程的经济效益,也要考虑投入使用以后的经济效益,使目前的经济效益与长远的经济效益相结合。

(4)经济效益、社会效益和环境效益的统一。对建筑工程技术方案的评价是以经济效益为主要依据的。但是技术方案的影响,除了经济效益方面以外,还涉及社会、环境等方面。因此,经济效益评价并不是对技术方案进行比较和决策的唯一依据,它需要根据技术方案的具体目标以及涉及的具体情况,把经济效益、社会效益和环境效益结合起来进行综合评价。在特定的情况下,社会效益或环境效益可能成为评价技术方案的主要依据。

3.经济评价的一般程序

(1)根据评价的目的,明确方案评价的任务和范围。

(2)探讨和建立可能的技术方案。在评价前,要对技术方案进行审查,只有在技术上过关和产品质量达到基本要求的前提下,才能列为对比方案。

（3）确定反映方案特征的技术经济指标体系。技术经济评价所采用的指标体系，一般可分为技术指标、经济指标、其他因素或指标三类。技术指标是反映技术方案的技术特征和工艺特征的指标，用以说明方案适用的技术条件和范围。经济指标是用以反映方案的经济性和经济效果的指标，如劳动消耗指标、效益指标、经济效果指标等。其他因素或指标是指除了技术指标和经济指标以外还要考虑的因素或指标，如社会因素、政治因素、国防因素等。对评价方案的指标体系的要求是：能全面反映方案的主要方面或基本特征，指标的概念确切，指标要容易计算。因此，评价每一个技术方案，都应有一套指标体系。

（4）对方案的各种指标进行计算。指标的计算要按规则和要求进行，为了使指标具有可比性，计算时应按照相同的计算规则和计算方法。对不同方案中可计量的数量指标分别进行计算和分析，得出定量的分析结果。对不同方案中不可计量的指标(包括质量)也要通过分析和判断，得出定性分析的结果。对于经济现象比较复杂的技术方案.必须根据经济指标和各参变数之间的函数关系，列出相应的经济数学模型，然后求解。

（5）对方案的分析和评价。根据评价的目的，将方案的指标分为主要(基本)指标和一般(辅助)指标，评价时不能等同视之，要突出主要指标，根据方案的特征确定评价的标准(或基础)。通过分析对比，排出方案的优劣顺序，并提出推荐方案的建议。

（6）综合论证、方案抉择。对技术方案进行全面分析、论证和综合评价，选择最经济的方案，然后作出最终结论。

思考练习题

1. 怎样理解工程技术与经济的关系？
2. 工程经济研究有怎样的意义？
3. 基本建设应该遵循什么样的程序？如果不依照程序办事会有什么样的后果？
4. 在进行建设项目经济评价时应按照什么样的原则？为什么？
5. 建设项目投资前期有哪些关键工作环节？
6. 经济评价的一般程序是什么？

模块 2　现金流量与资金的时间价值

【能力要求】　本模块主要由现金流量、资金的时间价值和资金等值计算三部分组成。通过学习，要求学生掌握现金流量的含义，能够绘制现金流量图、编制基本的现金流量表；掌握资金时间价值及计算方法；能够正确运用相关理论和方法进行等值计算。

2.1　现金流量

2.1.1　现金流量的含义

在进行工程经济分析时，可把所考察的对象视为一个系统，这个系统可以是一个建设项目、一个企业，也可以是一个地区、一个国家。而投入的资金、花费的成本、获取的收益，均可看成是以资金形式体现的该系统的资金流出或资金流入。这种在考察对象整个计算期内各时点 t 上实际发生的资金流出或资金流入称为现金流量（Cash Flow）。

其中从投资主体流向系统的资金称为现金流出（Cash Output），用符号 CO_t 表示。如固定资产投资、流动资产投资、销售税金及附加、经营成本等。

从系统流向投资主体的资金称为现金流入（Cash Input），用符号 CI_t 表示。如销售收入，项目结束后回收的固定资产残值、流动资金等。

同一时间点的现金流入与现金流出之差称之为净现金流量（Net Cash Flow），用符号 NCF_t 表示，其计算式为：

$$NCF_t = CI_t - CO_t \qquad (2-1)$$

项目计算期是指投资项目从投资建设开始到最终清理结束整个过程的全部时间，包括投资建设期和生产运营期（具体又包括投产期和达产期）。建设期是指项目从资金正式投入始到项目建成投产止所需要的时间，投产期是指项目投产开始到项目达到设计生产能力为止的时间，达产期是指项目达到设计生产能力后持续发挥生产能力的时间。

2.1.2　现金流量图

1. 现金流量图的概念

现金流量图是一种反映经济系统资金运动状态的图式，即把经济系统的现金流量绘入一时间坐标图中，时间可以年、半年、季度或月为单位，表示各现金流入、流出与相应时间的对应关系，如图 2-1 所示。运用现金流量图，可全面、形象、直观地表达经济系统的资金运动状态。

2. 现金流量图的绘制

现以图 2-1 说明现金流量图的作图方法和规则。

（1）以横轴为时间轴，向右延伸表示时间的延续，轴上的每一刻度表示一个时间单位，

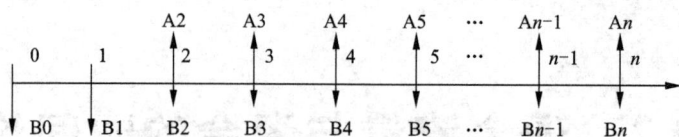

图 2-1 现金流量示意图

两个刻度之间的时间长度称为计息周期。横坐标轴上的"0"点,通常表示当前时点,也可以表示资金运动的时间始点或某一基准时刻。时点"1"表示第 1 个计息周期的期末,同时又是第 2 个计息周期的开始,以此类推。

(2)如果现金流出或流入不是发生在计息周期的期初或期末,而是发生在计息周期的期间,为了简化起见,公认的习惯方法是视其在计算周期末发生,称为期末惯例法。

(3)为了与期末惯例法保持一致,在把资金的流动情况绘制成现金流量图时,都把初始投资 P 作为上一周期期末,即第 0 期期末发生的,这就是在有关计算中出现第 0 周期的由来。

(4)与时间坐标垂直的箭线代表不同的时点的现金流量。垂直箭线的箭头通常向上者表示正现金流量,向下者表示负现金流量。

总之,要正确绘制现金流量图,必须把握好现金流量的三要素,即现金流量的大小(资金数额)、方向(资金流入或流出)和作用点(资金发生的时间点)。

需要特别指出的是,一笔现金流量没有说明具体发生在期初还是期末时,在工程经济分析原理中通常将投资建设期的投资标在期初,生产运营期的流入还是流出均标在期末;而在工程经济分析实践(特别是财务评价)中通常均标在期末。

2.1.3 现金流量表

一个项目的建设与运营,要经历一个项目周期,在项目寿命期内,各种现金流入和现金流出的数额和发生的时间都不尽相同,为了便于分析,通常采用表格形式表示特定系统在一段时间内发生的现金流量。现金流量表由现金流入、现金流出和净现金流量构成,其具体内容随工程经济分析的范围和经济评价方法不同而不同,其中财务现金流量表主要用于财务评价。

例 2.1 某工程项目第一、第二、第三年分别投资 1000 万元、800 万元、500 万元;第三、第四年分别收益 20 万元、40 万元,经营费用均为 30 万元。以后各年平均收益 550 万元,经营费用均为 100 万元,寿命期为 12 年,期末残值 200 万元,画出该项目的现金流量图,编制现金流量表。

解: 根据题意,可作现金流量图(图 2-2)如下:

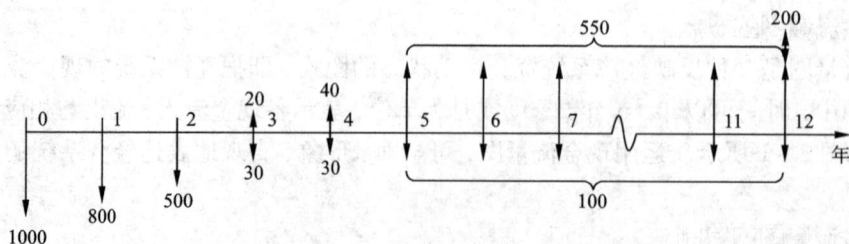

图 2-2 现金流量图

同时可编制现金流量表(表2-1)如下:

表2-1 现金流量表 （单位：万元）

年 份	0	1	2	3	4	5	6	7	…	11	12
1.现金流入(CI_t)	0	0	0	20	40	550	550	550	550	550	750
2.现金流出(CO_t)	1000	800	500	30	30	100	100	100	100	100	100
3.净现金流量(NCF_t)	-1000	-800	-500	-10	10	450	450	450	450	450	650
4.累计净现金流量	-1000	-1800	-2300	-2310	-2300	-1850	-1400	-950	…	850	1500

2.2 资金的时间价值

2.2.1 资金时间价值概述

1.资金时间价值的含义

货币资金在运动过程中随着时间的推移而产生的增值即称为资金时间价值。

资金时间价值是资源稀缺性的体现。经济和社会的发展要消耗社会资源，现有的社会资源构成现存的社会财富，利用这些社会资源创造出来的将来的物质和文化产品则构成了将来的社会财富，由于社会资源具有稀缺性特征，又能够带来更多的社会产品，所以现在物品的效用要高于未来物品的效用。资金时间价值是信用制度下流通中资金的固有特征。

2.研究资金时间价值的意义

资金的时间价值是对建设项目、投资方案进行动态分析的出发点和依据，研究资金的时间价值具有十分重要的现实意义，主要表现在以下三个方面：

(1)有利于资金流向更合理的投资项目。

(2)使资金的运动过程更易于管理。

(3)在建设项目上所投入的资金，可能有不同的来源渠道。

2.2.2 资金时间价值的衡量尺度

资金时间价值一般表现为利息和利润，或者利率与收益率，通常用利率来表示。

1.利息与利率的实质

利息是利润的一部分，是利润的分解或再分配。对于投资者或资金的出借者来说，是放弃消费或其他形式的收益而得到的回报；对于使用者或借款人来说，是使用货币而付出的代价。

利率的定义是从利息的定义中衍生出来的。但实际中，是以利率来计算利息的。

利率的确定应考虑以下主要因素：国内外的政治、经济形势和需要，借贷资金的供求关系，社会平均利润率，物价变动情况，投资风险等。

2.资金时间价值的绝对尺度——利息与利润

狭义的利息是指信贷利息，是指借款者支付给贷款者超出本金的那部分金额。

广义的利息是指一定时期内资金积累总额与原始资金的差额，包括信贷利息、利润或净收益。即：

$$利息总额 = 资金积累总额 - 原始资金 = 本利和 - 本金 \qquad (2-2)$$

3.资金时间价值的相对尺度——利率与收益率

利率是指一定时期内积累的利息总额与原始资金的比值，即利息与本金之比。通常用百分比（%）表示，可用公式（2-3）表示：

$$利率 = \frac{单位时间利息}{本金} \times 100\% \qquad (2-3)$$

2.2.3 单利与复利

利息的计算分为单利和复利。

1.单利

单利计息：指对本金计利息，每一计息周期末的利息不再计利息，如公式（2-4）和（2-5）所示：

$$I_n = P \times n \times i \qquad (2-4)$$
$$F = P \times (1 + n \times i) \qquad (2-5)$$

式中：I_n——利息；

P——本金；

n——年限；

i——利率；

F——本利和或本息和。

例2.2 某先生存入银行10万元，年利率为2.25%，存期为5年，问5年后本利和为多少？

解： 根据题意，由公式（2-5）可得：

$$F = 10 \times (1 + 5 \times 2.25\%) = 11.125（万元）$$

2.复利

复利计息：复利法是把每一计息期的本利和都作为下一计息期的本金，也叫"利滚利"法，如公式（2-6）所示：

$$F = P \cdot (1 + i)^n \qquad (2-6)$$

由于复利法更能体现资金时间价值，现实生活中也多采用复利法计息，所以在投资分析与课程学习中，一般采用复利法计息。复利法计算本利和公式推导见表2-2。

表2-2　复利计息计算过程

计息周期 n	期初金额	本期利息额	本利和 F
1	P	$P \cdot i$	$F = P + P \cdot i = P(1+i)$
2	$P(1+i)$	$P(1+i) \cdot i$	$F = P(1+i) + P(1+i) \cdot i = P(1+i)^2$
3	$P(1+i)^2$	$P(1+i)^2 \cdot i$	$F = P(1+i)^2 + P(1+i)^2 \cdot i = P(1+i)^3$
…	…	…	…
n	$P(1+i)^{n-1}$	$P(1+i)^{n-1} \cdot i$	$F = P(1+i)^{n-1} + P(1+i)^{n-1} \cdot i = P(1+i)^n$

例 2.3 如果上例中采用复利法计息方式,则 5 年后本利和为多少?

解:根据题意,由公式(2 - 6)得:

$$F = 10 \times (1 + 2.25\%)^5 = 11.177(万元)$$

2.2.4 名义利率与有效利率

1. 名义利率的概念

名义利率,是指按年计息的利率,即计息周期为一年的利率。它是以一年为计息基础,等于每一计息期的利率与每年的计息期数的乘积。

如每月存款月利率为 3‰,则名义年利率为 3.6%,即 3‰ × 12 = 3.6%。

2. 有效利率的概念

有效利率,又称为实际利率,是把各种不同计息的利率换算成以年为计息期的利率。

如每月存款月利率为 3‰,则有效年利率为 3.66%,即 $(1 + 3‰)^{12} - 1 = 3.66\%$。

需要注意的是,在资金的等值计算公式中所使用的利率都是指实际利率。当然,如果计息期为一年,则名义利率就是实际年利率,因此可以说两者之间的差异主要取决于实际计息期与名义计息期的差异。

3. 名义利率与有效利率的关系

(1)离散式计息

按期(年、季、月或日等)计息的方法称为离散式计息。

设名义利率为 r,一年中计息次数为 m,则每计息周期的有效利率为 $i = r/m$。那么年初本金为 P,一年后的本利和 F 与利息 I 的计算公式为:

$$F = P\left(1 + \frac{r}{m}\right)^m; \quad I = F - P = P\left(1 + \frac{r}{m}\right)^m - P$$

则年有效利率(或称年实际利率)i_e 为:

$$i_e = \frac{I}{P} = \left(1 + \frac{r}{m}\right)^m - 1 \tag{2 - 7}$$

例 2.4 某厂向外商订购设备,有两家银行可以提供贷款,甲银行年利率为 8%,按月计息,乙银行年利率为 9%,按半年计息,均为复利计算。试比较哪家银行贷款条件优越。

解:根据题意,企业应当选择具有较低实际利率的银行贷款。

分别计算甲、乙银行的实际利率:

$$i_甲 = (1 + 8\%/12)^{12} - 1 = 8.30\%$$

$$i_乙 = (1 + 9\%/2)^2 - 1 = 9.20\%$$

由于 $i_甲 < i_乙$,故企业应选择向甲银行贷款。

(2)连续式计息

按瞬时计息的方式称为连续计息。在这种情况下,复利在一年中无限多次计息,年有效利率为:

$$i_e = \lim_{m \to \infty}\left(1 + \frac{r}{m}\right)^m - 1 = e^r - 1 \tag{2 - 8}$$

就整个社会而言,资金在不停地运动,每时每刻都通过生产和流通在增值,从理论上讲应采用连续式计息,但在实际的经济评价中,都采用离散式计息。

从上例可以看出，名义利率与实际利率存在下列关系：

（1）当实际计息周期为1年时，名义利率与实际利率相等；实际计息周期短于1年时，实际利率大于名义利率。

（2）名义利率不能完全反映资金的时间价值，实际利率才真实地反映资金的时间价值。

（3）实际计息周期相对越短，实际利率与名义利率的差值就越大。现设年名义利率 $r = 12\%$，则按不同计息周期的年实际利率见表2－3。

表2－3　实际利率计算结果

年名义利率	计息周期	年计息周期数 m	计息期利率 r/m	年实际利率 i_e
12%	年	1	12%	12.000%
	半年	2	6%	12.360%
	季	4	3%	12.551%
	月	12	1%	12.683%
	日	365	0.03288%	12.747%
	连续	$+\infty$	—	12.750%

2.3　资金等值计算

2.3.1　资金等值的含义

"等值"是指在时间因素的作用下，在不同的时间点上绝对值不等的资金而具有相同的价值。

利用等值的概念，可以把在一个（或一系列）时间点发生的资金金额换算成另一个（或一系列）时间点的等值的资金金额，这样的一个转换过程就称为资金的等值计算。

等值具有两个特征：①等值是以特定的利率为前提的；②如果两个现金流量等值，则在任何时候其相应的值必定相等。

等值包含三个因素：金额、金额发生的时间、利率。

2.3.2　等值计算的基本参数

1. 现值（P）

表示发生在时间序列起点的资金价值，或者是将未来某时点发生的资金折算为之前某时点的价值，称为资金的现值。

2. 终值（F）

终值表示发生在时间序列终点的现金流量（属预测价值），或者是将某时点发生的资金换算为以后某个时点的价值，又称为将来值、未来值。

3. 年金（A）

年金，特指在一段连续的时点上发生的相等金额的现金流出或流入，又称为年值或等额值。如折旧、利息、租金等。

4. 计息周期(n)

计息周期是指计算资金利息的次数。

5. 利率(i)

利率也称收益率、折现率、贴现率。将某一时点的资金折算为现值的过程称为折现。

现值、终值与年金见图 2-3 所示。

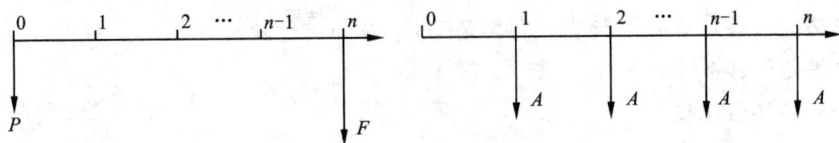

图 2-3　现值终值与年金现金流量图

2.3.3　等值计算的基本公式

常用的计算公式有 6 个,可表示为算式和系数形式。

1. 一次支付复利终值公式

一次性复利终值,也称为整付终值,是指发生在某一时间序列终点的资金值(收益或费用),或者把某一时间序列其他各时刻资金折算到终点的资金值。

其计算公式为:

$$F = P \cdot (1 + i)^n \qquad (2-9)$$

式中的 $(1+i)^n$ 称为"复利终值系数",记作 $(F/P, i, n)$,即 $F = P \cdot (F/P, i, n)$。

例 2.5　本金为 5 万元,利率或者投资回报率为 3%,投资年限为 30 年,那么,30 年后所获得的终值是多少?

解: 根据题意,适用公式(2-9):

$$F = 5 \times (1 + 3\%)^{30} = 12.14(万元)$$

例 2.6　现在把 500 元存入银行,银行年利率为 5%,计算 3 年后该笔资金的实际价值。

解: 依据题意,这是一个已知现值求终值的问题,由公式(2-9)可得:

$$F = 500 \times (1 + 5\%)^3 = 578.81(元)$$

即 500 元资金在年利率为 5% 时,经过 3 年后变为 578.81 元,增值 78.81 元。

这个问题也可以查表计算求解。由复利系数表(见附录)可查得:

$$(F/P, 5\%, 3) = 1.1576$$

所以　　　　$F = 500 \times (F/P, 5\%, 3) = 500 \times 1.1576 = 578.81(元)$

2. 一次支付复利现值的计算

一次性复利现值,又称为整付现值,是指发生在某一时间序列起点(零点)的资金值(收益或费用),或者把某一时间序列其他各时刻资金用折现办法折算到起点的资金值。

其计算公式为:

$$P = \frac{F}{(1+i)^n} = F \cdot (1+i)^{-n} \qquad (2-10)$$

复利现值的计算即由终值求现值，一般称为贴现或折现。$(1+i)^{-n}$ 称为现值系数或贴现系数、折现系数，简写为 $(P/F, i, n)$，即 $P = F \cdot (P/F, i, n)$。

例 2.7 假定李某在 2 年后需要 10000 元，那么在利息率是 7% 的条件下，李林现在需要向银行存入多少钱？

解： 依据题意，适用公式 $(2-10)$：
$$P = 10000 \times (1 + 7\%)^{-2} = 8734.39(元)$$

例 2.8 小红拟购房，开发商提出两种方案，一是现在一次性付 80 万元；另一方案是 5 年后付 100 万元，若目前的银行贷款利率是 7%，应如何付款？

解： 依据题意，分析如下

方法一：按终值比较

方案一的终值：$F = 80 \times (1 + 7\%)^5 = 112.20(万元)$

方案二的终值：$F = 100(万元)$

所以应选择方案二。

方法二：按现值比较

方案一的现值：$P = 80(万元)$

方案二的现值：$P = 100 \times (1 + 7\%)^{-5} = 71.30(万元)$

仍是方案二较好。

通过上述实例可见影响现值和终值的主要因素有：

(1) 各期时点上发生的金额的大小；

(2) 折现率 i 值的大小。

(3) 计算期数的多少，或计息次数的多少，即 n 值的大小。

3. 等额支付序列复利终值公式

等额支付序列复利终值，又称为年金终值，是在项目的时间序列中，连续时点上发生等额的现金流量 A（年金），在利率为 i，计算计息期末 n 的终值 F。

把每次的等额支付看成是一次支付，利用一次支付复利终值公式得

$$F = A \cdot \left[\frac{(1+i)^n - 1}{i} \right] \tag{2-11}$$

$[(1+i)^n - 1]/i$ 称为等额支付序列复利终值系数或年金终值系数，可以用 $(F/A, i, n)$ 表示，即 $F = A \cdot (F/A, i, n)$。

年金终值公式的推导过程在此不作赘述。

例 2.9 王红每年年末存入银行 2000 元，年利率 5%，5 年后本利和应为多少？

解： 依据题意，5 年后本利和为：
$$F = A \cdot \left[\frac{(1+i)^n - 1}{i} \right] = 2000 \times \left[\frac{(1 + 5\%)^5 - 1}{5\%} \right] = 11051.20(元)$$

例 2.10 某大型工程项目总投资 10 亿元，5 年建成，每年末投资 2 亿元，年利率为 7%，求 5 年末的实际累计总投资额。

解： 依据题意，这是一个已知年金求终值的问题，根据公式 $(2-11)$ 可得：
$$F = A[(1+i)^n - 1]/i = 11.50(亿元)$$

此题表示若全部资金是贷款得来，需要支付 1.50 亿元的利息。

4. 等额支付序列积累基金公式

等额支付序列积累基金，也称为偿债基金，是指为了筹集未来 n 期期末所需要的一笔资金 F，在利率为 i 的情况下，计算每个计息期末应等额存入的资金 A，则由等额支付序列复利终值公式可得出：

$$A = F \cdot \left[\frac{i}{(1+i)^n - 1} \right] \tag{2-12}$$

$i/[(1+i)^n - 1]$ 称为等额支付序列积累基金系数，可以用可以用 $(A/F, i, n)$ 表示，即 $A = F \cdot (A/F, i, n)$。

例 2.11　某企业 5 年后需要一笔 50 万元的资金用于固定资产的更新改造，如果年利率为 5%，问从现在开始该企业每年应存入银行多少钱？

解： 依据题意，这是一个已知终值求年金的问题，根据公式（2-12）有：

$$A = F \cdot \left[\frac{i}{(1+i)^n - 1} \right] = 50 \times \left[\frac{5\%}{(1+5\%)^5 - 1} \right] = 9.05 \text{（万元）}$$

即每年末应存入银行 9.05 万元。

5. 等额支付序列复利现值公式

等额支付序列复利现值，又称为年金现值，是为了连续 n 期每个计息期末提取等额资金 A，在利率为 i 的情况下，现应投入的资金 P 为多少。其公式为：

$$P = A \cdot \left[\frac{(1+i)^n - 1}{i(1+i)^n} \right] \tag{2-13}$$

式中 $[(1+i)^n - 1]/[i(1+i)^n]$ 称为等额支付序列复利现值系数，可用系数符号 $(P/A, i, n)$ 表示，公式可记为：$P = A \cdot (P/A, i, n)$。

例 2.12　现在存入一笔钱，准备在以后 5 年中每年末得到 10000 元，如果利息率为 10%，现在应存入多少钱？

解： 依据题意，这是一个已知年金求现值的问题，根据公式（2-13）有：

$$P = A \cdot \left[\frac{(1+i)^n - 1}{i(1+i)^n} \right] = 10000 \times \left[\frac{(1+10\%)^5 - 1}{10\%(1+10\%)^5} \right] = 37908 \text{（元）}$$

6. 等额支付序列资金回收公式

等额支付序列资金回收，又称为现值年金，是指期初以利率 i 投资一笔资金 P，分 n 期等额回收，每期期末可等额回收 A 多少，或期初以利率 i 贷款 P，计划分 n 期等额偿还，每期期末应等额偿还 A 是多少。其公式为：

$$A = P \cdot \left[\frac{i(1+i)^n}{(1+i)^n - 1} \right] \tag{2-14}$$

$[i(1+i)^n]/[(1+i)^n - 1]$ 称为等额支付序列资金回收系数，可用系数符号 $(A/P, i, n)$ 表示，公式可记为：$A = P \cdot (A/P, i, n)$。

例 2.13　某项目投资 100 万元，计划在 8 年内全部收回投资，若已知年利率为 8%，问该项目每年平均净收益至少应达到多少？

解： 依据题意，这是一个已知现值求年金的问题，根据公式（2-14）有：

$$A = P \cdot \left[\frac{i(1+i)^n}{(1+i)^n - 1} \right] = 100 \times \left[\frac{8\%(1+8\%)^8}{(1+8\%)^8 - 1} \right] = 17.40 \text{（万元）}$$

即每年的平均净收益至少应达到 17.40 万元，才可以保证在 8 年内将投资全部收回。

2.3.4 等值计算的注意事项

（1）方案的初始投资，假定发生在方案的寿命期初，即"零点"处；方案的经常性支出假定发生在计息期末。

（2）P 是在计算期初开始发生（零时点），F 在当前以后第 n 年年末发生，A 是在考察期间各年年末发生。

（3）利用公式进行资金的等值计算时，要充分利用现金流量图。现金流量图不仅可以清晰、准确地反映现金收支情况，而且有助于准确确定计息期数，使计算不致发生错误。

（4）在进行等值计算时，如果现金流动期与计息期不同时，就需注意实际利率与名义利率的换算。如例 2.14 所示。

（5）利用公式进行计算时，要注意现金流量计算公式是否与等值计算公式中的现金流量计算公式相一致。如果一致，可直接利用公式进行计算；否则，应先对现金流量进行调整，然后再进行计算。如例 2.15 所示。

（6）在进行等值计算时，还有可能遇到变额年金。具体又有等差变化年金、等比变化年金、不规则变化年金等。前两种变额年金的等值计算也有一整套公式，见表 2-4，在此不作赘述。

例 2.14 某项目采用分期付款的方式，连续 5 年每年末偿还银行借款 150 万元，如果银行借款年利率为 8%，按季计息，问截至到第 5 年末，该项目累计还款的本利和是多少？

解： 根据题意，该项目还款的现金流量图见图 2-4 所示。

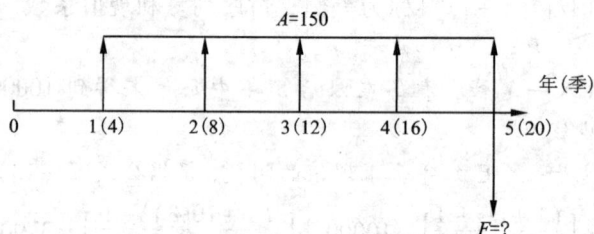

图 2-4 现金流量图

方法一：以年为计算单位，首先求出现金流动期的等效利率，也即实际年利率。根据公式（2-7）可计算

$$i_e = \left(1 + \frac{r}{m}\right)^m - 1 = \left(1 + \frac{8\%}{4}\right)^4 - 1 = 8.24\%$$

这样，原问题就转化为年利率为 8.24%，年金为 150 万元，期限为 5 年，求终值的问题。然后根据等额支付序列年金终值公式（2-11），有：

$$F = A \cdot \left[\frac{(1+i)^n - 1}{i}\right] = 150 \times \left[\frac{(1+8.24\%)^5 - 1}{8.24\%}\right] = 884.21（万元）$$

方法二：以季度为计算资金时间价值单位，直接以季度的利率 $i_{季} = 8\%/4 = 2\%$ 考虑，则：

$$F = 150 \cdot (1+2\%)^{16} + 150 \times (1+2\%)^{12} + 150 \times (1+2\%)^8$$
$$+ 150 \times (1+2\%)^4 + 150 \times (1+2\%)^0$$
$$= 884.21（万元）$$

20

方法三：以季度为计算单位，通过偿债基金公式将问题转化成年金(如图 2 - 5 所示)，再计算，则：

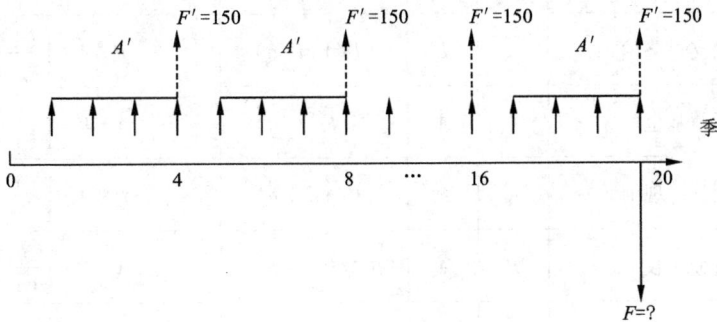

图 2 - 5　现金流量图

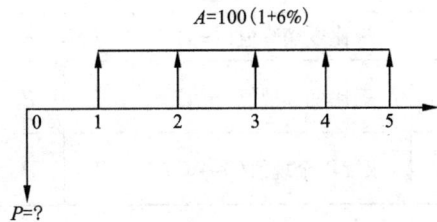

$$A' = F' \cdot (A/F, i, n) = 150 \times (A/F, 2\%, 4) = 36.40(万元)$$

$$F = A \cdot \left[\frac{(1+i)^n - 1}{i} \right] = 36.40 \times \left[\frac{(1+2\%)^{20} - 1}{2\%} \right] = 884.21(万元)$$

例 2.15　某企业 5 年内每年初需要投入资金 100 万元用于技术改造，企业准备存入一笔钱以设立一项基金，提供每年技改所需的资金。如果已知年利率为 6%，问企业应该存入基金多少钱？

解：根据题意，这个问题的现金流量图见图 2 - 6 所示。

它与标准年金现值公式不一致，需要进行调整，调整后的现金流量见图 2 - 7 所示。

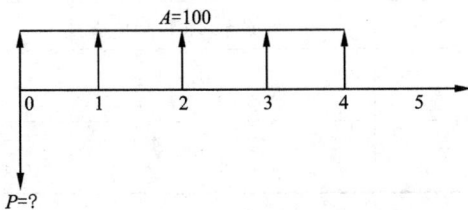

图 2 - 6　现金流量图　　　　图 2 - 7　现金流量图

由图 2 - 7 可知，这是一个已知 A, i, n，求 P 的问题。根据年金现值公式(2 - 13)，有：

$$P = A(P/A, i, n) = 100 \times (1+6\%) \times (P/A, 6\%, 5) = 446.51(万元)$$

为了便于运用，现将常用的 6 种类型与等差等比年金计算公式整理如表 2 - 4。

表 2 - 4　资金等值计算公式

序号	类型	已知	待求	复利系数	计算公式
1	一次性支付终值	P	F	$(F/P, i, n)$	$F = P(1+i)^n$
2	一次性支付现值	F	P	$(P/F, i, n)$	$P = \dfrac{F}{(1+i)^n} = F \cdot (1+i)^{-n}$

序号	类型	已知	待求	复利系数	计算公式
3	等额支付终值	A	F	$(F/A, i, n)$	$F = A \cdot \left[\dfrac{(1+i)^n - 1}{i} \right]$
4	偿债基金	F	A	$(A/F, i, n)$	$A = F \cdot \left[\dfrac{i}{(1+i)^n - 1} \right]$
5	等额支付现值	A	P	$(P/A, i, n)$	$P = A \cdot \left[\dfrac{(1+i)^n - 1}{i(1+i)^n} \right]$
6	资金回收	P	A	$(A/P, i, n)$	$A = P \cdot \left[\dfrac{i(1+i)^n}{(1+i)^n - 1} \right]$
7	等差变额终值(等差部分)	G	F_G	$(F/G, i, n)$	$F_G = G \cdot \left[\dfrac{(1+i)^n - 1}{i^2} - \dfrac{n}{i} \right]$
8	等差变额现值(等差部分)	G	P_G	$(P/G, i, n)$	$P_G = G \cdot \dfrac{1}{i} \left[\dfrac{(1+i)^n - 1}{i(1+i)^n} - \dfrac{n}{(1+i)^n} \right]$
9	等差变额年金(等差部分)	G	A_G	$(A/G, i, n)$	$A_G = G \cdot \left[\dfrac{1}{i} - \dfrac{n}{(1+i)^n - 1} \right]$
10	等比变额终值($j \neq i$)	j	F		$F = A(1+i)^{n-1} \dfrac{\left(\dfrac{1+j}{1+i}\right)^n - 1}{\dfrac{1+j}{1+i} - 1}$
11	等比变额现值($j \neq i$)	j	P		$P = \dfrac{A}{1+i} \cdot \dfrac{\left(\dfrac{1+j}{1+i}\right)^n - 1}{\dfrac{1+j}{1+i} - 1}$
12	等比变额终值($j = i$)	j	F		$F = nA(1+i)^{n-1}$
13	等比变额现值($j = i$)	j	P		$P = \dfrac{nA}{1+i}$
14	永续年金现值($n \to \infty$)	A	P		$P = \dfrac{A}{i}$

思考练习题

1. 简述现金流量、净现金流量、现金流量图的概念。

2. 什么是资金的时间价值? 理解资金时间价值的含义有何意义?

3. 什么是利息? 什么是利润? 二者有何关系?

4. 什么是利率? 它与利息有怎样的关系?

5. 什么是单利? 什么是复利? 说明二者的差别。

6. 什么是折现? 折现的意义是什么?

7. 简述名义利率与实际利率的关系。

8. 某人以10%的单利借出20000元，借期为2年，然后以8%的复利将上述借出金额的本利和再借出，借期为3年。已知$(F/P, 8\%, 3) = 1.260$，则此人在第5年末可以获得的复本利和为多少元?

9. 某人现在存款 10000 元,单利年利率为 3.5%,则 5 年年末的本利和为多少元?

10. 将 10000 元存入银行,年利率为 6%,如果按单利计算,则三年后的本利和为多少元?如果按复利计算,则三年后的本利和为多少元?

11. 某人想借款 50 万元,面临两种选择:甲银行年利率为 8%,按年计息;乙银行年利率为 7.5%,按月计息。此人计划 2 年后一次还清,问应向哪家银行借款?

12. 某地区用 100 万元捐款修建一座永久性建筑物,该建筑物每年的维护费用为 2 万元(折算至年末),除初期建设费用外,其余捐款(用于维护的费用)以 6% 的年利率存入银行,以保证正常的维护费用开支,则可用于修建永久性建筑物的资金是多少万元?

13. 某学生在大学 3 年学习期间,每年年初从银行借款 5000 元用以支付学费,若按年利率 6% 计复利,毕业 2 年后年末一次归还全部本息需要多少钱?

14. 如果某工程 1 年建成并投产,寿命 10 年,每年净收益为 8 万元,按 10% 的折现率计算,恰好能够在寿命期内把期初投资全部收回,问该工程期初所投入的资金多少?

15. 一套运输设备价值 30000 元,希望在 5 年内等额收回全部投资,若折现率为 8%,问每年至少应回收多少?

16. 某企业欲购买某种设备一台,每年可增收益(即每年节约)1 万元。该设备可使用 10 年(经济寿命),期末残值为 0。若预期年利率为 10%,问:该设备投资最高限额是多少?如果设备售价为 7 万元,是否应当购买?

17. 某企业获得一笔 100 万元的贷款,偿还期为 5 年,按年利率 8% 计复利,有 4 种还款方式:

(1)每年年末偿还 20 万元本金和所欠利息;

(2)每年年末只偿还所欠利息,第 5 年年末一次还清本金;

(3)在 5 年中每年年末作等额偿还;

(4)在第 5 年年末一次还清本息。

试计算各种还款方式所付出的总金额,并画出现金流量图。

18. 某人计划 5 年后采用七成 20 年按揭方式购买商品房,预计届时房价为 8000 元/m²。

(1)如果他从现在开始每月月底将 2000 元存入银行(存款年利率 6%),作为购房基金,请问到期用存款总额能够支付多大面积的首付?

(2)如果届时贷款年利率为 8%,他每月供房费用为多少?

(3)还款 5 年后,他若一次性还回剩余借款,则还款金额为多少?

模块 3　工程方案经济评价方法

【能力要求】　本模块由经济评价基础、单方案经济评价方法、多方案经济评价方法三部分构成。通过学习，要求掌握方案与方案的类型，投资回收期、净现值、内部收益率等投资方案评价指标的基本含义、计算方法及判别标准；了解方案的相关性及分类，掌握互斥方案的比较和选择方法；熟悉相关方案的比较和选择方法。

3.1　经济评价基础

在工程经济研究中，经济评价是在拟定工程项目方案、投资估算和融资方案的基础上，对工程项目方案计算期内各种相关技术经济要素和方案投入与产出的有关财务、经济资料数据进行调查、分析、预测，对工程项目方案的经济效果进行计算、评价。

经济评价是工程经济分析的核心内容。其目的在于确保决策的正确性和科学性，避免或最大限度地减小工程项目的投资风险，明了建设方案投资的经济效果水平，最大限度地提高工程项目投资的综合经济效益

3.1.1　方案与方案类型

如果项目仅有一个方案，即为单方案。单方案评价是指为了评价工程技术方案的经济效果，根据方案计算（研究）期内的现金流量，计算有关指标，以确定该方案经济效果的高低。单一项目方案的决策，可以采用下一节经济效果评价指标以决定项目的取舍。

但是，在工程实践中将遇到多个投资方案的经济评价，而由于技资方案的多样性和项目结构类型的复杂性，必须根据其不同结构特点，选择合适的评价指标和正确的评价方法进行项目各方案的比较与选择，才能达到正确决策的目的。项目方案的结构类型，按照方案群体之间的不同关系可以划分为下面几种类型（如图 3 - 1 所示）。

1. 互斥型的投资方案

这类方案的特点是方案之间具有相互排斥性，即在多方案间只能选择其中之一，其余方案均须放弃。其经济效果的评价不具有相加性。例如：①某项目地址设在长沙还是武汉？②设备是购买进口的，还是购买国产的？在这些问题中，所列的方案只能选择其一，其他的都将被淘汰。

2. 独立型的投资方案

这类方案的特点是方案之间不存在相互排斥性，即在多个方案之间，在条件允许的情况下（如无资源限制），可以同时选择多个有利的方案，即多方案可以同时存在。其经济效果的评价具有相加性。例如，中央政府部门计划在全国多省市修建若干条高铁，如果这些方案不存在资本、资源的限制，它们就是相互独立的，其中每一个方案称为独立方案。

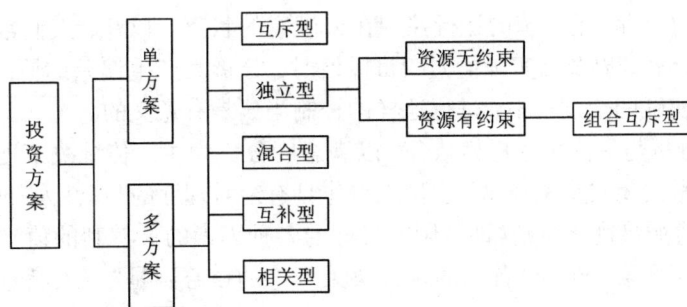

图 3 - 1　投资方案类型

3. 混合型的投资方案

混合型是上述独立型与互斥型的混合结构,是在一定条件(如资金条件)制约下,有若干个相互独立的方案,在这些独立方案中又分别含有几个互斥型的方案。

4. 互补型方案

在多方案中,出现技术经济互补的方案称为互补型方案。根据互补方案之间相互依存的关系,互补方案可能是对称的,如建设一个大型电厂时,必须同时建设电网,它们无论在建成时间、建设规模上都要彼此适应,缺少其中任何一个项目,其他项目就不能正常运行,它们之间是互补的。

5. 现金流相关型方案

现金流相关型方案即使方案间不完全互斥,也不完全互补,如果若干方案中任一方案的取舍会导致其他方案现金流量的变化,这些方案之间也具有相关性。例如,某跨江交通工程项目考虑两个方案,一个是建桥方案 A,另一是轮渡方案 B,两个方案都是收费的。此时,任一方案的实施或放弃都会影响另一方案的现金流量。

6. 组合互斥型方案

在若干可采用的独立方案中,如果有资源约束条件(如受资金、劳动力、材料、设备及其他资源拥有量限制),只能从中选择一部分方案实施时,可以将它们组合为互斥型方案。例如,现有独立方案 A、B、C、D 方案,它们所需的投资分别为 10000、6000、4000、3000 万元。当资金总额限量为 10000 万元时,除 A 方案具有完全的排他性外,其他方案由于所需金额不大,可以互相组合。这样,可能选择的方案共有 A、B、C、D、B + C、B + D、C + D 等七个组合方案。因此,当受某种资源约束时,独立方案可以组成各种组合方案,这些组合方案之间是互斥或排他的。

无论方案群中的方案是何种关系,项目经济评价的宗旨只有一个:在有限资源条件下,获得最佳的经济效果。

3.1.2　经济评价的原则

1. 技术方案经济效果评价的基本原则

方案比较法是技术经济分析中最常用的方法,也是一项综合性很强的工作,必须用系统分析的方法正确处理各方面的关系,以下原则应贯穿在技术方案经济效果评价的始终。

（1）主动分析与被动分析相结合，以主动分析为主。技术经济效果评价，就是要通过事前、事中和事后的分析，把系统的运行控制在最满意的状态。以往，人们常把控制理解为目标值与实际值的比较，以及当实际值偏离目标值时，分析其产生偏差的原因，并确定下一步的对策。在技术实践的全过程中，进行这样的控制当然是有意义的。

（2）满意度分析与最优化分析相结合，以满意度分析为主。传统决策理论是建立在绝对逻辑基础上的一种封闭式决策模型，它把人看作具有绝对理性的"理性人"或"经济人"，在决策时，会本能地遵循最优化原则（即取影响目标的各种因素的最有利的值）来选择实施方案。而以美国经济学家西蒙（Simon）首创的现代决策理论的核心则是"令人满意"准则。他认为，由于人的头脑能够思考和解答问题的容量同问题本身规模相比非常渺小，因此在现实世界里，要采取客观的合理举动，哪怕接近客观合理性也是很困难的。因此，对决策人来说，最优化决策几乎是不可能的。

（3）差异分析与总体分析相结合，以差异分析为主。进行经济效果分析，一般只考虑各技术方案的差异部分，不考虑方案的相同部分，因而可把方案之间的共同点省略，这样既可以减少工作量，又使各对比方案之间的差别一目了然。但在省略时，一定要保证舍弃的确实是方案之间的相同部分，因为哪怕是微小的差异也可能使分析结果产生变化。

（4）动态分析与静态分析相结合，以动态分析为主。传统的评价方法是以静态分析为主，不考虑投入—产出资金的时间价值，其评价指标很难反映未来时期的变动情况。应该强调，考虑资金时间因素，进行动态的价值判断，即将项目建设和生产不同时间段上资金的流入、流出折算成同一时点的价值，变成可加性函数，从而为不同项目或方案的比较提供同等的基础，这对于提高决策的科学性和准确性有重要的作用。

（5）定量分析与定性分析相结合，以定量分析为主。技术方案的经济分析，是通过项目建设和生产过程中的费用—效益计算，给出明确的数量概念，进行事实判断。凡可量化的经济要素都应做出量的表述，这就是说，一切技术方案都应尽可能通过计算定量指标将隐含的经济价值揭示出来。

（6）价值量分析与实物量分析相结合，以价值量分析为主。不论是财务评价还是国民经济评价，都要设立若干实物指标和价值指标。把投资、劳动力、信息、资源和时间等因素都量化为用货币表示的价值因素，对任何项目或方案都用具备可比性的价值量去分析，以便于项目或方案的取舍和判别。

（7）全过程效益分析与阶段效益分析相结合，以全过程效益分析为主。技术实践活动的经济效果，是在目标确定、方案提出、方案选优、方案实施以及生产经营活动的全过程中体现出来的，忽视哪一个环节都会前功尽弃。

（8）宏观效益分析与微观效益分析相结合，以宏观效益分析为主。对技术方案进行经济评价，不仅要看其本身获利多少，有无财务生存能力，还要考虑其需要国民经济付出多大代价及其对国家的贡献。

（9）预测分析与统计分析相结合，以预测分析为主。对技术方案进行分析，既要以现有状况为基础，又要做有根据的预测。在预测时，往往要以统计资料为依据。除了对现金流入与流出量进行常规预测外，还应对某些不确定性因素和风险性做出估算。

对于不同的方案进行分析的目的在于，通过有效地分配人力、物力和资金，在有限资源条件下，获得最佳的经济效果。方案关系不同，评价方法选择不同，因此，依照方案类型的不同选择恰当的评价方法是非常重要的。

2. 互斥方案的比较原则

对于互斥方案的比较，情况比较复杂，有可能采用不同的经济评价指标导致相反的结论，需要根据具体情况和投资者的意愿选择适当的方法和指标。进行互斥方案比较，必须明确以下三个原则。

(1)可比性原则。两个互斥方案必须具有可比性。

1)资料和数据的可比性：对各方案数据资料的搜集和整理的方法要加以统一，所采用的定额标准、价格水平、计算范围、计算方法等应该一致。

2)功能的可比性：参与比选的众多方案的一个共同点就是预期目标的一致性，也就是方案产出功能的一致性，如果不同方案的产出功能不同，或产出虽然相同，但规模相当悬殊或产品质量差别很大，就不能直接进行对比。

3)时间的可比性：一般来说，实际工作中遇到的互斥方案通常具有相同的寿命期，这是两个互斥方案必须具备的一个基本的可比性条件。但在实际工作中，我们经常会遇到寿命期不相等的情况，那就需要对方案按一定的方法进行调整，使它们具有可比性。

(2)增量分析原则。对现金流量的差额进行评价，考察追加投资在经济上是否合算，如果增量收益超过增量费用，那么增加投资是值得的。例如，有甲和乙两个方案，甲方案比乙方案投资金额大，甲方案是否好过乙方案，就要看增加投资的增量收益如何。

(3)选择正确的评价方法。根据项目方案的具体情况和投资者的意愿，合理选用恰当的评价指标，往往是以动态指标为主要依据，静态指标作为辅助指标。

3. 独立方案的比较原则

独立方案的选择相对来说没那么复杂，独立方案的择优是指独立方案的优化组合，即对实现预定目标的若干可供选择的独立方案进行组合，并选择最有利的组合方案。

独立方案择优的特点具体如下：

(1)独立方案的取舍只取决于方案自身的经济性，即只需要检验它们是否能够通过净现值、净年值或内部收益率指标的评价标准，一组独立方案中各方案之间无须进行相互比较。

(2)一组独立方案可以接受一个或几个方案，也可以一个都不接受，这取决于与评价标准比较的结果。

独立方案的优化组合会出现两种情况：一是无资金限额下独立方案的优化组合，二是有资金限额下独立方案的优化组合。无资金限额是指项目不受资金的约束，只要看评价指标是否达到某一评价标准。在独立方案的经济评价中，常用净现值法、净现值率法、内部收益率法等等，这些方法在下一节将会学习到。但是，这种情况在现实中一般不存在，更多的情况是方案受到资金的约束。在资金一定的情况下，实施的项目收益率不仅要大于基准收益率，而且要在资金约束的范围内，对项目进行优化组合，以便使项目组合的经济效益最大。

3.1.3 经济评价的方法与指标体系

1. 工程经济效果评价的方法

经济效果评价是工程经济分析的核心内容，其目的在于确保决策的正确性和科学性，避免或最大限度地减小投资方案的风险，明确投资方案的经济效果水平，最大限度地提高项目投资的综合经济效益，为项目的投资决策提供科学依据。因此，正确选择经济效果评价的指标和方法是十分重要的。

经济效果评价的基本方法包括确定性评价方法与不确定性评价方法两类。对同一个项目必须同时进行确定性评价和不确定性评价。

经济效果的评价方法，按其是否考虑时间因素又可分为静态评价方法和动态评价方法。

静态评价方法是不考虑货币的时间因素，亦即不考虑时间因素对货币价值的影响，而对现金流量分别进行直接汇总来计算评价指标的方法。静态评价方法的最大特点是计算简便。因此，在对方案进行粗评价，或对短期投资项目进行评价，以及对于逐年收益大致相等的项目，静态评价方法还是可采用的。

动态评价方法是考虑资金的时间价值来计算评价指标。在工程经济分析中，由于时间和利率的影响，投资方案的每一笔现金流量都应该考虑它所发生的时间，以及时间因素对其价值的影响。动态评价方法能较全面地反映投资方案整个计算期的经济效果。

在进行方案比较时，一般以动态评价方法为主。在方案初选阶段，可采用静态评价方法。

2.经济效果评价指标

评价经济效果的好坏，一方面取决于基础数据的完整性和可靠性，另一方面则取决于选取的评价指标体系的合理性。只有选取正确的评价指标体系，经济效果评价的结果才能与客观实际情况相吻合，才具有实际意义。一般来讲，项目的经济效果评价指标不是唯一的，根据不同的评价深度要求、可获得资料的多少，以及项目本身所处的条件不同，可选用不同的指标，这些指标有主有次，可以从不同侧面反映投资项目的经济效果。

根据不同的划分标准，投资项目评价指标体系可以进行不同的分类。

（1）根据是否考虑资金时间价值，可分为静态评价指标和动态评价指标，如图3-2所示。

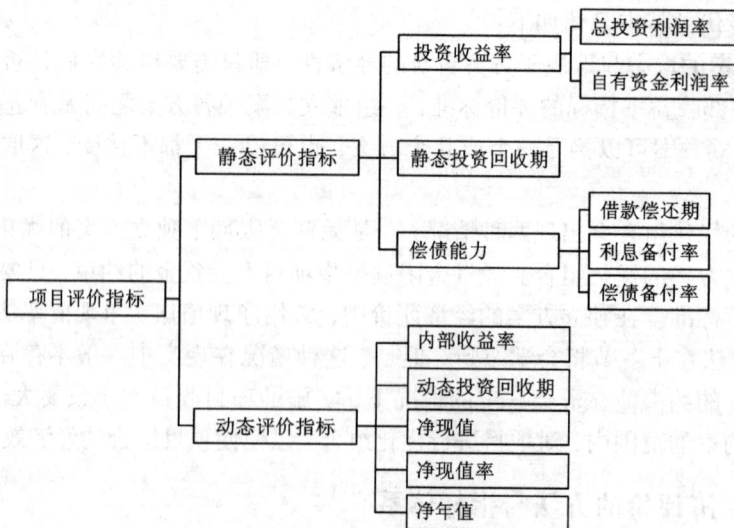

图3-2 评价指标分类图一

（2）根据指标的性质，可以分为时间性指标、价值性指标和比率性指标，如图3-3所示。

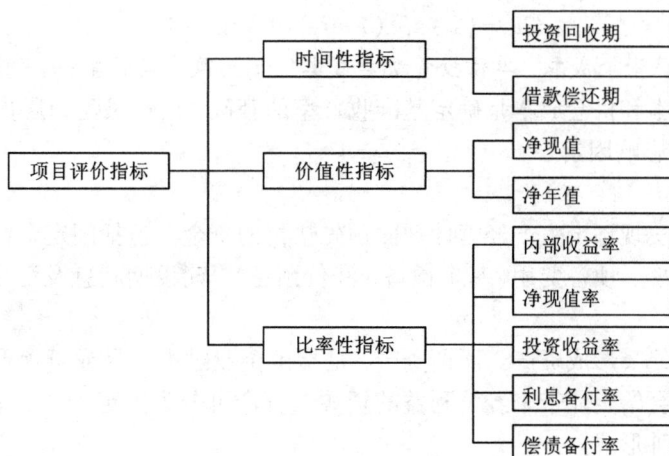

图3-3 评价指标分类图二

3.1.4 经济评价的要素

1.基准贴现率(i_c)

基准贴现率,也称基准折现率、基准收益率,是企业或行业或投资者以动态的观点所确定的、可接受的投资项目最低标准的收益水平。它表明投资决策者对项目资金时间价值的估价,是投资资金应当获得的最低利率水平,是评价和判断投资方案在经济上是否可行的依据,是一个重要的经济参数。基准收益率的确定一般以行业的平均收益率为基础,同时综合考虑资金成本、投资风险、通货膨胀以及资金限制等影响因素。对于政府投资项目,进行经济评价时使用的基准收益率是由国家组织测定并发布的行业基准收益率;非政府投资项目,可由投资者自行确定基准收益率。确定基准收益率时应考虑以下因素:

(1)资金成本和机会成本。资金成本是为取得资金使用权所支付的费用,比如借入资金的利息等。项目投资后所获利润额必须能够补偿资金成本,然后才能有利可言。投资的机会成本是指投资者将有限的资金用于除拟建项目以外的其他投资机会所能获得的最好收益。由于资金有限,当把资金投入拟建项目时,将失去从其他更好的投资机会中获得收益的机会。显然,投资收益应不低于资金成本和投资的机会成本,这样才能使资金得到最有效的利用。

(2)投资风险。在整个项目计算其内,存在着发生不利于项目的环境变化的可能性,这种变化难以预料,即投资者要冒着一定风险作决策。所以在确定基准收益率时,仅考虑资金成本、机会成本因素是不够的,还应考虑风险因素。就是说,以一个较高的收益水平补偿投资者所承担的风险,风险越大,贴补率越高。为此,投资者自然就要求获得较高的利润,否则他是不愿去冒风险的。为了限制对风险大、盈利低的项目进行投资,可以采取提高基准收益率的办法来进行项目经济评价。

(3)通货膨胀。在通货膨胀影响下,各种材料、设备、房屋、土地的价格以及人工费都会上升。为反映和评价出拟建项目在未来的真实经济效果,在确定基准收益率时,应考虑通货膨胀因素。

综合以上分析,基准收益率可确定如下:

$$i_c = (1 + i_1)(1 + i_2)(1 + i_3) - 1$$

其中，$i_1 = \max\{$单位资金成本，单位投资机会成本$\}$；i_2 为风险贴补率；i_3 是通货膨胀率。

总之，资金成本和机会成本是确定基准收益率的基础，投资风险和通货膨胀是确定基准收益率必须考虑的影响因素。

2. 投资与资产

投资，是指为实现预定生产经营计划而预先垫付的资金。包括固定资产投资，无形资产投资，递延资产投资，预备费用（基本预备、涨价预备），建设期利息及汇兑损益，流动资金投资（详见5.1）。

通过投资，最终会形成资产。所谓资产，是指由企业过去交易或事项形成的，由企业拥有或控制的，预期会给企业带来经济利益的资源。资产可分为固定资产、流动资产、无形资产、递延资产等多种形式。

（1）固定资产。固定资产（Fixed Assets）是指可供较长期的使用，单位价值较高，反复多次地参加生产或经营活动过程而仍保持原有实物形态的物质资料。

对于物质生产部门，固定资产是生产的物质技术基础，它的数量和技术状态决定着企业的生产规模和技术水平。它一般包括：生产过程中劳动者使用的机器、设备、工具等，为保证生产所必需的厂房、建筑物、管理办公用具、运输工具等，以及职工住宅、福利设施等其他附属设施。可见，固定资产依其经济用途而分为生产性固定资产与非生产性固定资产两大类。

可以列作固定资产的条件为：①使用期限超过一年的房屋、建筑物、机器、机械、运输工具以及其他与生产、经营有关的设备、器具、工具等；②非生产经营主要设备的物品，单位价值在2000元以上，且使用年限超过2年。不具备以上两个条件之一的工具器具等划作低值易耗品，不列入固定资产。

固定资产在使用寿命期限内，其价值量会不断发生变化，这种变化对于财务评价和经济评价有着重要的意义。有必要了解固定资产的几个基本概念。

1）固定资产原值。指建设项目建成或设备购置投入使用时发生并核定的固定资产完全原始价值总量。

2）固定资产损耗。指固定资产在使用期间发生的物质和非物质的磨损。包括两类情况：①有形损耗，亦称物质损耗，即由于使用或自然力的作用而引起的物质上的磨损；②无形损耗，亦称精神损耗，即由于科学技术进步、社会劳动生产率提高而引起的贬值。例如电子计算机由于更新换代很快，其无形损耗在固定资产损耗中占主要部分。

3）固定资产重置价值。亦称重置完全价值，是指在对固定资产重新估价时，按估价时的价格重新建造或购置同样全新固定资产所需的全部费用。

4）固定资产净值。亦称折余价值，是指固定资产原值或重置价值减去累计折旧额后的余额，反映固定资产的现存价值。

5）固定资产残值。指固定资产达到规定的使用寿命期限或报废清理时可以回收的残余价值。

6）固定资产折旧。固定资产折旧简称折旧，它是指固定资产在使用过程中因有形和无形磨损而转移到产品中去的那部分价值。它是固定资产价值补偿的一种方式。为了保证再生产的顺利进行，必须把固定资产因使用而逐渐转移到产品中去的那部分价值从产品销售的收入中扣除出来，并以货币的形态逐渐积累起来，以备将来用于固定资产的更新（详见4.2）。

（2）流动资产。流动资产（Current Assets）是指企业可以在一年或者超过一年的一个营业周期内变现或者运用的资产，是企业资产中必不可少的组成部分。流动资产在周转过渡中，从货币形态开始，依次改变其形态，最后又回到货币形态（货币资金→储备资金、固定资金→生产资金→成品资金→货币资金），各种形态的资金与生产流通紧密结合，周转速度快，变现能力强。加强对流动资产业务的审计，有利于确定流动资产业务的合法性、合规性，有利于检查流动资产业务账务处理的正确性，揭露其存在的弊端，提高流动资产的使用效益。

（3）无形资产。无形资产（Intangible Assets）是指企业拥有或者控制的没有实物形态的可辨认非货币性资产。无形资产具有广义和狭义之分，广义的无形资产包括货币资金、应收账款、金融资产、长期股权投资、专利权、商标权等，因为它们没有物质实体，而是表现为某种法定权利或技术。但是，会计上通常将无形资产作狭义的理解，即将专利权、商标权等称为无形资产。

（4）递延资产。递延资产是指本身没有交换价值，不可转让，一经发生就已消耗，但能为企业创造未来收益，并能从未来收益的会计期间抵补的各项支出。递延资产又指不能全部计入当年损益，应在以后年度内较长时期摊销的除固定资产和无形资产以外的其他费用支出，包括开办费、租入固定资产改良支出，以及摊销期在一年以上的长期待摊费用等。

3. 成本与费用

就一般意义而言，成本费用泛指企业在生产经营中所发生的各种资金耗费。企业的成本费用，就其经济实质来看，是产品价值构成中 C + V 两部分价值的等价物，用货币形式来表示，也就是企业在产品经营中所耗费的资金的总和。产品价值由三部分组成：在生产过程中消耗的生产资料的转移价值 C；劳动者为自己创造的新价值 V；劳动者为社会创造的新价值 M。

工程经济分析中不严格区分费用与成本，均视为现金流出。

（1）总成本费用。按成本中心分类：

$$总成本（费用）＝生产成本＋财务费用＋管理费用＋销售费用$$

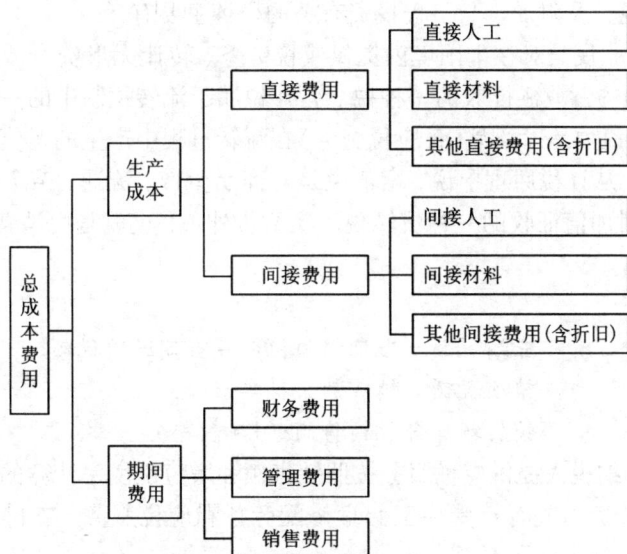

图 3 - 4　总成本费用构成

按按经济性质分类：

总成本(费用) = 外购材料 + 外购燃料 + 外购动力 + 工资及福利费 + 折旧费 + 摊销费 + 利息支出 + 修理费 + 其他费用。

(2)经营成本。经营成本是指项目总成本费用扣除折旧费、摊销费和利息支出以后的成本费用，是财务分析的现金流量分析中所使用的特定概念，作为项目现金流量表中运营期现金流出的主体部分，应得到充分的重视。

经营成本与融资方案无关。因此在完成建设投资和营业收入的估算后，就可以估算经营成本，为项目融资前分析提供数据。

经营成本 = 总成本费用 - 折旧费 - 摊销费 - 利息支出

(3)固定成本与变动成本。按照成本的习性，可以把成本划分为变动成本和固定成本。

变动成本是指随着产量的变化而变化的成本。如产品成本中的直接材料，是随着产品产量的变化而同比例变化的。固定成本是指不随产量的变化而变化的成本。如厂房等固定资产的投资形成的成本，数额是固定的，并不由于生产数量出现变化而发生变化。

4.利润

利润也称净利润或净收益。从狭义的收入、费用来讲，利润包括收入和费用的差额，以及其他直接计入损益的利得、损失。从广义的收入、费用来讲，利润是收入和费用的差额。

利润按其形成过程，分为税前利润和税后利润。税前利润也称利润总额；税前利润减去所得税费用，即为税后利润，也称净利润。

利润总额 = 经营收入 - 总成本费用 - 销售税金及附加

税后利润 = 利润总额 - 企业所得税

5.税金

税指国家向企业或集体、个人征收的货币或实物，即企业按规定缴纳的消费税、营业税、城乡维护建设税、关税、资源税、土地增值税、房产税、车船税、土地使用税、印花税、教育费附加等产品销售税金及附加。与工程投资有关的税种主要有：

(1)营业税。营业税是对在中国境内提供应税劳务、转让无形资产或销售不动产的单位和个人，就其所取得的营业额征收的一种税。营业税属于流转税制中的一个主要税种。

(2)增值税。增值税是以商品(含应税劳务)在流转过程中产生的增值额作为计税依据而征收的一种流转税。从计税原理上说，增值税是对商品生产、流通、劳务服务中多个环节的新增价值或商品的附加值征收的一种流转税。实行价外税，也就是由消费者负担，有增值才征税，没增值不征税。

计算公式为：

应纳税额 = 当期销项税额 - 当期进项税额

销项税额 = 销售额 × 税率

销售额 = 含税销售额/(1 + 税率)

销项税额，是指纳税人提供应税服务按照销售额和增值税税率计算的增值税额。进项税额，是指纳税人购进货物或者接受加工修理修配劳务和应税服务，支付或者负担的增值税税额。

(3)城市维护建设税。城市维护建设税是以纳税人实际缴纳的流通转税额为计税依据征收的一种税，纳税环节确定在纳税人缴纳的增值税、消费税、营业税的环节上，从商品生产到消费流转过程中只要发生增值税、消费税、营业税当中一种税的纳税行为，就要以这种税为依据计算缴纳城市维护建设税，公式为：

$$应纳税额 = (增值税 + 消费税 + 营业税) \times 适用税率$$

税率按纳税人所在地分别规定为：市区 7%，县城和镇 5%，乡村 1%。大中型工矿企业所在地不在城市市区、县城、建制镇的，税率为 1%。

（4）教育费附加。教育费附加是对缴纳增值税、消费税、营业税的单位和个人征收的一种附加费。其作用是发展地方性教育事业，扩大地方教育经费的资金来源。

$$应纳教育费附加 = 实际缴纳的增值税、消费税、营业税三税税额 \times 3\%$$

3.2　单方案经济评价方法

经济效果的评价是工程技术方案评价的核心。为了正确和科学地进行工程技术方案经济效果评价，首先要解决评价指标的设立问题。

由于项目的复杂性，任何一种具体的评价指标都只能反映项目的一个方面或某些方面，而忽略了其他方面。为了系统、全面地评价技术方案的经济效益，需要选取正确的评价指标体系，从多个方面进行分析考察。正确选择经济评价指标和指标体系，是项目经济评价工作成功的关键因素之一。

如果按照投资项目对资金的回收速度、获利能力和资金的使用效率进行分类，投资项目的经济评价指标可分为时间型指标、价值型指标（即以货币量来表示的）和效率型指标。

按是否考虑资金的时间价值，经济放果评价指标分为静态评价指标和动态评价指标。静态、动态的评价指标分别适用于各种不同的方案评价问题。

3.2.1　静态评价方法

不考虑资金时间价值的评价指标称为静态评价指标。项目的经济性，可以用经济效果评价指标来反映。静态评价方法常用的指标有静态投资回收期、投资收益率等。

1. 投资收益率

投资收益率是反映投资方案盈利水平的评价指标，是投资方案达到设计生产能力后正常生产年份的年净收益额（或年平均净收益）与方案投资总额的比率，计算公式为：

$$R = \frac{A(\overline{A})}{K} \times 100\% \tag{3-1}$$

式中：A——年净收益；

　　　$\overline{A}$——年平均净收益；

　　　K——投资总额（静态总投资）。

用投资收益率评价投资方案的经济可行性，其判别准则是 $R \geqslant RC$（RC 为基准投资收益率）。当投资收益率大于基准投资收益率时，则方案可考虑接受。

值得注意的是在实践过程中，由于净收益的考核有可能是利润，也可能是利税（利润 + 销售税金及附加），投资考核的可能是全部投资，也可能是自有资金，所以投资收益率可能具体指的是投资利润率、投资利税率或自有资金利润率等。

2. 静态投资回收期

静态投资回收期就是不考虑资金的时间价值的条件下，从项目投建之日起，用项目各年的净收入(年收入减去年支出)或净现金流量将全部投资收回所需的期限。一般以年为计算单位。投资回收期一般是越短越好,其表达式为:

$$\sum_{t=0}^{P_t} \left(CI_t - CO_t \right) = 0 \tag{3-2}$$

式中: $CI_t - CO_t$——第 t 年的净现金流量;

      P_t——静态投资回收期。

(1)如果项目生产经营期各年净收益相等,可用直接法进行计算,其公式为:

$$P_t = \frac{K}{A} \tag{3-3}$$

式中: K——投资总额(静态总投资);

      A——每年净收益。

    例3.1 某建设项目总投资为1000万元,估计以后各年的平均净收益为250万元,求该项目的静态投资回收期。

    解: 根据静态投资回收期公式:

$$P_t = \frac{1000}{250} = 4(\text{年})$$

(2)若项目建成投产后各年的现金流量均不同,则需要用累计法计算,其公式为:

$$P_t = \left[\frac{\text{累计净现金流量}}{\text{出现正值的年份数}} \right] - 1 + \frac{\text{上一年累计净现金流量绝对值}}{\text{当年净现金流量}} \tag{3-4}$$

    例3.2 某项目的投资与收益情况如表3-1所示,试计算其静态投资回收期。

表3-1 某项目现金流量表(万元)

年 份	0	1	2	3	4	5	6
现金流入	0	0	280	300	300	450	500
现金流出	400	300	150	150	120	100	100

    解: 计算该项目的累计净现金流量,见表3-2。

表3-2 累计净现金流量计算表(万元)

年 末	0	1	2	3	4	5	6
现金流入	0	0	280	300	300	450	500
现金流出	400	300	150	150	120	100	100
净现金流量	-400	-300	130	150	180	350	400
累计净现金流量	-400	-700	-570	-420	-240	110	510

    各年累计净现金流量首次出现正值的年份为第5年,该年对应的净现金流量350万元,第4年对应的累计净现金流量为-240万元,代入(3-4)可得:

$$P_t = 5 - 1 + \frac{|-240|}{350} = 4.69(年)$$

各年净收益相等时，也可以采用累计法进行计算，需要注意的是两种方法计算投资回收期的起点不一样，直接法通常是从生产经营期的起点开始计算，而累计法是从投资建设期的起点开始计算。

静态投资回收期，即累计净现金流量为零的时间点。通常也可以利用累计现金流量图表示出来，如图3-5所示。

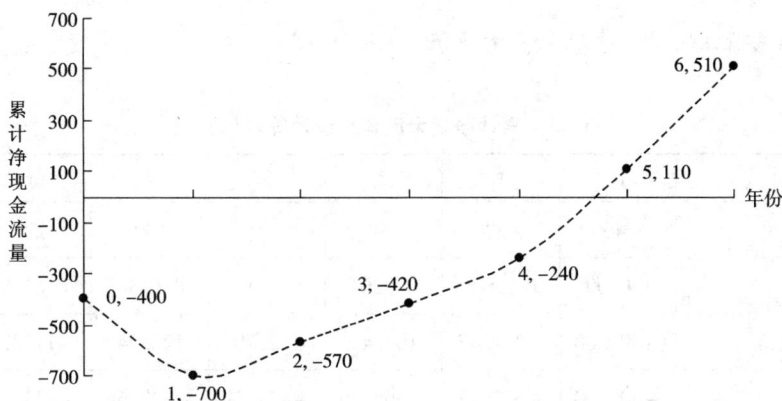

图3-5 累计现金流量图

用静态投资回收期评价投资项目时，需要与根据同类项目的历史数据和投资者意愿确定的基准投资回收期相比较。设基准投资回收期为P_C，判别标准则为：

若$P_t \leq P_C$，则项目可以考虑接受；

若$P_t > P_C$，则项目应予以拒绝。

投资回收期的优点在于简单、直观、便于理解：既反映方案的盈利性，又反映方案的风险。它的缺点是只反映了项目投资回收期内的盈利情况，忽略了回收期以后的收益，只有利于早期效益高的项目。因此，投资回收期通常不能独立判断项目是否可行，一般作为辅助评价指标来使用。

3.2.2 动态评价方法

动态评价指标是一种考虑了资金时间价值的技术经济评价指标。它是将项目研究期内不同时期的现金流量换算成同一时点的价值进行分析比较的依据。这对投资者和决策者合理利用资金、不断提高经济效益具有很重要的意义。动态分析指标一般可分为动态投资回收期、净现值、净年值、净现值率、内部收益率等。

1. 动态投资回收期

动态投资回收期是在考虑资金时间价值条件下，以项目每年的净收益回收项目全部投资所需要的时间。其表达式为：

$$\sum_{t=0}^{P_D} (CI_t - CO_t)(1+i_c)^{-t} = 0 \qquad (3-5)$$

式中：i_c——行业的基准贴现率（基准收益率）。

同样可用全部投资的财务现金流量表累计净现金计算求得，其详细计算式为：

$$P_D = \left[\frac{累计净现金流量现值}{出现正值的年份数} \right] - 1 + \frac{上一年累计净现金流量现值的绝对值}{当年净现金流量现值} \qquad (3-6)$$

用动态投资回收期评价投资项目的可行性需要与基准动态投资回收期相比较。设基准动态投资回收期为 P_C，判别准则为：若 $P_D \leqslant P_C$，项目可以被接受，否则应予以拒绝。

例 3.3 采用例 3.2 的数据，基准贴现率 i_c 为 10%，试计算其动态投资回收期，判断该项目是否可行。

解：计算该项目的累计净现金流量现值，见表 3-3。

表 3-3 累计净现金流量现值计算表（万元）

年 份	0	1	2	3	4	5	6
净现金流量	−400	−300	130	150	180	350	400
现值系数	1.0000	0.9091	0.8264	0.7513	0.6830	0.6209	0.5645
净现金流量现值	−400.00	−272.73	107.44	112.70	122.94	217.32	225.79
累计净现金流量现值	−400.00	−672.73	−565.29	−452.59	−329.65	−112.33	113.46

各年累计净现金流量现值首次出现正值的年份为第 6 年，该年对应的净现金流量现值为 225.79 万元，第 5 年对应的累积净现金流量为 −112.33 万元，代入（3-6）可得：

$$P_D = 6 - 1 + \frac{|-112.33|}{225.79} = 5.50（年）$$

如果项目生产经营期各年净收益相等，也可用直接法进行计算，其公式为：

$$P_D = \frac{\ln\left(\frac{A}{A - P_0 i_c} \right)}{\ln(1 + i_c)} = -\frac{\ln\left(1 - \frac{P_0 i_c}{A} \right)}{\ln(1 + i_c)} \qquad (3-6)$$

式中：P_0——初始投资；

A——每年净收益。

例 3.4 某项目的投资与收益情况如表 3-4 所示，$i_c = 6\%$，试计算其动态投资回收期。

表 3-4 某项目现金流量表（万元）

年 份	0	1	2	3	4	5	6	7	8
净现金流量	−1400	300	300	300	300	300	300	300	300

解：根据题意，符合公式（3-6），即：

$$P_D = \frac{\ln\left(\frac{300}{300 - 1400 \times 6\%} \right)}{\ln(1 + 6\%)} = 5.60（年）$$

注意,如果项目有一定时间的投资建设期,P_0 可以调整为动态总投资,那投资回收期同样是从生产经营期开始计算。

2. 净现值

该指标要求考察项目寿命期内各个阶段发生的现金流量,按一定的折现率将各年净现金流量折现到同一时点(通常是期初)的现值累加值,就是净现值。净现值的表达计算式为:

$$NPV = \sum_{t=0}^{n} (CI_t - CO_t)(1 + i_c)^{-t} \qquad (3-7)$$

式中:NPV——净现值;

n——计算期。

对于既定方案,其净现值随着折现率的增加而逐渐变小。出现三种情况:

(1)$NPV > 0$,表明该方案的投资达到了既定的收益率(基准收益率),还能得到超额的收益,其超额部分的现值就是净现值。

(2)$NPV = 0$,表明该方案恰好取得既定的收益率。

(3)$NPV < 0$,表明该方案没有达到既定的收益率。

故对单方案来说,其判别标准如下:如果净现值大于零,即 $NPV \geq 0$,说明该投资方案的经济效果高于基准收益率水平,该方案在经济上是可行的。净现值越大,投资方案就越优。反之,净现值小于零即 $NPV < 0$,说明该投资方案的收益率达不到基准投资收益率水平。因此,该投资方案的经济性不好,故为不可行方案。

例3.5　某拟建项目,初始投资为1000万元,第一年年末投资2000万元,第二年年末再投资1500万元,第三年起连续8年每年年末获利1450万元。当残值忽略不计,最低期望收益率为12%时,计算其净现值,并判断该项目的经济可行性。

解:根据题意,可作现金流量图如图3-6。

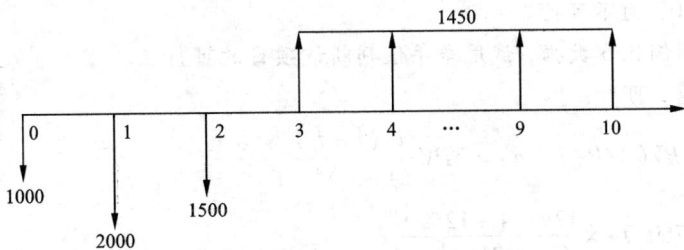

图3-6　项目现金流量图

根据公式(3-7)有:

$NPV = -1000 - 2000/(1 + 12\%) - 1500/(1 + 12\%)^2 + 1450/(1 + 12\%)^3 + \cdots + 1450/(1 + 12\%)^{10}$

$= 1760.74$(万元)

因为 $NPV > 0$,故该项目在经济上是可行的。

3. 净现值率

净现值率是项目净现值与项目投资总额现值之比,经济含义是单位投资现值的所获得净

现值。净现值不能直接反映资金的利用效率。为了考察资金的利用效率，可采用净现值率作为净现值的补充指标。其表达式为

$$NPVR = \frac{NPV}{K_P} \times 100\% \qquad (3-8)$$

式中：$NPVR$——净现值率；

K_P——项目总投资现值。

因为 $K_P > 0$，故其判别标准与 NPV 一致，即 $NPVR \geq 0$，该方案在经济上是可行的；反之，$NPVR < 0$，为不可行。

例 3.6 采用例 3.5 数据，试用净现值率判断该项目的可行性。

解：根据题意，可知：

$$K_P = 1000 + 2000(1 + 12\%)^{-1} + 1500(1 + 12\%)^{-2}$$
$$= 3981.51（万元）$$

$$NPVR = \frac{NPV}{K_P} \times 100\% = \frac{1760.74}{3981.51} \times 100\%$$
$$= 44.22\%$$

因为 $NPVR > 0$，故该项目在经济上是可行的。

4. 净年值

净年值是将项目寿命期的净现金流量通过资金等值计算换算成等额支付系列的年值。其表达式为

$$NAV = NPV(A/P, i_c, n) \quad 或$$
$$NAV = \left[\sum_{t=0}^{n} (CI_t - CO_t)(P/F, i_c, t) \right](A/P, i_c, n) \qquad (3-9)$$

式中：NAV——净年值。

因为 $(A/P, i_c, n) > 0$，故其判别标准与 NPV 一致，即 $NAV \geq 0$，该方案在经济上是可行的；反之，$NAV < 0$，为不可行。

例 3.7 采用例 3.5 数据，试用净年值判断该项目的可行性。

解：根据题意，可知：

$$NAV = NPV(A/P, i_c, n) = NPV \frac{i_c(1 + i_c)^n}{(1 + i_c)^n - 1}$$
$$= 1760.74 \times \frac{12\%(1 + 12\%)^{10}}{(1 + 12\%)^{10} - 1}$$
$$= 311.62（万元）$$

因为 $NAV > 0$，故该项目在经济上是可行的。

5. 内部收益率

内部收益率是指使项目在整个计算期内各年净现金流量的现值之和等于零时的贴现率，也就是项目的净现值等于零时的贴现率。其表达式为

$$\sum_{t=0}^{n} (CI_t - CO_t)(1 + IRR)^{-t} = 0 \qquad (3-10)$$

利用此公式直接求解 IRR 是比较复杂的，因此在实际问用中通常采用"线性插值法"求 IRR 的近似解，即利用 NPV 曲线的特点，求解 IRR 的近似值。

根据净现值函数曲线的特征知道，当 $i < i'$ 时（见图 3-7），$NPV > 0$；当 $i > i'$ 时，$NPV < 0$；只有当 $i = i'$ 时，$NPV = 0$。因此，可先选择两个折现率 i_1 与 i_2，且 $i_1 < i_2$，$NPV_1 > 0$，$NPV_2 < 0$。然后，用线性内插法求出 $NPV = 0$ 的折现率 IRR，即是所求内部收益率。计算公式为

$$IRR \approx i' = i_1 + \frac{|NPV_1|}{|NPV_1| + |NPV_2|} \times (i_2 - i_1)$$

$$(3-11)$$

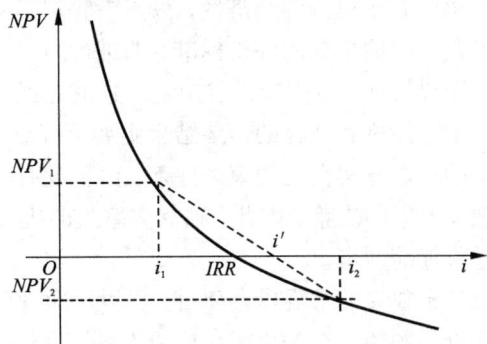

图 3-7 线性内插法求内部收益率图

为了控制误差，通常试算用的两个折现率之差 $i_2 - i_1 \leqslant 5\%$（精度较高时 $i_2 - i_1 \leqslant 2\%$）。

内部收益率的判别准则为：计算求得的内部收益率 IRR 要与项目的基准收益率 i_c 相比较，当 $IRR \geqslant i_c$ 时，则表明项目的收益率已达到或超过基准收益率水平，项目可行；反之，当 $IRR < i_c$ 时，则表明项目不可行。

例 3.8 采用例 3.5 数据，试用内部收益率判断该项目的可行性。

解： 根据题意，试算满足 $i_2 - i_1 \leqslant 2\%$，$NPV_1 > 0$，$NPV_2 < 0$ 的条件

当 $i = 12\%$ 时，$NPV = 1760.74$

当 $i = 15\%$ 时，$NPV = 1046.59$

当 $i = 20\%$ 时，$NPV = 155.47$

当 $i = 22\%$ 时，$NPV = -121.25$

根据公式（3-11）有：

$$IRR = 20\% + \frac{155.47}{155.47 + |-121.25|} \times (22\% - 20\%)$$

$$= 21.12\%$$

因为 $IRR > i_c$，故该项目在经济上是可行的。

3.3 多方案经济评价方法

在实践中，实现任何一项工程项目的目标都需要策划出多种不同的方案，以便寻求经济合理的方案。在多方案的比较和优选时，不仅要考虑每个方案本身的经济可行性，还要考虑从可行的方案群中优选出最优方案。由于不同方案的投资、收益、费用及方案的寿命期不尽相同，不能简单地把它们的费用和效益进行比较。另外，在单方案评价中得到的一些结论（如 IRR 越高越好等）也不能完全照搬于多方案的比较和选择中。因此，需要有适用于多方案的评价方法。

3.3.1 独立型方案评价方法

独立方案，当资金等资源充裕不受约束时，无论是单一方案还是多个方案，其采用与否，

只取决于方案自身的经济性，只需检验它们是否能够通过净现值、净年值、内部收益率或动态投资回收期指标的评价标准，即进行绝对经济效果的检验。凡通过绝对经济效果检验的方案应予以接受，否则应予以拒绝。这就是通常说的"可行即可选"。

方案评价和选择的最终结果则要求保证在给出资金总额的前提下，取得最好经济效果。单个的独立方案在无约束条件下，由于没有任何限制，独立方案组的决策可以看作是许多单个独立方案的决策，因此，独立方案组的决策是比较容易的，只要看评价指标是否达到了某一评价标准即可。

对于独立的常规投资项目，可以用净现值法、收益率法等上节介绍过的任何一种方法进行评价。例如，若 $NPV \geq 0$ 或 $IRR \geq i_c$，则该项目被认为是可以接受的。

例 3.9 某企业现有若干投资方案，有关数据如表 3-5 所示：

表 3-5 各方案相关数据

方案	初始投资(万元)	年净收益(万元)	寿命期(年)	基准折现率
A	2000	400		
B	3000	650		
C	4000	880	7	10%
D	4500	950		

如果各项资源均无约束，请判断哪些是可行的。

解：

方法一(净现值法)：根据题意，各个方案的 NPV 分别为：

$NPV_A = -2000 + 400(P/A, 10\%, 7) = -52.63(万元)$

$NPV_B = -3000 + 650(P/A, 10\%, 7) = 164.47(万元)$

$NPV_C = -4000 + 880(P/A, 10\%, 7) = 284.21(万元)$

$NPV_D = -4500 + 950(P/A, 10\%, 7) = 125.00(万元)$

因为 $NPV_A < 0$，而 $NPV_B > 0$、$NPV_C > 0$、$NPV_D > 0$，故方案 B、C、D 可行，方案 A 不可行。

方法二(净年值法)：根据题意，各个方案的 NAV 分别为：

$NAV_A = 400 - 2000(A/P, 10\%, 7) = -10.81(万元)$

$NAV_B = 650 - 3000(A/P, 10\%, 7) = 33.73(万元)$

$NAV_C = 880 - 4000(A/P, 10\%, 7) = 53.84(万元)$

$NAV_D = 950 - 4500(A/P, 10\%, 7) = 25.68(万元)$

因为 $NAV_A < 0$，而 $NAV_B > 0$、$NAV_C > 0$、$NAV_D > 0$，故方案 B、C、D 可行，方案 A 不可行。

方法三(净现值率法)：根据题意，各个方案的 NPVR 分别为：

$NPVR_A = NPV_A / K_{PA} = -52.63 / 2000 = -2.63\%$

$NPVR_B = NPV_B / K_{PB} = 164.47 / 3000 = 5.48\%$

$NPVR_C = NPV_C / K_{PC} = 284.21 / 4000 = 7.11\%$

$NPVR_D = NPV_D / K_{PD} = 125.00 / 4500 = 2.78\%$

因为 $NPVR_A < 0$，而 $NPVR_B > 0$、$NPVR_C > 0$、$NPVR_D > 0$，故方案 B、C、D 可行，A 不可行。

方法四(内部收益率法)：根据题意,各个方案的 IRR 分别为：

$-2000+400(P/A,IRR_A,7)=0$,求得 $IRR_A=9.28\%$

$-3000+650(P/A,IRR_B,7)=0$,求得 $IRR_B=11.79\%$

$-4000+880(P/A,IRR_C,7)=0$,求得 $IRR_C=12.28\%$

$-4500+950(P/A,IRR_D,7)=0$,求得 $IRR_D=10.93\%$

因为 $IRR_A<i_c$,而 $IRR_B>i_c$、$IRR_C>i_c$、$IRR_D>i_c$,故方案 B、C、D 可行,A 不可行。

上述四种方法结论一致,也就表明这四个指标具有一致性。如果在已知 R_c 与 P_c,也可以利用投资收益率与投资回收期来进行评价。

但是在有约束条件下(如受资金的限制)就涉及了独立方案的组合选择问题,详见独立方案组合互斥分析。

3.3.2　互斥型方案评价方法

在互斥方案类型中,经济效果评价包含了两部分内容：一是考察各个方案自身的经济效果,称为绝对效果检验；二是考察哪个方案相对最优,称相对效果检验。通常两种检验缺一不可。互斥方案经济效果评价的特点是要进行方案比选,因此,参加比选的方案应具有可比性,如时间的可比性,计算期的可比性,收益费用的性质及计算范围的可比性,方案风险水平的可比性和评价使用假定的合理性等。互斥方案评价使用的评价指标有我们学习过的净现值、净年值和内部收益率。下面根据方案寿命相等、不相等及无限三种情况分别讨论互斥方案的经济效果评价。

1. 寿命期相等的互斥方案的分析

对于寿命期相同的互斥方案,计算期通常设定为方案的寿命周期,这样就能满足时间上可比的要求。比选方法一般有净现值法,年值法,增量分析法等。

(1)净现值法

净现值法就是对互斥方案的净现值进行比较,以净现值最大的方案为经济上最优方案。用净现值法比较方案,要求每个方案的净现值必须大于或等于零。净现值小于零的方案在经济上是不可行的,参与比较是没有意义的。

例 3.10　某项目现有三种投资方案,有关数据如表 3-6 所示,如果项目寿命期均为 10 年,标准折现率为 12%,试确定最优方案。

表 3-6　各方案净现金流量　　　　　　(单位：万元)

	0	1	2	3	4	5	6	7	8	9	10
A	-100	-220	10	60	60	60	60	60	60	60	120
B	-150	-200	15	80	80	80	80	80	80	80	150
C	-200	-200	30	80	80	80	80	80	80	80	200

如果各项资源均无约束,请判断哪些是可行的?

解：根据题意,各个方案的 NPV 分别为：

$$NPV_A = -100 - 220/1.12 + 10/1.12^2 + 60/1.12^3 + \cdots + 60/1.12^9 + 120/1.12^{10}$$
$$= -31.53(万元)$$
$$NPV_B = -150 - 200/1.12 + 15/1.12^2 + 80/1.12^3 + \cdots + 80/1.12^9 + 150/1.12^{10}$$
$$= 22.74(万元)$$
$$NPV_C = -200 - 200/1.12 + 30/1.12^2 + 80/1.12^3 + \cdots + 80/1.12^9 + 200/1.12^{10}$$
$$= 0.79(万元)$$

因为 $NPV_B > 0$、$NPV_C > 0$，且 $NPV_B > NPV_C$，故方案 B 为最优方案。

（2）净年值法

净年值法就是对互斥方案的净年值进行比较，以净年值最大的方案为经济上最优方案。用净年值法比较方案，同样要求每个方案的净年值必须大于或等于零，净年值小于零的方案在经济上是不可行的，参与比较是没有意义的。

根据净年值计算公式 $NAV = NPV(A/P, i_c, n)$ 可知，在建设期 n 相等时，现值年金系数（投资回收系数）$(A/P, i, n)$ 是同一数值的正数，即 NPV 最大时 NAV 同样是最大的。利用净年值法与净现值法，对寿命期相等的互斥方案择优的结论完全一样。

例 3.11 采用例 3.10 数据，试用净年值法确定最优方案。

解：根据题意，各个方案的 NAV 分别为：
$$NAV_A = NPV_A(A/P, 12\%, 10) = -31.53 \times 0.17698 = -5.58(万元)$$
$$NAV_B = NPV_B(A/P, 12\%, 10) = 22.74 \times 0.17698 = 4.02(万元)$$
$$NAV_C = NPV_C(A/P, 12\%, 10) = 0.79 \times 0.17698 = 0.14(万元)$$

因为 $NAV_B > 0$、$NAV_C > 0$，且 $NAV_B > NAV_C$，故方案 B 为最优方案。

（3）增量分析法

所谓增量分析法，是指对被比较方案在成本、收益等方面的差额部分进行分析，进而对方案进行比较、选优的方法。增量分析法的具体分析过程所采用的方法是剔除法，即对所有备选方案分别进行两两比较，依次剔除次优方案，最终保留下来的方案就是备选方案中经济性最好的方案。

1）差额投资内部收益率比较法

差额投资内部收益率比较法是一种差额分析（或增量分析）方法。

差额投资内部收益率是两方案各年净现金流量差额的现值之和等于零时的折现率，或者是两方案净现值相等时的折现率。用符号 ΔIRR 表示，其表达式为：

$$\sum_{t=0}^{n} [(CI_t - CO_t)_{大} - (CI_t - CO_t)_{小}](1 + \Delta IRR)^{-t} = 0 \qquad (3-12)$$

采用差额内部收益率指标对互斥方案进行比选的基本步骤如下：

①在进行多方案比较时，应先按投资大小，由小到大排序；

②计算各自方案的内部收益率，淘汰 $IRR < i_c$ 的方案，保留 $IRR \geq i_c$ 的方案进入下一步；

③再依次就相邻方案两两比较，计算 ΔIRR，当 $\Delta IRR > i_c$ 时，投资大的方案为优，反之，以投资小的方案为优，最后保留的方案就是最优方案。

例 3.12 某项目现有三种投资方案，有关数据如表 3-7 所示，如果项目寿命期均为 10 年，标准折现率为 10%，试用差额投资内部收益率比较法确定最优方案。

表 3 - 7　各方案净现金流量　　　　　　　　　　（单位：万元）

	1	2	3	4	5	6	7	8	9	10
A	-850	200	200	200	200	200	200	200	200	200
B	-1500	240	240	240	240	240	240	240	240	400
C	-2000	380	380	380	380	380	380	380	380	500
D	-2300	480	480	480	480	480	480	480	480	800

解：

①按照投资从小到大，四个方案顺序是 A、B、C、D。

②分别计算各个方案的 IRR 分别为：

$$-850/(1 + IRR_A) + 200/(1 + IRR_A)^2 + 200/(1 + IRR_A)^3 + \cdots + 200/(1 + IRR_A)^{10} = 0$$

用线性内插法可求得 $IRR_A = 18.37\%$

同理求得 $IRR_B = 9.20\%$、$IRR_C = 12.87\%$、$IRR_D = 15.94\%$

因为 $IRR_B < i_c$，而 $IRR_A > i_c$、$IRR_C > i_c$、$IRR_D > i_c$，

故方案 A、C、D 可行，给予保留；B 不可行，淘汰。

③首先对比 A、C 方案，构建 C-A 的增量投资方案，其差额净现金流量如表 3-8：

表 3 - 8　增量投资方案（C - A）差额净现金流量　　　　（单位：万元）

	1	2	3	4	5	6	7	8	9	10
NCF_{C-A}	-1150	180	180	180	180	180	180	180	180	300

$$-1150/(1 + \Delta IRR_{C-A}) + 180/(1 + \Delta IRR_{C-A})^2 + 180/(1 + \Delta IRR_{C-A})^3 + \cdots + 300/(1 + \Delta IRR_{C-A})^{10} = 0$$

用线性内插法可求得 $\Delta IRR_{C-A} = 8.68\%$

因为 $\Delta IRR_{C-A} < i_c$，也就是增量投资不可行，即投资较小的 A 方案为优。

接着对比 D、A 方案，构建 D-A 的增量投资方案，可求得 $\Delta IRR_{D-A} = 14.58\%$

因为 $\Delta IRR_{D-A} > i_c$，表明增量投资是可行，即投资较大的 D 方案为最优方案。

将多方案的内部收益率与差额内部收益率绘制在同一个图上（图 3-8），在图中可以看出基准折现率 i_c 的大小与择优的结果有着直接的影响。当 $i_c \leqslant 14.58\%$ 时，方案 D 最佳；当 $14.58\% < i_c \leqslant 18.37\%$ 时，方案 A 最佳；当 $i_c > 18.37\%$ 时，方案均不可行，择优没有意义。

2）差额投资回收期比较法

差额投资回收比较法是一种差额分析（或增量分析）方法。

差额投资回收期是两方案各年净现金流量差额的现值之和等于零时的时间点，或者是两方案净现值相等时的时间点，用符号 ΔP_T 表示，其表达式为：

$$\sum_{t=0}^{\Delta P_T} [(CI - CO)_{大} - (CI - CO)_{小}](1 + i_c)^{-t} = 0 \qquad (3-13)$$

采用差额投资回收期指标对互斥方案进行比选的基本步骤如下：

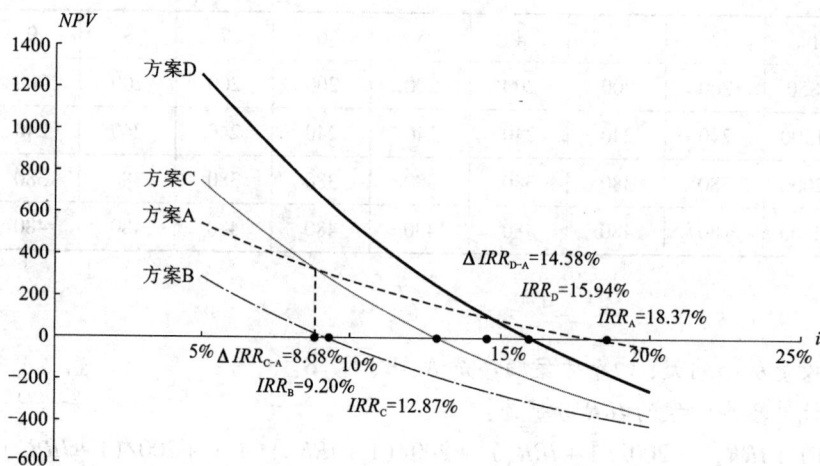

图3-8 多方案内部收益率分析图

①在进行多方案比较时,应先按投资大小,由小到大排序;

②计算各自方案的内部收益率,淘汰 $P_T > P_c$ 的方案,保留 $P_T \leqslant P_c$ 的方案进入下一步;

③再依次就相邻方案两两比较,计算 ΔP_T,当 $\Delta P_T \leqslant P_c$ 时,投资大的方案为优,反之,以投资小的方案为优,最后保留的方案就是最优方案。

例3.13 现有两个备选方案:甲方案的初始投资为1500万元,每年净收益为310万元;乙方案的初始投资为2000万元,每年净收益为400万元。若 $i_c = 6\%$,$P_c = 8$ 年,试确定最优方案。

解:根据题意,利用公式(3-6),其投资回收期分别为:

$$P_{T\text{甲}} = \frac{\ln\left(\dfrac{310}{310 - 1500 \times 6\%}\right)}{\ln(1 + 6\%)} = 5.88(\text{年})$$

$$P_{T\text{乙}} = \frac{\ln\left(\dfrac{400}{400 - 2000 \times 6\%}\right)}{\ln(1 + 6\%)} = 6.12(\text{年})$$

因为 $P_{T\text{甲}} < P_c$,$P_{T\text{乙}} < P_c$,方案甲、乙可行,给予保留。

接着构建乙-甲的增量投资方案,其差额投资回收期为:

$$\Delta P_{T\text{乙-甲}} = \frac{\ln\left[\dfrac{400 - 310}{(400 - 310) - (2000 - 1500) \times 6\%}\right]}{\ln(1 + 6\%)} = 6.96(\text{年})$$

因为 $\Delta P_{T\text{乙-甲}} < P_c$,也就是增量投资是可行的,即投资较大的乙方案为优。

2. 寿命期不相等的互斥方案的分析

(1)最小公倍数法

取各备选方案寿命期的最小公倍数作为方案比选时共同的分析期,即将寿命期短于最小公倍数的方案按原方案重复实施,直到其寿命期等于最小公倍数为止。

例如,有甲、乙两个互斥方案,甲方案计算期为4年,乙方案计算期为6年,则其共同的计算期即为12年(4和6的最小公倍数),然后假设甲方案重复实施3次,乙方案重复实施2

次, 分别对其净现金流量进行重复计算, 计算出在共同的计算期内各个方案的净现值, 以净现值较大的方案为最佳方案。

最小公倍数法实质还是净现值法, 主要是采取"重复投资"的方式达到共同分析期, 这种重复投资可以是这个现金流量系统的重复, 也可以是代表现金流量系统的净现值的重复。同时这种方法在最小公倍数较小的时候是具有一定合理性的, 当最小公倍数很大时, 这种假设就不符合实际了。

例3.14　某一投资项目有 A、B、C 三个投资方案, 相关数据如表 3 - 9, 若 $i_c = 12\%$, 试用净现值法确定最佳方案。

表 3 - 9　各方案基础数据　　　　　　　　　　　　　　　（单位：万元）

方案	初始投资	年净收益	残　值	寿命期(年)
A	150	50	25	4
B	200	50	30	5
C	280	70	30	6

解：根据题意, 各个方案的 NPV 分别为：

$$NPV_A = -150 + 50(P/A, 12\%, 4) + 25(P/F, 12\%, 4)$$
$$= 17.76(万元)$$

$$NPV_B = -200 + 50(P/A, 12\%, 5) + 30(P/F, 12\%, 5)$$
$$= -2.74(万元)$$

$$NPV_C = -280 + 70(P/A, 12\%, 6) + 30(P/F, 12\%, 6)$$
$$= 23.00(万元)$$

因为 $NPV_B < 0$, 表明方案 B 不可行。保留方案 A 与 C 的寿命期分别为 4 年与 6 年, 取最小公倍数 12 年为共同分析期, 则 A 方案重复实施 2 次, C 方案重复实施 1 次。

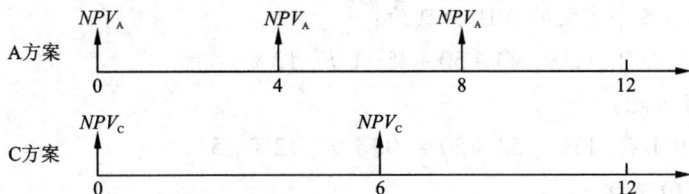

图 3 - 9　方案 A、C 重复实施示意图

$$NPV_{A'} = NPV_A + NPV_A(P/F, 12\%, 4) + NPV_A(P/F, 12\%, 8)$$
$$= 36.21(万元)$$

$$NPV_{C'} = NPV_C + NPV_C(P/A, 12\%, 6)$$
$$= 34.65(万元)$$

因为 $NPV_{A'} > NPV_{C'}$, 故 A 方案为最优方案。

（2）研究期法

上述计算虽然可以进行方案的选择，但是计算过程繁杂，例3.14中最小公倍数12年是个较小的值，假如有寿命期分别为7年、8年、11年3个方案，则采用上述方法就要计算到最小公倍数 $7 \times 8 \times 11 = 616$ 年为止，显然对方案的选择是不利的，这时候采用分析期法更简便、合适。

所谓研究期法，就是对寿命期不相等的互斥方案直接选取一个适当的分析期作为各个方案共同的计算期，通过比较各个方案在该计算期内的净现值来对方案进行比较，以净现值最大的方案为最佳方案。其中，计算期的确定要综合考虑各种因素。在实际应用中，为简便起见，往往直接选取诸方案中最短的计算期为各个方案共同的计算期，所以研究期法又称最小计算期法。

若方案A的寿命期为 n_A，共同分析期（研究期）为 N，则A方案在研究期的净现值为：

$$NPV_{A'} = NPV_A(A/P, i_c, n_A)(P/A, i_c, N) \qquad (3-14)$$

例3.15 以例3.14中项目为例，试用研究期法确定最优方案。

解：根据题意，取最短寿命期4年（也可以是5年、6年）为研究期，则各个方案研究期的 NPV 分别为：

$$NPV_{A'} = NPV_A(A/P, 12\%, 4)(P/A, 12\%, 4)$$
$$= 17.76（万元）$$

$$NPV_{B'} = NPV_B(A/P, 12\%, 5)(P/A, 12\%, 4)$$
$$= -2.31（万元）$$

$$NPV_{C'} = NPV_C(A/P, 12\%, 6)(P/A, 12\%, 4)$$
$$= 16.99（万元）$$

因为 $NPV_{B'} < 0$，表明B方案不可行；$NPV_{A'} > NPV_{C'}$，故A方案为最优方案。

（3）净年值法

净年值法是进行寿命期不相等的互斥方案分析的最适宜的方法，由于寿命不等的互斥方案在时间上不具备可比性，因此为使方案有可比性，通常宜采用净年值法。

例3.16 以例3.14中项目为例，试用净年值法确定最优方案。

解：根据题意，各个方案的 NAV 分别为：

$$NAV_A = -150(A/P, 12\%, 4) + 50 + 25(A/F, 12\%, 4)$$
$$= 5.85（万元）$$

$$NAV_B = -200(A/P, 12\%, 5) + 50 + 30(A/F, 12\%, 5)$$
$$= -0.76（万元）$$

$$NAV_C = -280(A/P, 12\%, 6) + 70 + 30(A/F, 12\%, 6)$$
$$= 5.59（万元）$$

因为 $NAV_B < 0$，表明B方案不可行；$NAV_A > NAV_C$，故A方案为最优方案。

通过上述实例分析可见利用最小公倍数法、研究期法、净年值法对寿命期不相等的互斥方案分析，其结论是一致的。

增量分析法同样适用于寿命期不相等的互斥方案分析，不过计算的基础由净现值改为净年值方便得多。如差额投资内部收益率是两方案净年值相等时的折现率，差额投资回收期是两方案净年值相等时的时间点。

3. 寿命期无限长的互斥方案的分析

在实践中，经常会遇到具有很长服务期(寿命大于 50 年)的工程方案，例如桥梁、铁路、运河、机场等。一般言之，经济分析对遥远未来的现金流量是不敏感的。例如，当利率为 5% 时，30 年后的 100 元，现值仅为 23.14 元，50 年后的现值为 8.72 元，60 年后的现值为 5.35 元。

因此，对于服务寿命很长的工程方案，可以近似地当作具有无限服务寿命期来处理。按无限期计算出的现值，公式简化为：

$$NPV = \frac{NAV}{i_c} \qquad (3-15)$$

由等额序列现值公式 $P = A \times \left[\dfrac{(1+i)^n - 1}{i(1+i)^n} \right]$，当 $n \to \infty$ 时，$P = \dfrac{A}{i}$

对无限期互斥方案进行净现值比较的判别准则为：净现值大于或等于零且净现值最大的方案是最优方案。

例 3.17　某河流上拟建一座大桥，有 4 个不同桥位可供选择，其建造费及每年效益见表 3-10，桥的试用寿命近似认为等于无穷大，预定利率 6%，选出最经济的桥位。

表 3-10　各方案基础数据　　　　　　　　(单位：万元)

桥位	A	B	C	D
建造费	6000	8000	10000	11000
年效益	350	500	650	700

解： 根据题意，各个方案的 NPV 分别为：

$NPV_A = -6000 + 350/6\% = -166.67$(万元)

$NPV_B = -8000 + 500/6\% = 333.33$(万元)

$NPV_C = -10000 + 650/6\% = 833.33$(万元)

$NPV_D = -11000 + 700/6\% = 666.67$(万元)

因为 $NPV_B > 0$、$NPV_C > 0$、$NPV_D > 0$，且 NPV_C 最大，故 C 桥位为经济最优方案。

3.3.3　相关方案评价方法

当存在多个方案时，不论其相互关系如何，都可以把它们组成许多互斥方案，每个组合方案可再按互斥方案的评价方法确定最优的组合方案。

1. 独立方案组合互斥分析

在有约束条件下(如受资金的限制)，要以资金为制约条件，将可能出现并不是所有通过"绝对经济效果检验"的方案都能采用的情况，即可能不得不放弃一些方案，只能从中选择一部分项目而要淘汰其他项目，这时就涉及了独立方案的组合选择问题，也就是组合互斥型方案。

例 3.18　有三个独立方案，其现金流量如表 3-11 所示，如果投资限额为 6000 万元，基准收益率为 12%，请作出投资选择。

表 3 - 11　各方案现金流量　　　　　　　　　　（单位：万元）

年份	0	1	2	3
A	-1000	500	500	600
B	-3000	1400	1400	1500
C	-5000	2000	2000	2000

解：三个独立方案，包括全不投资，共有 8(2^3) 种组合，组合后的情况及相应净现值计算列入表 3 - 12：

表 3 - 12　组合互斥计算表　　　　　　　　　　（单位：万元）

组合方案	组合情况	0	1	2	3	净现值
1	—	0	0	0	0	0
2	A	-1000	500	500	600	272.09
3	B	-3000	1400	1400	1500	433.74
4	C	-5000	2000	2000	2000	-196.34
5	A + B	-4000	1900	1900	2100	705.83
6	A + C	-6000	2500	2500	2600	75.75
7	B + C	-8000	3400	3400	3500	—
8	A + B + C	-9000	3900	3900	4100	—

由于第 7、8 种组合中投资超过 6000 万元，不在考虑范围内。其他组合方案中，第 5 种组合（A + B）净现值最大，投资总额为 4000 万元，符合要求，故应选择 A、B 两个项目投资。

2. 从属方案组合互斥分析

从属方案是指某一个方案是以另一方案为前提，如果另一方案不能接受则该方案也不能独立接受。如打印机的购置方案一般从属于计算机的购置方案。

若 A、B、C 三个项目之间的关系为 C 项目从属于 A、B 项目，B 项目从属于 A 项目，则它们可以构成的组合互斥有〇（全部投资）、A、A + B、A + B + C 共 4 种方案。

3. 混合方案组合互斥分析

若 X、Y 为独立项目，X 项目有两个互斥方案 X_1、X_2，Y 项目有两个互斥方案 Y_1、Y_2，则它们可以构成 9 种组合互斥方案，见表 3 - 13。

表 3 - 13　混合方案组合互斥情况

组合方案	1	2	3	4	5	6	7	8	9
组合情况	—	X_1	X_2	Y_1	Y_2	$X_1 + Y_1$	$X_1 + Y_2$	$X_2 + Y_1$	$X_2 + Y_2$

思考练习题

1. 多方案之间有怎样的关系？举例说明。

2. 经济评价的原则有哪些？为什么要遵循这样的原则？

3. 总成本费用由哪些项目构成？它与经营成本的关系如何？

4. 什么是标准折现率？其作用何在？

5. 简述现值法的分析准则。

6. 什么是内部收益率？其经济实质和假设是什么？

7. 什么是增量分析？它的实质是什么？

8. 常用的经济分析方法有哪些，并阐述相互之间的关系。

9. 简述单方案检验与多方案比选的关系。

10. 某设备期初投资为 700 万元，每期末纯收入分别为 300 万元、260 万元、220 万元……每期递减 40 万元，设备寿命为 6 年，6 年末残值为 70 万元，若计算利率为 12%。试求其净现值和净年值金。

11. 某项目的各年现金流量如表 3 - 14 所示，试计算投资收益率、净现值、净年值、净现值率、静态投资回收期、动态投资回收期、内部收益率等经济评价指标（$i_c = 10\%$、$P_c = 7$ 年），并判断项目是否可行。

表 3 – 14　投资方案现金流量表　　　（单位：万元）

年份	1	2	3	4	5	6	7	8	9	10
净现金流量	− 300	− 550	200	300	300	300	300	300	300	500

12. 某采矿队有一台钻井设备，已知此设备由于效率降低，每年耗油量按 10% 递增（原耗油量为每小时 50 升）。年工作时长为 2000 小时，每升柴油的价格为 2.5 元，公司的资金成本 $i = 15\%$，平时加油记账，油款每年年底一次付清。问此公司在设备大修期间（每 4 年大修一次），燃油的总费用相当于现值多少元？

13. 某项目期初固定资产投资为 100 万元，投产时需流动资金投资 20 万元，该项目从第 3 年初投产并运行，每年共需经营费 40 万元。若项目每年可获销售收入 65 万元，项目服务期限为 10 年，届时残值为 20 万元，行业基准收益率为 10%。

（1）作出现金流量图；

（2）计算该项目的净现值，并判断其经济可行性。

14. 已知两个方案的现金流量如表 3 – 15，假定标准折现率为 10%。计算两个方案的净现值、净年值、净现值率，然后比较计算的结果。

表 3-15　投资方案现金流量表　　　　　　　　　(单位:万元)

年份	0	1	2	3	4	5	6	7	8
A	-50	-100	-200	100	100	100	100	100	100
B	-200	-100	-50	120	120	120	120	120	120

15. 画出表 3-16 中各方案现金流量的 $NPV(i)$ 函数图,并判别内部收益率的多少。

表 3-16　投资方案现金流量表　　　　　　　　　(单位:万元)

年份	0	1	2	3	4
A	-1000	2230	2230	-2240	150
B	-7000	5000	4000	-3000	7000

16. 某项目有 A、B、C 三个方案,其现金流数据如表 3-17 所示。在基准折现率 i_c = 8% 的情况下,试用差额内部收益率确定最优方案。

表 3-17　投资方案现金流量表　　　　　　　　　(单位:万元)

年份	0	1	2	3	4
A	-2000	800	800	800	1000
B	-5000	1000	2000	3000	4000
C	-3000	1500	1200	1000	800

17. 某工程项目,第 1 年投资 3000 万元,第 2 年投资 5000 万元,第 3 年投资 3000 万元,第 4 年试产获得净收益 1000 万元,第 5 年获得净收益 2000 万元,第 6 年获得净收益 2000 万元,第 7 年以后每年平均获得净收益 3000 万元,计算该项目的投资回收期。(设 i_c = 8%)

18. 用 15000 元能够建造一个任何时候均无残值的临时仓库,估计收益为 2500 元,假如标准折现率为 12%,仓库能使用 8 年,那么,这项投资是否满意? 临时仓库使用多少年时,这项投资才是满意的?

19. 某公司考虑表 3-18 所列三个相互排斥的方案,标准折现率为 10%,试分别用净现值和净年值两种方法选择方案。

表 3-18　投资方案基本情况表　　　　　　　　　(单位:万元)

方案	初始投资	年净收益	残值	寿命期(年)
A	3000	800	500	7
B	4000	1100	800	6
C	5000	1480	1000	5

模块 4　设备更新方案经济评价

【能力要求】　本模块由设备更新概述、设备折旧、设备更新方案的比较以及设备租赁与购置方案的比较四个部分组成。通过学习，了解设备更新的目的和意义，理解设备的磨损、补偿及设备的寿命，掌握设备经济寿命的确定方法、折旧计算方法；理解设备更新方案比较的原则，掌握设备更新的经济分析方法；了解设备租赁的分类、设备租赁与购置分析的步骤，掌握设备租赁与购置的比选方法。

4.1　设备更新概述

4.1.1　设备更新的目的和意义

设备是构成生产力的要素之一，是企业进行生产和扩大再生产的重要手段，是企业固定资产的主要组成部分。设备的数量、质量、技术结构及其更新程度，是判断一个企业综合实力的重要标准，也是衡量一个国家工业化水平的重要标志。

企业的生产设备在使用和闲置过程中都会逐渐磨损，另外由于技术更新落后设备可能不能继续使用，就应考虑设备的更新问题。设备更新既是企业内部的需要，也是企业外部环境的要求。其目的是使企业不断按照社会经济发展的要求推进，以适应不断发展的客观形势需要，使企业在国内外市场具有竞争力，最终达到提高企业经济效益，为社会创造更多的财富的目的。

企业生产设备的不断更新换代，是企业不断发展壮大的兴旺表现。实践证明，通过对现有企业进行技术改造和更新设备来扩大再生产，比依靠建设新企业、扩大设备拥有量来扩大再生产，投资少、见效快、经济效益高。

设备更新要坚持在技术进步的前提下，以提高经济效益为原则，对设备整个运行期间的技术经济状况进行分析和研究，明确和判断设备是否需要更新，何时更新，如何更新等问题，以作出正确的决策。

4.1.2　设备的磨损

随着使用时间的增长，设备的技术状况会逐渐劣化，其价值和使用价值也会随时间逐渐降低，这种现象称为磨损。磨损分有形磨损和无形磨损两种形式。

1. 设备的有形磨损

机器设备在使用(或闲置)过程中所发生的实体的磨损称为有形磨损。有形磨损按形成原因分为两种：第一种是设备在运转过程中，零件发生摩擦、振动和弹性疲劳等现象致使机器设备的实体发生磨损、变形和损坏；第二种是设备在闲置过程中，由于自然力的作用致使金属件生锈、腐蚀，橡胶件老化等，或由于管理不善和缺乏必要的维护而自然丧失精度和工作能力，致使设备实体出现的磨损。

设备的有形磨损中一部分可以通过修理来恢复，称为可消除的有形磨损，如更换已磨损的零部件等；有的不可以通过修理来恢复，称为不可消除的有形磨损。当设备不能通过修理来恢复时，就要报废，此时，设备已经丧失使用价值。

2. 设备的无形磨损

无形磨损是指由于技术进步所引起的设备原始价值的贬值，也称经济磨损或精神磨损。无形磨损形成的原因也分两种：第一种是由于设备制造工艺的不断改进，劳动生产率不断提高，而使相同结构设备的市场价格降低，使现有设备贬值；第二种是由于技术进步，出现了性能更完善、效率更高的设备，使原有设备相对陈旧落后，其经济性能相对降低而使设备贬值。

4.1.3 设备磨损的补偿

要维持企业再生产的正常进行，必须对设备的磨损进行补偿，要支出相应的补偿费用，以抵偿相应贬值的部分，其目的在于减轻设备的物质、技术劣化，保持设备良好的技术状态，防止设备故障停机等造成的损失。

设备磨损的形式不同，补偿磨损的方式也不同。设备的磨损补偿有修理、更换、更新和现代化改装等方式。设备有形磨损的局部补偿是修理，设备无形磨损的局部补偿是现代化技术改装，有形磨损和无形磨损的完全补偿是更新，即淘汰旧设备更换成新的设备。设备磨损形式与补偿方式见图4-1。

补偿磨损的主要资金来源是原有设备提取的折旧。

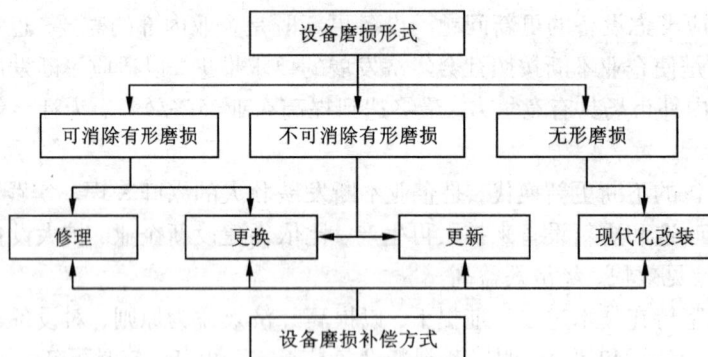

图4-1 设备磨损形式与补偿方式

4.1.4 设备的寿命

由于受到有形磨损和无形磨损的影响，设备的使用价值和经济价值逐渐消逝，因而设备具有一定的寿命。具体有以下几种不同的形态。

1. 物理寿命

设备的物理寿命又称自然寿命，是指设备从全新状态下开始使用，直到不能再使用而报废为止所经历的时间。它主要取决于设备有形磨损的速度，可通过正确使用、维修保养、计划检修、恢复性修理来延长其物理寿命，但不能从根本上避免其磨损。

2. 技术寿命

设备的技术寿命是指设备以全新状态投入使用到因无形磨损而被淘汰所经历的时间。它主要取决于设备无形磨损的速度。科学技术发展越快,设备的技术寿命越短。

3. 折旧寿命

设备的折旧寿命又称为会计寿命,是指按国家财税制度规定的设备折旧年限。即按规定的折旧原则和方法,将设备的原值通过折旧方式转入产品成本,直到设备的净值达到零时所经历的时间。它主要取决于规定的折旧原则和方法。

4. 经济寿命

设备的经济寿命是指设备从投入使用到因继续使用而经济上不合理为止所经历的时间。它是由有形磨损和无形磨损共同决定的,是确定设备更新时机的基础。

4.1.5 设备经济寿命的确定

1. 设备的年度费用

设备的经济寿命的计算,首先应明确两个概念:

(1)原始费用。原始费用指采用新设备时一次性投入的费用,包括设备原价、税金(如增值税)、运输费和安装费等。

(2)使用费。使用费指设备在使用过程中发生的费用,包括运行费(人工、燃料、动力、刀具、机油等消耗)和维修费(保养费、修理费、停工损失费、废次品损失费等)。

通常,新设备是原始费用高但运行和维修费用低,而旧设备恰恰相反。实际上,当一台全新设备投入使用后,随着使用年限的延长,每年分摊的设备原始费用将越来越少;而与此同时,设备的使用费(特别是维修费)却是逐年增加的(称为设备的低劣化)。

因此,随着使用年限的延长,每年分摊的原始费用减少的效果会因为使用费用的增加而减少,直至原始费用的减少不足以抵消使用费用的增加,显然这时如果继续使用设备并不经济,所以就存在设备的经济寿命。设备的经济寿命就是指设备的年度费用最低的使用年限(见图4-2)。

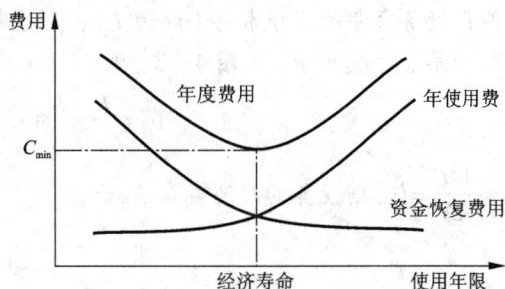

图4-2 设备的经济寿命

设备的年度费用由两部分组成:一是资金恢复费用,指设备的原始费用扣除设备弃置不用时的估计残值(净残值)后分摊到设备使用各年上的费用;二是年使用费,包括运行费和维修费。

2. 经济寿命的静态计算方法

经济寿命的静态计算方法,就是在不考虑资金时间价值因素的情况下,计算设备的经济寿命。

设 N 为设备的使用年限,P 为设备的原始费用,L_N 为设备使用到 N 年末的残值,C_t 为第 t 年的设备使用费(包括运行费和维修费),AC 为设备使用到第 N 年年末时的年度费用,则

$$AC = \frac{P - L_N}{N} + \frac{1}{N}\sum_{t=1}^{N} C_t \qquad (4-1)$$

53

式中，$\dfrac{P-L_N}{N}$ 为资金恢复费用；$\dfrac{1}{N}\displaystyle\sum_{t=1}^{N}C_t$ 为年使用费。

例 4.1 某设备的原始价值为 10000 元，物理寿命为 10 年，第一年的运行成本为 750 元，劣化值、年末残值见表 4-1，试计算其经济寿命。

表 4-1 设备经济寿命计算表　　　　　　　　　　　　　（单位：元）

使用年限	运行成本	劣化值	年末残值	年均运行成本与劣化值	年均资金恢复费用	年均总费用
(1)	(2)	(3)	(4)	$(5)=\dfrac{\sum[(2)+(3)]}{(1)}$	$(6)=\dfrac{10000-(4)}{(1)}$	$(7)=(5)+(6)$
1	750	0	7200	750	2800	3550
2	750	100	5300	800	2350	3150
3	750	150	3500	833	2167	3000
4	750	250	2200	875	1950	2825
5	750	400	1100	930	1780	2710
6	750	600	900	1000	1517	2517
7	750	850	700	1086	1329	2415
8	750	1150	500	1188	1188	2376
9	750	1500	300	1306	1078	2384
10	750	2000	100	1450	990	2440

解： 从表中可知第 8 年的年均费用最小，为 2376 元，故该设备经济寿命为 8 年。

假设设备每年的残值相等（设为 L），且每年的设备使用费增量（低劣化值）相等（设为 λ），C_1 为第 1 年使用费，见图 4-3，则

$$AC=\frac{P-L}{N}+C_1+\frac{N-1}{2}\cdot\lambda \qquad (4-2)$$

令 $\dfrac{\mathrm{d}AC}{\mathrm{d}N}=0$，则设备的经济寿命 N_0 为

$$N_0=\sqrt{\frac{2(P-L)}{\lambda}} \qquad (4-3)$$

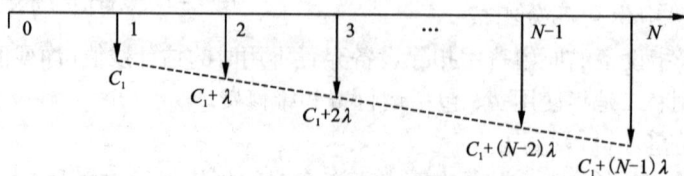

图 4-3 设备的年使用费

例 4.2 某建筑设备购置费为 10000 元，第一年使用费为 700 元，其后每年比前一年增加 550 元（低劣化值），若不考虑残值和资金的时间价值，试求其经济寿命和最低的年度费用。

解：$N_o = \sqrt{\dfrac{2 \times 10000}{550}} = 6(\text{年})$

$$AC_{\min} = \left(\dfrac{10000}{6} + 700 + \dfrac{6-1}{2} \times 550 \right)$$
$$= 3742(\text{元/年})$$

也可列表计算，见表 4 - 2。

表 4 - 2　设备经济寿命计算表

N	$\dfrac{P}{N}$	C_1	$\dfrac{N-1}{2} \cdot \lambda$	AC
1	10000	700	0	10700
2	5000	700	275	5975
3	3333	700	550	4583
4	2500	700	825	4025
5	2000	700	1100	3800
6	1667	700	1375	3742
7	1429	700	1650	3779
8	1250	700	1925	3875

计算结果与公式解出的结果相同。

3. 经济寿命的动态计算方法

经济寿命的动态计算方法，就是在考虑资金时间价值因素的情况下，计算设备的经济寿命。

设基准收益率为 i_c，设备使用到 N 年年末时资金的恢复费用为

$$P \cdot (A/P, i_c, N) - L(A/F, i_c, N) \quad \text{或} \quad (P-L) \cdot (A/P, i_c, N) + L \cdot i_c \quad (4-4)$$

年使用费为

$$\sum_{t=1}^{N} C_t (P/F, i_c, t)(A/P, i_c, N) \quad (4-5)$$

则设备使用到第 N 年年末时的年度费用为

$$AC = (P-L) \cdot (A/P, i_c, N) + L \cdot i_c + \sum_{t=1}^{N} C_t (P/F, i_c, t)(A/P, i_c, N) \quad (4-6)$$

或

$$AC = \left[P - L \cdot (P/F, i_c, N) + \sum_{t=1}^{N} C_t (P/F, i_c, t) \right] \cdot (A/P, i_c, N) \quad (4-7)$$

假设设备每年的残值（L）相等，且每年的设备使用费增量（低劣化值）（λ）相等，C_1 为第 1 年使用费，则年使用费为

$$C_1 + \lambda \cdot (A/G, i_c, N)$$

设备使用到第 N 年年末时的年度费用为

$$AC = (P-L) \cdot (A/P, i_c, N) + L \cdot i_c + C_1 + \lambda \cdot (A/G, i_c, N) \quad (4-8)$$

例 4.3　若例 4.2 中考虑资金的时间价值，且 $i_c = 10\%$，试求其经济寿命和最低的年度费用。

解：计算过程见表 4 - 3。

表 4 - 3　设备经济寿命动态计算表

N	$(A/P, i_c, N)$	$P \cdot (A/P, i_c, N)$	C_1	$(A/G, i_c, N)$	$\lambda \cdot (A/G, i_c, N)$	AC
1	1.1000	11000	700	0	0	11700
2	0.5762	5762	700	0.4762	262	6724
3	0.4021	4021	700	0.9366	515	5236
4	0.3155	3155	700	1.3812	760	4615
5	0.2638	2638	700	1.8101	996	4334
6	0.2296	2296	700	2.2236	1223	4219
7	0.2054	2054	700	2.6216	1442	4196
8	0.1874	1874	700	3.0045	1652	4226

计算结果表明，考虑资金的时间价值，设备的经济寿命为 7 年，最低的年度费用为 4196 元。

4.2　设备折旧

4.2.1　折旧的概念

通常把设备逐渐转移到产品成本中并等于其损耗的那部分价值，称为设备的折旧。折旧是由于设备在使用过程中会发生磨损，为使再生产过程不断延续下去，就要将设备因磨损而失去的价值逐渐转移到产品成本中去，并从产品销售收入中回收。

财务分析中，按生产要素估算总成本费用时，折旧可直接列支于总成本费用。合理的计提折旧，不仅是正确计算产品成本的一个前提条件，更有利于降低设备投资风险和提高企业的实际投资效益。从价值角度看，折旧可以看作是设备性能衰退和过时引起的损失转移到产品价值中的等量价值；从会计角度看，折旧可以看作是设备在寿命期内注销的设备成本；从经济分析的角度看，折旧应与设备的有形磨损和无形磨损挂钩，这使采用加速折旧变得合理，同时折旧费有免税和分期获得等特点，早期快速折旧意味着企业早期税赋减少，设备投资风险损失减少，而且折旧基金在设备更新期到达之前可用于再投资。

通常用折旧率计算折旧费的大小，折旧率是设备年折旧额占设备价值的百分比。合理制定设备的折旧率不仅是正确计算成本的根据，而且是促进设备技术发展、技术进步，有利于设备更新的政策问题。如果折旧率过低，则将人为地扩大利润，夸大积累，会使设备得不到及时更新；反之则会人为地增加成本，影响资金的正常积累，妨碍扩大再生产。由此可见，合理的折旧制度，正确的折旧率，对提高项目的收益、加速资金周转、增强企业自我改造和发展的能力、促进技术进步等都有着重要的意义。此外，从宏观上看，正确合理的折旧有利于保证国家税收，促进经济发展。

4.2.2　折旧的方法

折旧方法可在税法允许的范围内由企业自行确定。一般采用直线法，包括年限平均法和工作量法(按行驶里程计算折旧和按工作小时计算折旧)。我国税法也允许对某些机器设备采用快速折旧法,即双倍余额递减法和年数总和法。

1. 直线折旧法

直线折旧法是指在设备的折旧年限内,平均分摊设备的价值。

(1)年限平均法。计算公式为

$$年折旧率 = \frac{1 - 预计净残值率}{折旧年限} \times 100\% \qquad (4-9)$$

$$年折旧额 = 设备原值 \times 年折旧率$$

例4.4　某设备原值1200万元,折旧年限为20年,预计净残值率为4%,试计算该设备的年折旧额、月折旧额。

解:年折旧率 $= \dfrac{1 - 4\%}{20} \times 100\% = 4.8\%$

年折旧额 $= 1200 \times 4.8\% = 57.6($万元$)$

月折旧额 $= \dfrac{67.6}{12} = 5.63($万元$)$

(2)工作量法。

①按照行驶里程计算折旧的公式为

$$单位里程折旧额 = \frac{原值 \times (1 - 预计净残值率)}{总行驶里程} \qquad (4-10)$$

$$年折旧额 = 单位里程折旧额 \times 年行驶里程$$

②按照工作小时计算折旧的公式为

$$每工作小时折旧额 = \frac{原值 \times (1 - 预计净残值率)}{总工作小时} \qquad (4-11)$$

$$年折旧额 = 每工作小时折旧额 \times 年工作小时$$

例4.5　某企业购入货运卡车一辆,原值15万元,预计净残值率为5%,总行驶里程为60万km,当年行驶里程4万km,该卡车的年折旧额是多少?

解:单位里程折旧额 $= \dfrac{15 \times (1 - 5\%)}{60} = 0.2375($万元/万km$)$

本年折旧额 $= 0.2375 \times 4 = 0.95($万元$)$

2. 快速折旧法

快速折旧法就是前期计提的折旧额高,而后逐渐递减,使设备成本在使用年限内尽早得到补偿的一种计算方法。

(1)双倍余额递减法。计算公式为

$$年折旧率 = \frac{2}{折旧年限} \times 100\% \qquad (4-12)$$

$$年折旧额 = 净值 \times 年折旧率$$

为了防止净残值被提前一起折旧,实行双倍余额递减法,应在折旧年限到期前两年内,将净值扣除净残值的余额平均摊销。

例4.6　某设备的原值为40万元,预计使用5年,净残值为1.2万元,试用双倍余额递减法计算各年的折旧额。

解：年折旧率 $= \dfrac{2}{5} \times 100\% = 40\%$

第一年折旧额 $= 40 \times 40\% = 16$（万元）

第二年折旧额 $= (40 - 16) \times 40\% = 9.6$（万元）

第三年折旧额 $= (40 - 16 - 9.6) \times 40\% = 5.76$（万元）

第四年折旧额 $= \dfrac{(40 - 16 - 9.6 - 5.76) - 1.2}{2} = 3.72$（万元）

第五年折旧额 $= \dfrac{(40 - 16 - 9.6 - 5.76) - 1.2}{2} = 3.72$（万元）

（2）年数总和法。计算公式为

$$年折旧率 = \frac{折旧年限 - 已使用年限}{折旧年限 \times (折旧年限 + 1) \div 2} \times 100\% \qquad (4-13)$$

式中：分母代表使用年限的总和，分子代表使用期的逆顺序。

$$年折旧额 = (原值 - 预计净残值) \times 年折旧率$$

例 4.7　在例 4.6 中，用年数总和法计算各年的折旧额。

解：

第一年：年折旧率 $= \dfrac{5-0}{5 \times (5+1) \div 2} = \dfrac{5}{15}$　　年折旧额 $= (40 - 1.2) \times \dfrac{5}{15} = 12.93$（万元）

第二年：年折旧率 $= \dfrac{4}{15}$　　年折旧额 $= (40 - 1.2) \times \dfrac{4}{15} = 10.35$（万元）

第三年：年折旧率 $= \dfrac{3}{15}$　　年折旧额 $= (40 - 1.2) \times \dfrac{3}{15} = 7.76$（万元）

第四年：年折旧率 $= \dfrac{2}{15}$　　年折旧额 $= (40 - 1.2) \times \dfrac{2}{15} = 5.17$（万元）

第五年：年折旧率 $= \dfrac{1}{15}$　　年折旧额 $= (40 - 1.2) \times \dfrac{1}{15} = 2.59$（万元）

4.3　设备更新方案的比较

4.3.1　设备更新方案比较的原则

设备更新是对旧设备的整体更换。就实物形态而言，设备更新是用新的设备替换陈旧落后的设备；就价值而言，设备更新是设备在运动中消耗掉的价值的重新补偿。设备是否更新，何时更新，如何更新，既要考虑技术发展的需要，又要考虑经济效益，因此，要对设备更新进行方案比选。

设备更新方案比选的基本原理和评价方法与互斥性投资方案比选相同。但在设备更新方案比选时，应遵循如下原则。

（1）不考虑沉没成本。沉没成本（Sunk cost）是经济学中的一个概念，指业已发生或承诺、无法回收的成本支出。沉没成本是一种历史成本，对现有决策而言是不可控成本，不会影响当前行为或未来决策。因此，在进行设备更新方案比选时，原设备的价值应按目前实际价值计算,而不考虑其原值或目前折旧余额。

例如,某设备4年前的原始成本是80000元,目前的账面价值是30000元,现在的净残值仅为15000元。在进行设备更新分析时,4年前的原始成本80000元是过去发生的,与现在的决策无关,因此是沉没成本。目前该设备的价值等于净残值15000元。

(2)不要简单地按照新、旧设备方案的直接现金流量进行比较,而应立于客观的立场上,同时对原设备目前的价值(或净残值)考虑买卖双方及机会成本并使之实现均衡。

(3)逐年滚动比较。在确定最佳更新时机时,应首先计算现有设备的剩余经济寿命和新设备的经济寿命,然后利用逐年滚动计算方法进行比较。

如果不遵循上述原则,方案比选结果或更新时机的确定可能会发生错误,现举例说明。

例4.8 假定某企业在4年前以原始费用22000元购买了机器A,估计还可以使用6年,第6年年末估计残值为2000元,年度使用费为7000元。现在市场上出现了机器B,原始费用为24000元,估计可以使用10年,第10年年末残值为3000元,年使用费为4000元。现有两个方案:方案甲是继续使用机器A;方案乙是将机器A出售,目前的售价是8000元,然后购买机器B。已知基准收益率为15%,试比较方案甲和方案乙的优劣。

解法一: 根据上述比较原则,机器A的原始费用22000元是4年前发生的,是沉没成本。目前机器A的价值是8000元。方案比较可用年成本AC指标进行。

两个方案的直接现金流量如图4-4和图4-5所示,计算结果如下:

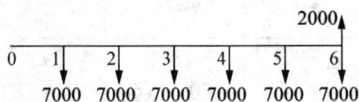

图4-4 方案甲的直接现金流量   图4-5 方案乙的直接现金流量

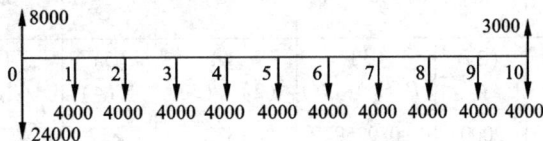

$$AC_甲 = 7000 - 2000(A/F, 15\%, 6)$$
$$= 6771.6(元)$$
$$AC_乙 = (24000 - 8000)(A/P, 15\%, 10) + 4000 - 3000(A/F, 15\%, 10)$$
$$= 7040.9(元)$$

$AC_甲 < AC_乙$,所以应选择方案甲。

解法二: 两个方案的现金流量如图4-6和图4-7所示,计算结果如下:

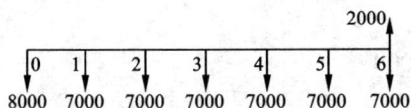

图4-6 方案甲的现金流量   图4-7 方案乙的现金流量

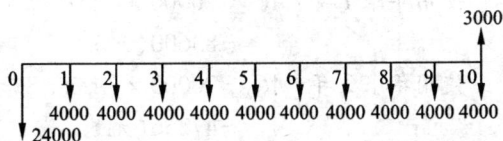

$$AC_甲 = 8000(A/P, 15\%, 6) + 7000 - 2000(A/F, 15\%, 6)$$
$$= 8885.2(元)$$

$$AC_{乙} = 24000(A/P,15\%,10) + 4000 - 3000(A/F,15\%,10)$$
$$= 8635.3(元)$$

$AC_{甲} > AC_{乙}$，所以应选择方案乙。

上述两种解法的结论正好相反。这是因为解法一的方法是错误的。因为它把机器 A 的售价分摊在 10 年的期间，而实际上只应该将其分摊在 6 年的期间。此外，把旧机器 A 的售价作为新机器 B 的收入也不妥当，因为这笔收入不是由新机器 B 本身带来的，不能将两个方案的现金流量混淆。解法二是正确的，或者花 8000 元购买旧机器 A，或者花 24000 元购买新机器 B。

例 4.9 某建筑施工企业 2 年前用 80000 元购买一台设备，寿命为 7 年，在今后的 5 年寿命中，其年运行费分别是 2000 元、10000 元、16000 元、25000 元、34000 元，目前的残值为 40000 元，以后各年的残值均为零。现市场出现一种新型设备，价格为 70000 元，使用寿命为 5 年，年运行费均为 8000 元，无残值，如果基准收益率 8%，是否更新设备，何时更新最为有利？

解： 首先计算旧设备的剩余经济寿命（计算过程见表 4-4），然后再与新设备进行比较。

表 4-4　旧设备剩余经济寿命计算表

使用年限 (1) N	运行费用 (元) (2) C	现值系数 (3) (P/F, i_c, N)	运行费用现值 (元) (4) (2)×(3)	现值累计值 (元) (5) Σ(4)	资金恢复系数 (6) (A/P, i_c, N)	年均运行费用 (元) (7) (5)×(6)	资金恢复费用 (元) (8) 40000×(6)	年度费用 (元) (9) (7)+(8)
1	2000	0.9259	1852	1852	1.0800	2000	43200	45200
2	10000	0.8573	8573	10425	0.5608	5846	22432	28278
3	16000	0.7938	12700	23125	0.3880	8973	15520	24493
4	25000	0.7350	18375	41500	0.3019	12529	12076	24605
5	34000	0.6806	21110	62610	0.2505	15684	10020	25703

根据计算，旧设备的剩余经济寿命为 3 年，最低的年度费用为 24493 元。

新设备的年度费用为：$AC = 70000 \times (A/P,8\%,N) + 8000$

N 越大，AC 越小，故新设备的经济寿命等于其物理寿命，即 5 年。年度费用计算如下：

使用年限 1 年：$AC_1 = 70000 \times (A/P,8\%,1) + 8000$
$$= 83600(元)$$

使用年限 2 年：$AC_2 = 70000 \times (A/P,8\%,2) + 8000$
$$= 47256(元)$$

同理可计算出：$AC_3 = 35160(元)$，$AC_4 = 29133(元)$，$AC_5 = 25535(元)$。

计算结果显示：$AC_{旧-1,2,3,4} < AC_{新-1,2,3,4}$，$AC_{旧-5} > AC_{新-5}$，

故应在继续使用旧设备 4 年后更新。

4.3.2　设备更新方案比较的方法

设备更新有两种情况：一是设备在其整个使用期内并不会过时，即在一定时期内还没有更先进的设备出现。在这种情况下，设备在使用过程中避免不了有形磨损，结果引起设备的维修费用，特别是大修理费以及其他运行费用的不断增加，这时立即进行原型设备替换，在经济上是合算的，这就是原型更新问题。原型设备的更新通常由设备的经济寿命决定，即当设备运行到设备的经济寿命时，即进行更新。二是在技术不断进步的条件下，由于无形磨损的作用，很可能在设备尚未使用到其经济寿命期，就已出现了重置价格很低的同型设备或工作效率更高和效益更好的更新型的同类设备，这时就要分析继续使用原设备和购置新设备这两种方案，确定设备是否更新。常用的方法有年费用法、现值费用法。

在实际工作中，往往是综合磨损作用的结果。现代社会技术进步速度越来越快，设备的更新周期越来越短，因此对设备的更新分析是一个很重要的工作。

例 4.10　某建筑企业的一台旧设备，目前可以转让，价格为 25000 元，下一年将贬值 10000 元，以后每年贬值 5000 元。由于性能退化，它今年的使用费为 80000 元，预计今后每年将增加 10000 元。它将在 4 年后报废，残值为 0。现有一台新型的同类设备，购置费为 160000 元，年平均使用费为 60000 元，经济寿命为 7 年，期末残值为 15000 元，并预计该设备在 7 年内不会有大的改进。

如果基准收益率为 12%，问是否需要更新现有设备？如果需要更新，应该在什么时间？

解：确定新设备的年度费用

$$AC_{新} = (160000 - 15000) \times (A/P, 12\%, 7) + 15000 \times 12\% + 60000$$
$$= 93572(元)$$

确定旧设备持续使用 4 年的年度费用

$$AC_{旧} = 25000 \times (A/P, 12\%, 4) + 80000 + 10000 \times (A/G, 12\%, 4)$$
$$= 101819(元)$$

显然，旧设备的年度费用高于新设备的年度费用，那么旧设备需要更新。但如果作出马上就应更新的决策，可能是错误的。这需要对此进一步的分析。

如果旧设备再保留使用一年，则年度费用为

$$AC_{旧} = (25000 - 15000) \times (A/P, 12\%, 1) + 15000 \times 12\% + 80000$$
$$= 93000(元)$$

小于新设备的年平均费用，所以旧设备在第一年应该继续保留使用。

如果旧设备再保留使用到第二年，则年度费用为

$$AC_{旧} = (25000 - 10000) \times (A/P, 12\%, 2) + 10000 \times 12\% + 90000$$
$$= 96800(元)$$

如果旧设备再保留使用到第三年，则年度费用为

$$AC_{旧} = (25000 - 5000) \times (A/P, 12\%, 3) + 5000 \times 12\% + 10000$$
$$= 108956(元)$$

显然，如果保留使用到第二、三年，第二、三年的年度费用高于新设备的年度费用，则旧设备在第二年使用之前就应该更新。

因此，现有设备应该再保留使用一年，一年后更新为新设备。

例 4.11 某企业有一设备 A 正在使用,据估计其目前的残值为 2500 元,还可使用 5 年,每年的使用费为 1200 元,第 5 年年末的残值为 0,现有两种方案:

方案甲:5 年之后,用设备 B 来代替机器 A。其原始费用估计为 10000 元,寿命为 15 年,残值为 0,每年使用费 600 元。

方案乙:现在就用设备 C 来代替设备 A。设备 C 的原始费用估计为 8000 元,寿命为 15 年,残值为 0,每年使用费 900 元。

如基准折现率为 10%,比较方案甲和方案乙,哪个经济效果好?

解:(1)选定研究期为 15 年

方案甲:设备 B 的年度费用为

$$AC_B = 10000 \times (A/P, 10\%, 15) + 600$$
$$= 1915(元)$$

方案甲在 15 年内发生的费用现值为

$$PC_甲 = 2500 + 1200 \times (P/A, 10\%, 5) + 1915 \times (P/A, 10\%, 10) \times (P/F, 10\%, 10)$$
$$= 14356(元)$$

方案乙:设备 C 在 15 年内的费用为

$$PC_乙 = 8000 + 900 \times (P/A, 10\%, 15)$$
$$= 14845(元)$$

可见,方案甲优于方案乙。

(2)选定研究期为 5 年

如果情报不足,往往不得不采用较短的研究期。如采用什么设备来继续 A 的工作并不清楚,就只能选定设备 A 还可使用的时期 5 年作为研究期,这时

$$AC_A = 2500 \times (A/P, 10\%, 5) + 1200$$
$$= 1860(元)$$

而设备 C 按照寿命为 15 年计算的年度费用是

$$AC_C = 8000 \times (A/P, 10\%, 15) + 900$$
$$= 1952(元)$$

可以看出,在前 5 年中采用设备 A 比采用设备 C 年度费用低(5 年以后的情况未考虑)。

一般说来,研究期越长,所得的结果越重要,但是所做的估计也越可能是错误的。因此,研究期的选定必须根据估计和判断。

4.4 设备租赁与购置方案的比较

4.4.1 设备租赁概述

1. 设备租赁的概念

设备租赁是指设备的承租者按照租赁契约的规定,定期向出租者支付一定数额的租赁费,从而取得设备的使用权的一种方式。

租赁是一种所有权及使用权间的借贷关系。由于设备更新周期越来越短,企业向银行融资有时不方便,同时购置资产课税较重。于是,企业资产所有权和使用权分离的租赁业务应

运而生。许多租赁公司就是一些大制造企业的附属公司，有些商业银行也成立租赁公司。租赁客观上为这些工业企业产品扩展了销售市场，也为商业银行投放资金开拓了新的途径。租赁事业在国际经济活动中，是企业间或国家间出口和引进设备、融通资金和发展经济的一种有效手段。

2. 设备租赁的形式

(1)融资租赁。融资租赁又称为财务租赁，是一种融资和融物相结合的租赁方式。它是由双方明确租让的期限和付费义务，出租者按照要求提供规定的设备，然后以租金形式回收设备的全部资金。

这种租赁方式是以融资和对设备的长期使用为前提的，租赁期相当于或超过设备的寿命期，租赁对象往往是一些贵重和大型设备。由于设备是承租者选定的，出租者对设备的整机性能、维修保养、老化等不承担责任。对于承租者来说，融资租入的设备属于固定资产，可以计提折旧计入企业成本，而租赁费一般不直接列入企业成本，由企业税后支付。但租赁费中的利息和手续费(按租赁合同约定，手续费可包括在租赁费中，或者一次性支付)可在支付时计入企业成本，作为纳税所得额中准予扣除的项目。

(2)经营租赁。经营租赁又称营业租赁，是出租者与承租者通过订立租约维系的租赁业务。出租者除向承租者提供租赁物外，还承担租赁设备的保养、维修、老化、贬值以及不再续租的风险。

这种方式带有临时性，因而租金较高。承租者往往用这种方式租赁技术更新较快、租期较短的设备，承租设备的使用期往往也短于设备的寿命期；并且经营性租赁设备的租赁费计入企业成本，可减少企业所得税。承租人可视自身情况需要决定是中止还是继续租赁设备。

3. 设备租赁的特点

设备租赁与设备购买相比，具有以下特点：

(1)可以用较少的资金获得生产急需的设备，或引进先进设备，解决资金短缺问题。

(2)减少或避免因无形磨损造成贬值的风险。

(3)可大大缩短引进甩期，且手续简便，交货迅速。

(4)租金可以在税前扣除，享受一定优惠。

(5)租赁季节性或暂时需要的设备可节约费用。

(6)租赁设备的价格是现价，不受通货膨胀和利率波动的影响。

但也应注意到租赁比购买的费用要高，每年付租金相当于长期负债，租赁设备的残值常为出租人所有，租赁合同规定较严，毁约要赔偿报失，罚款很重。

4.4.2　设备租赁与购置的比选方法

对于设备使用者来讲，是采用购置设备或是租赁设备，应取决于这两种方案在经济上比较，也是个互斥方案选优问题。其比较的原则和方法与一般的互斥方案比较并无实质上的差别，故可采用净现值法、费用现值法、净年值法等。

采用租赁时，租赁费直接计入成本。其净现金流量为：

$$\binom{净现金}{流量}=\binom{销售}{收入}-\binom{经营}{成本}-\binom{租赁}{费}-\binom{销售税金}{及附加}-\binom{销售收入-经营成本-租\\赁费-销售税金及附加}\times\binom{所得税}{税率}$$

而在相同条件下，购置设备方案的净现金流量为

$$\begin{pmatrix} 净现金 \\ 流量 \end{pmatrix} = \begin{pmatrix} 销售 \\ 收入 \end{pmatrix} - \begin{pmatrix} 经营 \\ 成本 \end{pmatrix} - \begin{pmatrix} 资金恢 \\ 复费用 \end{pmatrix} - \begin{pmatrix} 销售税金 \\ 及附加 \end{pmatrix} - \begin{pmatrix} 销售收入-经营成本-折 \\ 旧费-销售税金及附加 \end{pmatrix} \times \begin{pmatrix} 所得税 \\ 税率 \end{pmatrix}$$

例4.12 某建筑公司急需一种设备，其购置费为20000元，可使用10年，年运行费为1 500元，期末残值为2000元。此设备也可租赁，每年年初租赁费为3100元。

如果所得税率为25%，年末纳税。折旧采用直线法，基准收益率为10%。问该公司应如何选择？

解： 用年费用比较法，只比较差异部分。

购置该设备，其资金的恢复费用为

$$(20000-2000) \times (A/P, 10\%, 10) + 2000 \times 10\% = 3129(元)$$

$$年折旧额 = \frac{20000-2000}{10} = 1800(元)$$

故购置方案年费用的差异部分 $AC_购$ 为

$$AC_购 = 3129 - 1800 \times 25\%$$
$$= 2679(元)$$

租赁该设备，则年费用的差异部分 $AC_租$ 为

$$AC_租 = 3100 \times (1 + 10\%) - 3100 \times 25\%$$
$$= 2635(元)$$

计算结果显示，选择设备租赁方案优于设备购置方案。

思考练习题

1. 什么是设备的有形磨损，无形磨损？

2. 什么是折旧？折旧方法有哪些？

3. 什么是设备的经济寿命？

4. 设备更新方案比较的原则是什么？

5. 什么是设备租赁？设备租赁的分类是什么？

6. 设备租赁有哪些优缺点？

7. 一台设备的原值为25000元，折旧年限为5年，预计净残值2000元。要求：分别用直线折旧法、双倍余额递减法和年数总和折旧法计算这台设备各年的折旧额和年末账面价值。

8. 某大型施工机械原值为240000元，预计净残值3000元，按规定可使用2000个台班，当年实际使用台班为300个，试计算当年应计提的折旧额。

9. 某设备原值为15000元，初始运行费用为1000元，年低劣化值(年运行费递增值)为900元，各年均不计残值。试分别用静态和动态($i_c = 10\%$)计算其经济寿命和最低年度费用。

10. 某机器购价25000元，第一年末残值15000元，而后每年递减1500元；第一年经营成本为8000元，以后每年递增4000元，若年利率为15%，求其经济寿命。

11. 某旧车现有净值45000元，可再使用2年，到期残值为4000元，第一年维持费为35000元，第二年维持费为42500元。新车最低价为135000元，使用寿命6年，期末残值为15000元，新车第一年的维持费为20000元，此后每年递增3500元，年利率为10%，问是否可以购买新车？

12. 某公司旧设备现有净值 5000 元，由于技术进步，3 年后设备无残值，清理费用为 1000 元，年运行费用为 3300 元。预计 3 年后将有一种改进设备，初始价值为 10000 元，年运行费用为 1900 元，使用寿命为 3 年，残值为 2000 元。现有一种新设备价格为 14500 元，使用寿命为 6 年，残值 1000 元，年运行费用为 2400 元。基准投资收益率为 10%，判断应如何选择设备。

13. 某施工企业在 4 年前以 2200 元购买了机器甲，预计可使用 10 年，估计残值为 200 元，年使用费为 700 元。现市场出现机器乙，原始费用为 2400 元，估计可使用 10 年，估计残值为 300 元，年使用费为 400 元。现有两个方案：方案 A 是继续使用旧机器甲；方案 B 是把机器甲以 800 元出售，然后购买乙。如果基准收益率为 15%，比较两个方案。

14. 一台旧设备目前为 25000 元，下一年将贬值 10000 元，以后每年贬值 5000 元。由于性能退化，它今年的经营成本为 80000 元，预计今后每年将增加 10000 元。它将在 4 年后报废，残值为零。现可用 160000 元买一台新的机器，其经济寿命为 7 年，年经营成本为 60000 元，残值为 15000 元。如果折现率为 10%，是否更新现有设备？如果更新，应何时更新为好？

15. 某企业需要某种设备，其购置费为 10000 元，用自有资金购买，估计使用期为 10 年，10 年后的残值为 100 元。如果采用融资租赁，同类设备年租赁费为 1600 元。当设备投入使用后，企业每年的销售收入为 6000 元，销售税及附加为销售收入的 10%，设备年经营成本为 1200 元，所得税税率为 25%，折旧采用直线折旧法，该企业的基准收益率为 10%。试比较设备租赁和设备购置方案的优劣。

模块5 工程项目投资与融资

【能力要求】 本模块包含工程项目投资、项目融资与资金成本与结构三部分。通过学习，要求了解资金筹措的含义及其方式，理解项目资本金及筹措方式，项目债务资金的筹措方式；理解资金成本的含义，掌握资金成本的计算方法；了解影响融资成本的因素及降低资金成本的对策。

5.1 工程项目投资

5.1.1 工程项目投资的构成

按照我国现行财务制度，工程项目总投资的构成有如图5-1所示。

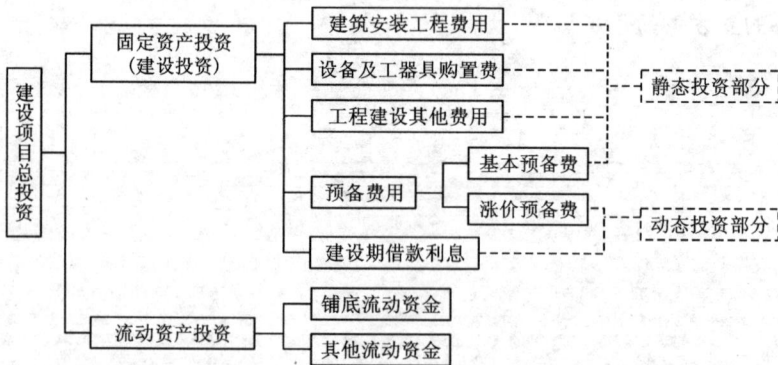

图5-1 工程项目建设投资构成

工程项目的全部投资包括固定资产投资（又称为建设投资）、流动资金和建设期利息。事实上，一个项目的投资到底是多少，可以有很多不同的说法。一种是计算资本金基数的总投资，指建设投资与铺底流动资金之和，铺底流动资金为全部流动资金的30%。还有一种是静态的投资额，指的是项目建设期间将要实际支出的总费用，不包括建设期利息和物价上涨等数额。如果包括建设期利息和物价上涨等数额，则称为动态的总投资。在项目经济评价采用现金流量折现方法时，因为已经考虑了货币的时间价值，全部投资指的是建设投资和全部流动资金投资，不包括建设期利息。

建设投资是指从工程项目确定建设意向开始直至建成竣工投入使用为止，在整个建设过程中所支出的总建设费用，这是保证工程建设正常进行的必要资金。

建设投资中形成固定资产的支出叫固定资产投资。固定资产是指使用期限超过一年的房屋、建筑物、机器、机械、运输工具以及与生产经营有关的设备、器具、工具等。这些资产的建造或购置过程中发生的全部费用都构成固定资产投资。投资者如果用现有的固定资产作为投入的,按照评估确认或者合同、协议约定的价值作为投资。融资租赁,按照租赁协议或者合同确定的价款加运输费、保险费、安装调试费等计算其投资。耕地占用税也应算作固定资产投资的组成部分。无形资产投资是指专利权、商标权、著作权、土地使用权、非专利技术和商誉等的投入。其他资产投资主要指开办费,包括筹建期间的人员工资、办公费、培训费、差旅费、印刷费和注册登记费等等。

除了以上建设投资的实际支出或作价形成固定资产、无形资产和其他资产的原值外,筹建期间的借款利息和汇兑损益,凡与构建固定资产或者无形资产有关的计入相应的资产原值,其余都计入开办费,形成其他资产原值的组成部分。

流动资金是指为维持生存所占用的全部周转资金。它是流动资产与流动负债的差额。流动资产包括各种必要的现金、各种存款、应收及预付款项及存货,流动负债主要是指应付账款、预收账款。值得指出的是,这里说的流动资产是指为维持一定规模生产所需的最低周转资金和存货;流动负债是在正常生产情况下平均的应付账款、预收账款,不包括短期借款。为了表示这种区别,把资产负债表通常含义下的流动资产称为流动资产总额,它除了上述最低需要的流动资产外,还包括生产经营活动中新产生的盈余资金。同样,把通常含义下的流动负债叫流动负债总额,它除应付账款外,还包括短期借款,当然也包括为解决流动资金投入所需要的短期借款。

整个投资投入阶段的资金来源、投资的构成和形成的资产可以用图5-2来表述。

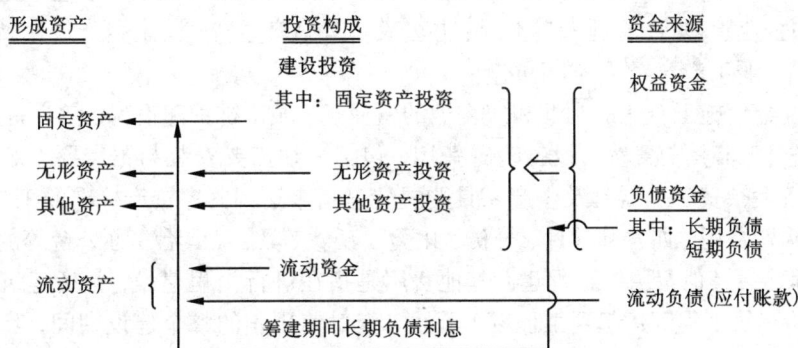

图5-2 工程项目投资资金来源与资产形成

5.1.2 建设投资的估算

在投资决策的前期阶段,如投资机会研究、项目建议书和可行性研究阶段,只能对这些投资费用进行估算。不同的研究阶段所具备的条件和掌握的资料不同,估算的方法和准确程度也不相同。目前常用的有以下几种方法。

1. 生产能力指数法

这种方法是根据已建成的、性质类似的工程或装置的实际投资额和生产能力,按拟建项目的生产能力,推算出拟建项目的投资。一般说来,生产能力增加一倍,投资不会也增加一倍,往往是小于1的倍数。根据行业的不同,可以找到这种指数关系。

2. 按设备费用的推算法

这种方法是以拟建项目或装置的设备费为基数，根据已建成的同类项目或装置的建筑工程、安装工程及其他费用占设备购置费的百分比推算出整个工程的投资费用。

3. 造价指标估算法

对于建筑工程，可以按每平方米的建筑面积的造价指标来估算投资。也可以再细分为每平方米的土建工程、水电工程、暖气通风和室内装饰工程的造价，并汇总出建筑工程的造价。另外，再估算其他费用及预备费，即可估算出项目的固定资产的投资数。

4. 分类估算法

分类估算法是按照综合估算框架，根据建设投资的一般工作分解结构，自下而上分类分层分别估算。

（1）建筑安装工程费用。建筑安装工程费用是指花费在建筑安装工程施工过程中的费用，它按工程内容分为建筑工程费用和安装工程费用。建筑工程费用通常指建筑物和构筑物的土建工程费用，包括房屋、桥梁、道路、堤坝、隧道工程的建造费用，建筑物内的给排水、电气照明、采暖通风等工程费用，以及农田水利、场地平整、厂区整理和绿化等工程费用。安装工程费用一般包括各种需要安装的机械设备和电气设备等工程的安装费用。我国现行建筑安装工程费用的构成为直接费、间接费、利润和税金。

直接费由直接工程费（人工费、材料费、施工机械使用费）和措施费（环境保护费、文明施工费、安全施工费、临时设施费、夜间施工费、脚手架费等）组成。

间接费由规费（工程排污费、工程定额测定费、社会保障费、住房公积金、危险作业意外伤害保险）和企业管理费（管理人员工资、办公费、差旅交通费、固定资产使用费、劳动保险费、工会经费、职工教育经费等）组成。

利润和税金指施工企业的利润和应交纳的营业税、城市维护建设税、教育费附加。

（2）设备、工器具购置费。设备购置费用，包括一切需要安装与不需要安装的设备的购买原价和设备运杂费。工器具及生产家具购置费是指未达到固定资产标准的工具、器具、家具和仪器的购置费用，如各种计量、分析、化验、五金工具、工具台、办公台等的费用。

（3）工程建设其他费用。工程建设其他费用是指在进行工程建设，包括建筑安装和设备购置等工作中，从工程筹建起到工程竣工验收、交付使用止的整个建设期间，除建筑安装工程费用和设备、工器具购置费以外的，为保证工程建设顺利完成和交付使用后能够正常发挥效用而发生的各项费用的总和。工程建设其他费用由土地使用费，与项目建设有关费用（建设单位管理费、勘察设计费、研究试验费、临时设施费、工程监理费、工程保险费、供电贴费等费用）及与未来企业生产经营活动有关的费用（联合试运转费、生产准备费、办公和生活家具购置费）组成。

经主管部门批准征用建设用地的国家投资项目，在投资估算的其他费用中应按国家规定的标准估算出土地征用费、耕地占用税、新菜地开发建设基金及筹建期的土地使用税等。其中土地征用费包括土地补偿费、青苗补偿费、居民安置费、地面附属物拆迁补偿费、征地管理费等。随着城市土地市场的建立，投资者按实际获得的土地使用权所付的代价估算投资。其中还应包括政府征收的契税、增值税和土地占用费等。

（4）预备费用。预备费用是指在初步设计和设计概算中难以预料的工程费用，包括基本预备费和涨价预备费。基本预备费是指在项目实施中可能发生难以预料的支出，需要事先预留的费用，主要指设计变更及施工过程中可能增加工程量的费用。基本预备费以建筑工程费、设备及工器具购置费、安装工程费及工程建设其他费用之和为计算基数，乘以基本预备费率计算。

涨价预备费是对建设工期较长的项目，由于在建设期内可能发生材料、设备、人工等价格上涨引起投资增加，需要事先预留的费用，亦称价格变动不可预见费。涨价预备费以建筑工程费、设备及工器具购置费、安装工程费之和为计算基数，计算公式为

$$PC = \sum_{t=0}^{n} I_t [(1 + f)^{m+t} - 1] \tag{5-1}$$

式中：PC——涨价预备费；

$\quad\quad I_t$——第 t 年的建筑工程费、设备及工器具购置费、安装工程费之和；

$\quad\quad m$——估算年到建设开始年的年数（估算时点到建设期起点）；

$\quad\quad f$——年价格上涨指数；

$\quad\quad n$——建设期。

（5）建设期借款利息

建设期借款利息（又称建设期利息），包括向国内银行和其他非银行金融机构贷款、出口信贷、外国政府贷款、国际商业银行贷款以及在境内外发行的债券等在建设期间内应偿还的贷款利息。建设期借款利息实行复利计算。

当总贷款分年均衡发放时，建设期利息的计算可按当年借款在年中支用考虑，即当年贷款按半年计息，上年贷款按全年计息，计算公式为：

每年应计利息 = （年初借款本息累计 + 当年借款额/2）× 借款利率

投资估算的方法很多，应根据项目的具体特点和当时掌握的资料和研究深度，力求准确，通常希望投资项目决策前的估算误差在 10% 以内。

5.1.3　流动资金的估算

流动资金是指生产经营性项目投产后，为进行正常生产运营，用于购买原材料、燃料，支付工资及其他经营费用等所需的周转资金。个别情况或者小型项目可采用扩大指标法。流动资金估算一般采用分项详细估算法。

1. 扩大指标估算法

扩大指标估算法是一种简化的流动资金估算方法，一般可参照同类企业流动资金占销售收入、经营成本的比例，或者单位产量占用流动资金的数额估算。虽然扩大指标估算法简便易行，但准确度不高，一般适用于项目建议书阶段的流动资金估算。

2. 分项详细估算法

对流动资金构成的各项流动资产和流动负债分别进行估算。在可行性研究中，为简化起见，仅对存货、现金、应收账款和应付账款 4 项内容进行估算，计算公式为：

流动资金 = 流动资产 - 流动负债

流动资产 = 应收账款 + 存货 + 现金

流动负债 = 应付账款

流动资金本年增加额 = 本年流动资金 - 上年流动资金

流动资金估算的具体步骤，首先计算存货、现金、应收账款和应付账款的年周转次数，

然后再分项估算占用资金额。

（1）周转次数计算。周转次数计算公式为：

$$周转次数 = 360/最低周转天数$$

存货、现金、应收账款和应付账款的最低周转天数，参照类似企业的平均周转天数并结合项目特点确定，或按部门（行业）规定计算。

（2）存货估算。存货是企业为销售或耗用而储备的各种货物，主要有原材料、辅助材料、燃料、低值易耗品、修理用备件、包装物、在产品、自制半成品和产成品等。为简化计算，仅考虑外购原材料、外购燃料、在产品和产成品，并分项进行计算，计算公式为：

$$存货 = 外购原材料 + 外购燃料 + 在产品 + 产成品$$

$$外购原材料占用资金 = 年外购原材料总成本/原材料周转次数$$

$$外购燃料 = 年外购燃料/按种类分项周转次数$$

$$在产品 = (年外购原材料 + 年外购燃料 + 年工资及福利费 + 年修理费$$
$$+ 年其他制造费用)/在产品周转次数$$

$$产成品 = 年经营成本/产成品周转次数$$

（3）应收账款估算。应收账款是指企业已对外销售商品、提供劳务尚未收回的资金，包括很多科目，一般只计算应收销售款，计算公式为：

$$应收账款 = 年销售收入/应收账款周转次数$$

（4）现金估算。项目流动资金中的现金是指货币资金，即企业生产运营活动中停留于货币形态的那一部分资金，包括企业存现金和银行存款，计算公式为：

$$现金 = (年工资及福利费 + 年其他费用)/现金周转次数$$

$$年其他费用 = 制造费用 + 管理费用 + 销售费用$$
$$- (以上3项费用中所含的工资及福利费、折旧费、维护费、摊销费、修理费)$$

（5）流动负债估算。流动负债是指在一年或超过一年的一个营业周期内，需要偿还的各种债务。一般流动负债的估算只考虑应付账款一项，计算公式为：

$$应付账款 = (年外购原材料 + 年外购燃料)/应付账款周转次数$$

为简化计算，可规定在投产的第一年开始按生产负荷安排流动资金需用量。其借款部分按全年计算利息，流动资金利息应计入生产期间财务费用，项目计算期末收回全部流动资金（不含利息）。

5.2 项目融资

5.2.1 项目融资的概述

1.项目融资的含义

项目融资又称资金筹措，是指贷款人向特定的工程项目提供贷款协议融资，对于该项目所产生的现金流量享有偿债请求权，并以该项目资产作为附属担保的融资类型。它是一种以项目的未来收益和资产作为偿还贷款的资金来源和安全保障的融资方式。

在项目经济分析中，融资方案一般是在投资估算的基础上，研究拟建项目所需要资金的获得渠道、融资形式、融资结构、融资成本、融资风险，比选、推荐项目的融资方案，作为资金筹措和财务评价的依据。

研究融资方案，应先明确融资主体。项目的融资主体是指进行融资活动并承担融资责任和风险的项目法人单位。按照融资主体的不同，项目融资分为既有项目法人融资和新设项目法人融资两种方式。

2. 项目融资的程序

一般来说，项目融资的程序大致可以分为五个阶段：投资决策、融资决策、融资结构分析、融资谈判和执行。

(1)投资决策阶段。对于任何一个投资项目，在决策者下决心之前，都需要经过相当周密的投资决策的分析，这些分析包括宏观经济形势的判断、工业部门的发展以及项目在工业部门中的竞争性分析、项目的可行性研究等内容。一旦作出投资决策，接下来的一个重要工作是确定项目的投资结构，项目的投资结构与将要选择的融资结构和资金来源有着密切的关系。同时，在很多情况下项目投资决策也是与项目能否融资以及如何融资紧密联系在一起的。投资者在决定项目投资结构时需要考虑的因素很多，其中主要包括项目的产权形式、产品分配形式、决策程序、债务责任、现金流量控制、税务结构和会计处理等方面的内容。

(2)融资决策阶段。在这个阶段，项目投资者将决定采用何种融资方式为项目开发筹集资金。是否采用项目融资，取决于投资者对债务责任分担、贷款资金数量、时间、融资费用以及债务会计处理等方面的要求。如果决定选择采用项目融资作为筹资手段，投资者就需要选择和任命融资顾问，开始研究和设计项目的融资结构。

(3)融资结构分析阶段。设计项目融资结构的一个重要步骤是完成对项目风险的分析和评估。项目融资的信用结构的基础是由项目本身的经济强度以及与之有关的各个利益主体与项目的契约关系和信用保证等构成的。能否采用以及如何设计项目融资结构的关键点之一就是，要求项目融资顾问和项目投资者一起对项目有关的风险因素进行全面分析和判断，确定项目的债务承受能力和风险，设计出切实可行的融资方案。项目融资结构以及相应的资金结构的设计和选择必须全面反映投资者的融资战略要求和考虑。

(4)融资谈判阶段。在初步确定了项目融资方案以后，融资顾问将有选择地向商业银行或其他投资机构发出参与项目融资的建议书、组织贷款银团、策划债券发行、着手起草有关文件。与银行的谈判中会经过很多次的反复，这些反复可能是对相关法律文件进行修改，也可能涉及融资结构或资金来源的调整，甚至可能是对项目的投资结构及相应的法律文件作出修改，以满足债权人的要求。在谈判过程中，强有力的顾问可以帮助投资者加强谈判地位，保护其利益，并能够灵活地、及时地找出方法解决问题，打破谈判僵局，因此，在谈判阶段，融资顾问的作用是非常重要的。

(5)执行阶段。在正式签署项目融资的法律文件之后，融资的组织安排工作就结束了，项目融资进入执行阶段。在这期间，贷款人通过融资顾问经常性地对项目的进展情况进行监督，根据融资文件的规定，参与部分项目的决策、管理和控制项目的贷款资金投入和部分现金流量。贷款人的参与可以按项目的进展划分为三个阶段：项目建设期、试生产期和正常运行期。

3. 项目融资的特点

项目融资和传统融资方式相比，具有以下特点：

(1)融资主体的排他性。项目融资主要依赖项目自身未来现金流量及形成的资产，而不是依赖项目的投资者或发起人的资信及项目自身以外的资产来安排融资。融资主体的排他性决定了债权人关注的是项目未来现金流量中可用于还款的有多少，其融资额度、成本结构等都与项目未来现金流量和资产价值密切相关。

（2）追索权的有限性。传统融资方式，如贷款，债权人在关注项目投资前景的同时，更关注项目借款人的资信及现实资产，追索权具有完全性；而项目融资方式如前所述，是就项目论项目，债权人除和签约方另有特别约定外，不能追索项目自身以外的任何形式的资产，也就是说项目融资完全依赖项目未来的经济强度。

（3）项目风险的分散性。因融资主体的排他性、追索权的有限性，决定着项目签约各方对各种风险因素和收益的充分论证，确定各方参与者所能承受的最大风险及合作的可能性，利用一切优势条件，设计出最有利的融资方案。

（4）项目信用的多样性。将多样化的信用支持分配到项目未来的各个风险点，从而规避和化解不确定项目风险。如要求项目"产品"的购买者签订长期购买合同（协议），原材料供应商以合理的价格供货等，以确保强有力的信用支持。

（5）项目融资程序的复杂性。项目融资数额大、时限长、涉及面广，涵盖融资方案的总体设计及运作的各个环节，需要的法律文件也多，其融资程序比传统融资复杂。且前期费用占融资总额的比例与项目规模成反比，其融资利息也高于公司贷款。

项目融资虽比传统融资方式复杂，但可以达到传统融资方式实现不了的目标。

一是有限追索的条款保证了项目投资者在项目失败时，不至于危及投资方其他的财产；

二是在国家和政府建设项目中，对于"看好"的大型建设项目，政府可以通过灵活多样的融资方式来处理债务可能对政府预算的负面影响；

三是对于跨国公司进行海外合资投资项目，特别是对没有经营控制权的企业或投资于风险较大的国家或地区，可以有效地将公司其他业务与项目风险实施分离，从而限制项目风险或国家风险。

可见，项目融资作为新的融资方式，对于大型建设项目，特别是基础设施和能源、交通运输等资金密集型的项目具有更大的吸引力和运作空间。

5.2.2 项目资本金的筹措

1. 项目资本金及特点

资本金是指项目总投资中由投资者认缴的出资额，对投资项目来说是非债务资金，项目法人不承担这部分资金的任何利息和债务；投资者可按其出资的比例依法享有所有者权益，也可转让其出资，但一般不得以任何方式抽回。

资本金是确定项目产权关系的依据，也是项目获得债务资金的基础。资本金没有固定的按期还本付息压力。股利是否支付和支付多少，视项目投产运营后的实际经营效果而定。因此，项目法人的财务负担较小。

国家对经营性项目实行资本金制度，规定了经营性项目的建设都要有一定数额的资本金，并提出了各行业的项目资本金的最低比例要求。在可行性研究阶段，应根据新设项目法人融资和既有项目法人融资的形式特点，分别研究资本金筹措方案。

2. 项目资本金的出资方式

投资者可以用货币出资，也可以用实物、工业产权、非专利技术、土地使用权、资源开采权等作价出资。作价出资的实物、工业产权、非专利技术、土地使用权和资源开采权,必须经过有资格的资产评估机构评估作价;其中以工业产权和非专利技术作价出资的比例一般不得超过项目资本金总额的20%(经特别批准,部分高新技术企业可以达到35%以上)。

为了使建设项目保持合理的资产结构,应根据投资各方及项目的具体情况选择项目资本金的出资方式,以保证项目能顺利建设并在建成后能正常运营。

3.项目资本金的筹措方式

(1)股东直接投资。股东直接投资包括政府授权投资机构入股资金、国内外企业入股资金、社会团体和个人入股的资金以及基金投资公司入股的资金,分别构成国家资本金、法人资本金、个人资本金和外商资本金。

既有法人融资项目,股东直接投资表现为扩充既有企业的资本金,包括原有股东增资扩股和吸收新股东投资;新设法人融资项目,股东直接投资表现为项目投资者为项目提供资本金。合资经营公司的资本金由企业的股东按股权比例认缴,合作经营公司的资本金由合作投资方按预先约定的金额投入。

(2)股票融资。无论是既有法人融资项目还是新设法人融资项目,凡符合规定条件的,均可以通过发行股票在资本市场募集股本资金。股票融资可以采取公募与私募两种形式。公募又称公开发行,是在证券市场上向不特定的社会公众公开发行股票。私募又称不公开发行或内部发行,是指将股票直接出售给少数特定的投资者。

(3)政府投资。政府投资资金包括各级政府的财政预算内资金、国家批准的各种专项建设基金、统借国外贷款、土地批租收入、地方政府按规定收取的各种费用及其他预算外资金等。政府投资主要用于关系国家安全和市场不能有效配置资源的经济和社会领域,包括加强公益性和公共基础设施建设,保护和改善生态环境,促进欠发达地区的经济和社会发展,推进科技进步和高新技术产业化。中央政府投资主要安排跨地区、跨流域以及对经济和社会发展全局有重大影响的项目(例如三峡工程、青藏铁路)。

对政府投资资金,国家根据资金来源、项目性质和调控需要,分别采取直接投资、资本金注入、投资补助、转贷和贷款贴息等方式,并按项目安排使用。

5.2.3　项目债务资金的筹措

1.项目债务资金及特点

债务资金是项目投资中以负债方式从金融机构、证券市场等资本市场取得的资金。债务资金具有以下特点:

(1)资金在使用上具有时间性限制,到期必须偿还;

(2)无论项目的融资主体今后经营效果好坏,均需按期还本付息,从而形成企业的财务负担;

(3)资金成本一般比权益资金低,且不会分散投资者对企业的控制权。

2.项目债务资金的筹措方式

(1)商业银行贷款。商业银行贷款是我国建设项目获得短期、中长期贷款的重要渠道。国内商业银行贷款手续简单、成本较低,适用于有偿债能力的建设项目。

(2)政策性银行贷款。政策性银行贷款一般期限较长、利率较低,是为配合国家产业政策等的实施,对有关的政策性项目提供的贷款。我国政策性银行有国家开发银行、中国进出口银行和中国农业发展银行。

（3）外国政府贷款。外国政府贷款是一国政府向另一国政府提供的具有一定的援助或部分赠予性质的低息优惠贷款。目前我国可利用的外国政府贷款主要有日本国际协力银行贷款、日本能源贷款、美国国际开发署贷款、加拿大国际开发署贷款，以及德国、法国等的政府贷款。

（4）国际金融组织贷款。国际金融组织贷款是国际金融组织按照章程向其成员方提供的各种贷款。目前与我国关系最为密切的国际金融组织是国际货币基金组织、世界银行和亚洲开发银行。

（5）出口信贷。出口信贷是设备出口国政府为促进本国设备出口，鼓励本国银行向本国出口商或外国进口商（或进口方银行）提供的贷款。贷给本国出口商的称"卖方信贷"，贷给外国进口商（或进口方银行）的称"买方信贷"。贷款的使用条件是购买贷款国的设备。出口信贷利率通常要低于国际上商业银行的贷款利率，但需要支付一定的附加费用（管理费、承诺费、信贷保险费等）。

（6）银团贷款。银团贷款是指多家银行组成一个集团，由一家或几家银行牵头，采用同一贷款协议，按照共同约定的贷款计划，向借款人提供贷款的贷款方式。银团贷款除具有一般银行贷款的特点和要求外，由于参加银行较多，需要多方协商，贷款过程周期长。使用银团贷款，除支付利息之外，按照国际惯例，通常还要支付承诺费、管理费、代理费等。银团贷款主要适用于资金需求量大、偿债能力较强的建设项目。

（7）企业债券。企业债券是企业以自身的财务状况和信用条件为基础，依照《中华人民共和国证券法》、《中华人民共和国公司法》等法律法规规定的条件和程序发行的、约定在一定期限内还本付息的债券，如三峡债券、铁路债券等。

企业债券代表着发债企业和债券投资者之间的一种债权债务关系。债券投资者是企业的债权人，不是所有者，无权参与或干涉企业经营管理，但有权按期收回本息。

（8）国际债券。国际债券是一国政府、金融机构、工商企业或国际组织为筹措和融通资金，在国际金融市场上发行的、以外国货币为面值的债券。国际债券的重要特征是债券发行者和债券投资者属于不同的国家，筹集的资金来源于国际金融市场。

（9）融资租赁。融资租赁是资产拥有者在一定期限内将资产租给承租人使用，由承租人分期付给一定的租赁费的融资方式。融资租赁是一种以租赁物品的所有权与使用权相分离为特征的信贷方式。

融资租赁，一般由出租人按承租人选定的设备，购置后出租给承租人长期使用。在租赁期内，出租人以收取租金的形式收回投资，并取得收益；承租人支付租用设备进行生产经营活动。租赁期满后，出租人一般将设备作价转让给承租人。

3. BOT 融资

BOT（Build-Operate-Transfer），即建设—经营—转让，所谓 BOT 融资，是指政府与私营财团的项目公司签订特许权协议，由项目公司筹集资金和建设公共基础设施。项目公司在特许经营期内拥有、运营该项目设施，通过收取服务费用以回收投资、偿还贷款并获取合理利润。特许经营期满后，项目无偿移交政府。现今在国际上通行采用的融资方式还有从 BOT 方式演变而来的 BT，BOOT，BOO 等方式。

BT（Build-Transfer），即建设–移交是指投资者通过政府 BT 项目招投标，中标取得 BT 建设的投资者(承包人)负责建设资金的筹集和项目建设,并在项目完工经验收合格后立即移交给建设单位(通常为政府),建设单位向 BT 建设投资者(承包人)支付工程建设费用和融资费用,支付时间由 BT 建设双方约定。因此,BT 是通过融资进行项目建设的一种融投资方式。

BOOT(Build-Own-Operate-Transfer),即建设—拥有—经营—转让,是国内投资者(承包人)或国际财团对中标承包的市政工程项目及基础设施项目投资建设,待项目建成后,在规定的期限内拥有所有权并进行经营,期满后将项目移交给政府或其授权的业主。

BOO(Build-Own-Operate),即建设—转让—经营,社会投资者根据政府赋予的特许权,建设并经营基础设施项目,但是并不将此项基础设施项目移交给政府或其授权的业主。

5.3 资金成本分析

5.3.1 资金成本概述

1.资金成本的含义

资金成本是项目为筹集和使用资金而支付的代价,包括资金筹集费用和资金占用费用。

(1)资金筹集费用。资金筹集费用又称筹资成本,是指在筹集资金过程中发生的各项筹资费用,如发行股票、债券支付的印刷费、发行费、律师费、资信评估费、公证费、担保费、广告费等,其实质是冲减企业筹资总额。

(2)资金占用费用。资金占用费用又称用资成本,是指使用债务资金过程中发生的经常性费用,如股票的股息、债券的利息、银行贷款的利息等。

2.资金成本的表示方式

资金成本有不同的表达方式,通常采用资金成本率,以百分数表示。资金成本率是指资金成本占资金总额的比率,习惯上仍称为"资金成本"。其计算公式为:

$$资金成本率 = \frac{资金占用费}{筹集资金总额 - 资金筹集费} \times 100\%$$

由于资金筹集费一般与筹集资金总额成正比,所以一般用筹资费用率表示资金筹集费,资金成本率也可表示为:

$$资金成本率 = \frac{资金占用费}{筹集资金总额 \times (1 - 筹资费用率)} \times 100\%$$

3.资金成本的作用

(1)资金成本是选择资金来源、确定筹资方式的重要依据,企业要选择资金成本最低的筹资方式。

(2)对于企业投资来讲,资金成本是评价投资项目、决定投资取舍的重要标准,投资项目只有在其投资收益率高于资金成本时才是可接受的。

(3)资金成本可以作为衡量企业经营成果的尺度,即经营利润率应高于资金成本,否则表明经营不利,业绩欠佳。

5.3.2 资金成本的计算

从原则上讲,项目筹集和使用的各种来源的资金都要估算其资金成本,但短期资金来源一般资金成本很小，且占用时间有限，因而筹资决策中可不予考虑，重点是估算长期资金的资金成本。项目筹集方式多种多样，其资金成本估算的方法各异。这里仅就几种主要的资金来源说明其资金成本估算的基本方法。

1. 银行借款的资金成本

它是指借款利息和筹资费用。由于借款利息计入税前成本，可以起到抵税的作用。在考虑银行筹资费用的情况下，其资金成本的计算公式为：

$$K_d = \frac{R_d(1-T)}{1-F_d} \text{ 或 } K_d = \frac{I_d(1-T)}{L(1-F_d)} \qquad (5-2)$$

式中：K_d——银行借款资金成本；

R_d——银行借款利率；

T——所得税率；

F_d——资金筹集费用率；

I_d——银行借款年利息；

L——银行借款本金（筹资额）。

在不考虑筹资费用的情况下，银行借款的资金成本可用下式计算：

$$K_d = R_d(1-T) \qquad (5-3)$$

2. 债券资金成本

债券资金成本主要是债券利息和融资费用。计算公式为：

$$K_b = \frac{I_b(1-T)}{B(1-F_b)} \text{ 或 } K_b = \frac{R_b(1-T)}{1-F_b} \qquad (5-4)$$

式中：K_b——债券资金成本；

T——所得税率；

I_b——债券年利息；

B——债券筹资额；

R_b——债券年利率；

F_b——债券筹集费用率。

例5.1 某公司发行长期债券，债券年利息率为12%，每年计息一次，筹集费用率为3%，所得税率为25%，该长期债券的资金成本是多少？

解：
$$K_b = \frac{12\%(1-25\%)}{1-3\%} = 9.28\%$$

3. 股票资金成本

股票资金成本属权益资金成本，其资金占用费是向股东分派的股利，而股利是以所得税后净利支付的，不能抵减所得税。

（1）优先股成本。优先股的优先权是相对于普通股而言的，是指公司在融资时，对优先股认购人给以某些优惠条件的承诺。优先股的优先权利，最主要的是优先于普通股份得股利，股利通常是固定的。其资金成本计算公式为：

$$K_p = \frac{D}{P_p(1-F_p)} \text{ 或 } K_p = \frac{R_p}{1-F_p} \qquad (5-5)$$

式中：K_p——优先股资金成本；

D——优先股年股利；

P_p——优先股筹资额(票面价值)；

R_p——优先股年股息率；

F_p——优先股筹集费用率。

例 5.2　某公司发行优先股筹资，年股息率为 12%，筹集费用率为 7%，优先股的资金成本是多少？

解：
$$K_p = \frac{12\%}{1-7\%} = 12.90\%$$

(2)普通股成本。普通股成本的确定方法与优先股成本基本相同。但是，普通股的股利一般不固定，通常是逐年增长的。其计算公式为：

$$K_c = \frac{D_c}{P_c(1-F_c)} + G \tag{5-6}$$

式中：K_c——普通股资金成本；

D_c——普通股年股利；

P_c——普通股筹资额；

G——普通股利年增长率；

F_c——普通股筹集费用率。

例 5.3　某公司发行普通股股票 1000 万元，筹集费用率为 5%，首期股利率为 10%，预计以后股息年增长率为 2%，普通股的资金成本是多少？

解：
$$K_c = \frac{1000 \times 10\%}{1000 \times (1-5\%)} + 2\% = 12.53\%$$

4. 留存盈余资金成本

留存盈余资金成本是指企业从税后利润总额中扣除股利后保留在企业的剩余盈利，包括盈余公积金和未分配利润。它是属于股东但未以股利的形式发放而保留在企业的资金，对其使用并非是无偿的，也应计算资金成本，不过是一种机会成本。其确定方法与普通股成本基本相同，只是不考虑筹资费用。其计算公式为：

$$K_r = \frac{D_c}{P_c} + G \tag{5-7}$$

式中：K_r——留存盈余资金成本。

例 5.4　某企业普通股每股股价为 8 元，预计明年发放股利 1 元，预计股利增长率为 5%，计算留存收益成本。

解：
$$K_c = \frac{1}{8} + 5\% = 17.50\%$$

5. 综合资金成本

为了反映整个融资方案的资金成本情况，在计算各种融资方式的个别资金成本的基础上，还要计算综合资金成本。它是企业比较各融资组合方案、进行资本结构决策的重要依据。

综合资金成本又称为加权平均资金成本，一般是以各种资金占全部资金的比重为权数，对个别资金成本进行加权平均确定的，其计算公式为：

$$K_w = \sum_{j=1}^{n} K_j \cdot W_j \qquad (5-8)$$

式中：K_w——综合资金成本；

$\quad\quad K_j$——第 j 种个别资金成本；

$\quad\quad W_j$——第 j 种个别资金成本占全部资金的比重；

$\quad\quad n$——筹资方式的种类。

例 5.5 某投资项目共需资金 5000 万元，预计长期贷款 1000 万元，发行债券 1500 万元，发行股票普通股 2000 万元，使用留存盈余资金 500 万元，其资金成本分别为 6%、7%、10%、9%，该项目的资金综合成本是多少？

解： $K_w = \dfrac{1000}{5000} \times 6\% + \dfrac{1500}{5000} \times 7\% + \dfrac{2000}{5000} \times 10\% + \dfrac{500}{5000} \times 9\% = 8.20\%$

由以上公式可以看出，在个别资金成本一定的情况下，企业加权平均资金成本的高低取决于资金结构。

5.3.3 资金成本的影响因素及对策

1. 资金成本的影响因素

影响资金成本的因素很多，归纳起来，主要包括以下因素：

（1）融资期限。融资期限越长，未来的不确定性因素越多，风险也越大，投资者要求的报酬率也越高，从而其成本也越高。权益资本是无期限的（除非企业破产），因而其成本比负债基金成本要高。

（2）市场利率。市场利率是资金市场供求关系变动的结果，它是资金"商品"的价格。作为各类融资方式的基准利率，市场利率提高时，会相应提高各融资方式的成本；反之，当市场利率下降时，会相应降低各融资方式的成本。

（3）资金结构。在融资总量一定的情况下，各种融资方式的组合比例不同，即资金结构不同，其加权平均成本也不同。

（4）抵押担保能力。如果企业能够为债务资金提供足够的抵押或担保，则债权人投资的"安全系数"也大大提高，从而要求的报酬率相对较低，资金成本也相应降低。

（5）企业信用等级。企业的信用等级决定了企业在资本市场中的地位，从而对各种方式产生重大影响。一般认为，企业的信用等级越高，信誉越好，投资者投资于企业的风险越小，其要求风险报酬越小，从而融资成本也越低。

（6）通货膨胀率。从投资者角度看，通货膨胀率实质上是名义收益率与实际收益率之间的差异，是对因货币购买力风险而进行的一种价值补偿。因此，它作为系统性风险，对所有的收益项目都产生影响。一般情况下，通货膨胀率越高，融资成本也越高。

（7）融资工作效率。工作效率决定融资费用的大小。融资效率越高，则花费的资金筹集费用越低，资金成本也相应降低。

（8）政策因素。能够获得国家支持的产业，该产业内的企业能够获得优惠贷款利率，从而降低融资成本。

2. 降低融资成本的对策

企业降低融资成本，既取决于企业自身的融资决策，如融资期限安排是否合理，融资效

率的 高低，企业信用等级，资产抵押或担保情况，同时取决于市场环境，特别是通货膨胀状况、市场利率变动趋势等。

（1）合理安排融资期限。资金的筹集主要是用于长期投资，融资期限要服从于项目的建设年限，服从于资金需求量预算，按照投资的进度合理安排筹资期限，以降低资金成本，减少资金不必要的闲置。

（2）合理预期未来利率。根据未来利率预测情况，合理安排负债融资期限，节约资金成本。

（3）提高企业信誉，重视信用评级工作。

（4）善于利用负债经营。在投资收益率大于债务成本率的前提下，积极利用负债经营，取得财务杠杆效益，可以降低资金成本，提高投资效益。

（5）提高投资效率。包括正确制定融资计划，从总体上对企业在一定时期内的融资数量、资金需要的时间等进行周密安排；充分掌握各种融资方式的基本程序，理顺融资程序中各步骤之间关系，并制定具体的实施步骤，以便于各步骤之间衔接与协调，节约时间与费用；在人员组织安排上，组织人员负责融资计划的具体实施，保证融资工作的顺利开展。

（6）积极利用股票增值机制，降低股票融资成本。主要是通过提高企业经营实力和竞争能力、扩大市场份额等措施，采用多种方式转移投资者对股利的注意力，降低股票分红压力，使投资者转向市场实现其投资价值，通过股票增值机制来降低企业实际融资成本。

5.3.4 资金结构分析

资金结构是指融资方案中各种资金的比例关系。资金结构包括项目资本金与项目债务资金的比例、项目资本金内部结构的比例和项目债务资金内部结构的比例。

项目资本金与项目债务资金的比例是项目资金结构中最重要的比例关系。项目投资者希望投入较少的资本金，获得较多的债务资金，尽可能降低债权人对股东的追索。而提供债务资金的债权人则希望项目能够有较高的资本金比例，以降低债权的风险。当资本金比例降低到银行不能接受的水平时，银行将会拒绝贷款。资本金与债务资金的合理比例需要由各个参与方的利益平衡来决定。

投资项目资本金占总投资的比例，根据不同行业和项目的经济效益等因素确定。项目资本金内部结构比例是指项目投资各方的出资比例。不同的出资比例决定各投资方对项目建设和经营的决策权与承担的责任，以及项目收益的分配。

资本金所占比例越高，企业的财务风险和债权人的风险越小，可能获得较低利率的债务资金。债务资金的利息是在所得税前列支的，可以起到合理减税的效果。在项目的收益不变、项目投资财务内部收益率高于负债利率的条件下，由于财务杠杆的作用，资本金所占比例越低，资本金财务内部收益率就越高，同时企业的财务风险和债权人的风险也越大。因此，一般认为，在符合国家有关资本金(注册资本)比例规定、符合金融机构信贷法规及债权人有关资产负债比例的要求的前提下，既能满足权益投资者获得期望投资回报的要求、又能较好地防范财务风险的比例是较理想的资本金与债务资金的比例。

采用新设法人融资方式的项目，应根据投资各方在资金、技术和市场开发方面的优势，通过协商确定各方的出资比例、出资形式和出资时间。

采用既有法人融资方式的项目，项目的资金结构要考虑既有法人的财务状况和筹资能力,合理确定既有法人内部融资与新增资本金在项目融资总额中所占的比例,分析既有法人内部融资与新增资本金的可能性与合理性。既有法人将现金资产和非现金资产投资于拟建项目长期占用,将使企业的财务流动性降低,其投资额度受到企业自身财务资源的限制。

项目债务资金结构比例反映债权各方为项目提供债务资金的数额比例、债务期限比例、内债和外债的比例,以及外债中各币种债务的比例等。

在确定项目债务资金结构比例时,根据债权人提供债务资金的条件(包括利率、宽限期、偿还期及担保方式等)合理确定各类借款和债券的比例,可以降低融资成本和融资风险;合理搭配短期、中长期债务比例;合理安排债务资金的偿还顺序,尽可能先偿还利率较高的债务,后偿还利率低的债务。

思考练习题

1. 什么项目资金筹措?为什么要对投资项目进行不确定性分析?

2. 项目资本金的筹措方式有哪些?

3. 项目债务资金的筹措方式有哪些?

4. 什么是资金成本?影响资金成本的因素有哪些?

5. 某企业取得 4 年期借款 2000 万元,年利率为 10%,筹资费用率为 0.5%,所得税率为 25%,求该项借款的资金成本。

6. 某企业发行面值 1000 元的债券 1000 张,票面利率 8%,期限为 5 年,每年付息一次,发行费用率为 2%,企业所得税率为 25%,债券按面值发行,计算其资金成本。

7. 某开发企业需筹集一笔资金,有三种筹集方式可供选择:①贷款,年利率为 10%;②发行债券,年利率为 9%,筹资费用率为 2%;③发行普通股股票,首期股利率为 6%,预计股利年增长率为 5%,筹资费用率为 3%。若所得税率为 25%,试问应采取哪种筹资方式?

8. 某企业账面反映的长期资金共 5000 万元,其中长期借款 1000 万元,应付长期债券 500 万元,普通股 2500 万元,留存盈余资金 1000 万元;其资金成本分别为 7.28%、9.52%、11.26% 和 10.58%,求该企业的综合资金成本。

模块 6　不确定性分析与决策

【能力要求】　本模块由盈亏平衡分析、敏感性分析、风险分析与决策等内容构成。通过学习，了解不确定性分析的含义与产生原因，了解风险的含义与不确定性的关系，掌握线性盈亏平衡分析、单因素敏感性分析、期望值与决策树分析，理解决策准则。

6.1　不确定性分析概述

6.1.1　不确定性分析的含义

不确定性分析是项目经济评价中的一个重要内容。因为项目经济评价都是以一些确定的数据为基础，但事实上，对方案经济效果的评价通常都是对方案未来经济效果的计算，而一个拟建项目的所有未来结果都是未知的。因为计算中所使用的数据大都是预测或估计值，而不论用什么方法预测或估计，都会包含有许多不确定性因素，可以说不确定性是所有项目固有的内在特性，只是对不同的项目，这种不确定性的程度有大有小。

许多人往往会把风险(Risk)和不确定性(Uncertainty)相混淆。尽管风险与不确定性有密切的联系，但二者有着本质的区别，不能将二者混为一谈。风险是指决策者面临的这样一种状态，即能够事先知道事件最终呈现的可能状态，并且可以根据经验知识或历史数据比较准确地预知可能状态出现的可能性的大小，即知道整个事件发生的概率分布。例如一般状态下股票价格的波动就是一种风险，因为在正常的市场条件下，根据某只股票交易的历史数据，我们就可以知道该股票价格变动的概率分布，从而知道下一期股票价格变动的可能状态及其概率分布。然而，在不确定性的状态下，决策者不能预知事件发生最终结果的可能状态以及相应的可能性大小即概率分布。例如，由于公司突然宣布新的投资计划而引起股票价格的波动就是一种不确定性的表现，因为决策者无法预知公司将要宣布的新投资计划的可能方案，或者即便知道了投资计划的可能方案也无法预知每一种方案被最终宣布的概率。可见，根据这种观点，风险和不确定性的根本区别在于决策者能否预知事件发生的最终结果的概率分布。

实践中，某一事件处于风险状态还是不确定性状态并不是完全由事件本身的性质决定的，有时很大程度上取决于决策者的认知能力和所拥有的信息量。随着决策者的认知能力的提高和所掌握的信息量的增加，不确定性决策也可能演化为风险决策。因此，风险和不确定性的区别是建立在投资者的主观认知能力和认知条件(主要是信息量的拥有状况)的基础上的，具有明显的主观色彩。这种区别对于在不同的主观认知能力和条件下进行决策的方法选择有一定的指导意义，但鉴于实践中区分这两种状态的困难和两种状态转换的可能性，许多对风险的讨论都采取了第一种观点，并不严格区分风险和不确定性的差异，尤其是在很大程度上可以量化的金融风险的分析中。

6.1.2　不确定性产生的原因与作用

1. 不确定性产生的原因

产生不确定性因素的原因很多，一般情况下，产生不确定性的主要原因如下：

(1)所依据的基本数据的不足或者统计偏差；

(2)预测方法的局限，预测的假设不准确；

(3)未来经济形势的变化，如通货膨胀、市场供求结构的变化；

(4)技术进步，如生产工艺或技术的发展和变化；

(5)无法以定量来表示的定性因素的影响；

(6)其他外部影响因素，如政府政策的变化，新的法律法规的颁布，国际政治经济形势的变化等，均会对项目的经济效果产生一定的甚至是难以预料的影响。

当然，还有其他一些影响因素。在项目经济评价中，如果想全面分析这些因素的变化对项目经济效果的影响是十分困难的。因此，在实际工作中，往往要着重分析和把握那些对项目影响大的关键因素，以期取得较好的效果。

2. 不确定性分析的作用

由于上述种种原因，技术方案经济效果计算和评价所使用的计算参数，诸如投资、产量、价格、成本、利率、汇率、收益、建设期限、经济寿命等等，总是带有一定程度的不确定性。不确定性的直接后果是使方案经济效果的实际值与评价值相偏离，如果不对此进行分析，仅凭一些基础数据所做的确定性分析为依据来取舍项目，就可能会导致投资决策的失误。为了分析不确定性因素对经济评价指标的影响，应根据拟建项目的具体情况，分析各种外部条件发生变化或者测算数据误差对方案经济效果的影响程度，以估计项目可能承担不确定性的风险及其承受能力，确定项目在经济上的可靠性，并采取相应的对策力争把风险减低到最小限度。为此，就必须对影响方案经济效果的不确定性因素进行分析。这种分析简称不确定性分析。

6.1.3　不确定性分析方法

常用的不确定分析方法有盈亏平衡分析、敏感性分析、概率分析(风险分析)。在具体应用时，要在综合考虑项目的类型、特点，决策者的要求，相应的人力、财力，以及项目对国民经济的影响程度等条件下来选择。一般来讲，盈亏平衡分析只适用于项目的财务评价，而敏感性分析、概率分析则可同时用于财务评价和国民经济评价。

6.2　盈亏平衡分析

6.2.1　盈亏平衡点及其确定

盈亏平衡分析是在一定市场、生产能力及经营管理条件下(即假设在此条件下生产量等于销售量)，通过对产品产量、成本、利润相互关系的分析，判断企业对市场需求变化适应能力的一种不确定性分析方法，故亦称量本利分析。

根据成本总额对产量的依存关系，全部成本可以分成固定成本和变动成本两部分。固定成本是不受产品产量及销售量影响的成本，即不随产品产量及销售量的增减发生变化的各项成本费用，如非生产人员工资、折旧费、无形资产及其他资产摊销费、办公费、管理费等。

变动成本是随产品产量及销售量的增减而成正比例变化的各项成本，如原材料、燃料、动力消耗、包装费和生产人员工资等。长期借款利息应视为固定成本，短期利息如果用于购置流动资产，可能部分与产品产量、销售量相关，其利息可视为半可变半固定成本，为简化计算，也可视为固定成本。

在一定期间把成本分解成固定成本和变动成本两部分后，再同时考虑收入和利润，使成本、产销量和利润的关系统一于一个数学模型。这个数学模型的表达形式为：

$$B = pQ - (C_v Q + C_F) - T \times Q \qquad (6-1)$$

式中：B——利润；

p——单位产品售价；

Q——产量（销量）；

T——单位产品销售税金及附加（若综合税率为 r，则 $T = p \times r$）；

C_v——表示单位产品变动成本；

C_F——表示固定总成本。

将式（6-1）的关系反映在直角坐标系中，即成为基本的量本利图，如图6-1所示。

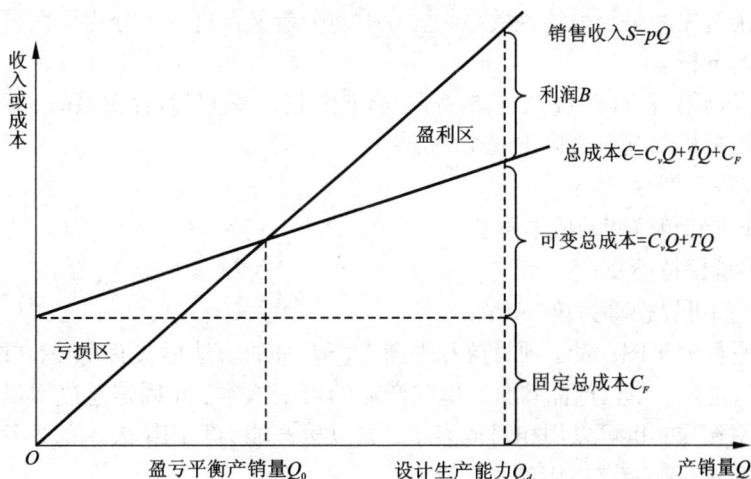

图6-1 基本的量本利分析图

图6-1中的横坐标为产销量，在这里假定产出量等于销售量。纵坐标为金额（总成本和销售收入）。假定在一定时期内，产品价格不变时，销售收入 S 随产销数量的增加而增加，呈线性函数关系，在图形上就是以原点为起点的斜线。产品总成本 C 是固定总成本和变动总成本之和，当单位产品的变动成本和销售税金不变时，总成本也呈线性变化。

从图6-1可知，销售收入线与总成本线的交点是盈亏平衡点（Break-even Point，简称BEP），也叫保本点。表明企业在此产销量下总收入与总成本相等，既没有利润，也不发生亏损。在此基础上，增加产销量，销售收入超过总成本，收入线与成本线之间的距离为利润值，形成盈利区；反之，形成亏损区。

盈亏平衡分析虽然能够从市场适应性方面说明项目风险的大小，但并不能揭示产生项目风险的根源。因此，还需采用其他一些方法来帮助达到这个目标。

盈亏平衡分析的目的就是找出这种由盈利到亏损的临界点，据此判断项目风险的大小以及对风险的承受能力，为投资决策提供科学依据。

单方案盈亏平衡分析是通过分析产品产量、成本和盈利能力之间的关系找出方案盈利与亏损在产量、单价、单位产品成本等方面的临界值，以判断方案在各种不确定性因素作用下的风险情况。由于单方案盈亏平衡分析是研究产品产量、成本和盈利之间的关系，所以又称量本利分析。

由于项目的收入与成本都是产品产量的函数，一般又根据它们之间的函数关系，将盈亏平衡分析分为两种：

（1）当项目的收入与成本都是产量的线性函数时，称为线性盈亏平衡分析；

（2）当项目的收入与成本都是产量的非线性函数时，称为非线性盈亏平衡分析。

6.2.2　线性盈亏平衡分析

所谓盈亏平衡分析，就是将项目投产后的产销量作为不确定性因素，通过计算企业或项目的盈亏平衡点的产销量，据此分析判断不确定性因素对方案经济效果的影响程度，说明方案实施的风险大小及投资项目承担风险的能力，为投资决策提供科学依据。根据生产成本及销售收入与产销量之间是否呈线性关系，盈亏平衡分析又可进一步分为线性盈亏平衡分析和非线性盈亏平衡分析。

当销售收入与销售量（产量）、成本费用与销售量（产量）呈线性关系时，盈亏平衡分析称为线性盈亏平衡分析。其包含以下几个假定：

（1）销售量等于产量；

（2）固定成本和单位变动成本不变；

（3）销售单价保持不变；

（4）多种产品可以换算为单一产品。

线性盈亏平衡分析图：表示项目盈亏平衡点（BEP）的表达形式有多种，可以用绝对值表示，如以实物产销量、单位产品售价、单位产品的可变成本、年固定总成本以及年销售收入等表示的盈亏平衡点；也可以用相对值表示，如以生产能力利用率表示的盈亏平衡点。其中以产销量表示的盈亏平衡点应用最为广泛。

从图 6－1 可见，当企业在小于 Q_0 的产销量下组织生产，则项目亏损；在大于 Q_0 的产销量下组织生产，则项目盈利。显然产销量 Q_0 是盈亏平衡点（BEP）的一个重要表达。

由式（6－1）中利润 $B=0$，即可导出以产销量表示的盈亏平衡点 $BEP(Q)$，其计算式如下：

$$BEP(Q) = \frac{\text{年固定总成本}}{\text{单位产品售价} - \text{单位产品变动成本} - \text{单位产品销售税金及附加}} \quad (6-2)$$

盈亏平衡点除经常用产量表示外，还可以用单位产品价格、生产能力利用率等指标来表示。其具体表达式为：

$$BEP(p) = \frac{\text{年固定总成本}}{\text{设计生产能力}} + \text{单位产品成本} + \text{单位产品销售税金及附加} \quad (6-3)$$

$$BEP(\text{生产能力利用率}) = \frac{\text{盈亏平衡产量}}{\text{设计生产能力}} \times 100\% \quad (6-4)$$

对建设项目运用盈亏平衡点分析时应注意：盈亏平衡点要按项目投产后的正常年份计算，而不能按计算期内的平均值计算。

例6.1 某建设项目年设计生产能力为10万台，年固定成本为1200万元，产品单台销售价格为900元，单台产品可变成本为560元，单台产品销售税金及附加为120元。试求盈亏平衡点的产销量、价格、生产能力利用率。

解： 根据题意可得：

$$BEP(Q) = \frac{1200 \times 10000}{900 - 560 - 120} = 54545(台)$$

$$BEP(p) = \frac{1200 \times 10000}{10 \times 10000} + 560 + 120 = 800(元/台)$$

$$BEP(生产能力利用率) = \frac{54545}{100000} \times 100\% = 54.55\%$$

计算结果表明，当项目产销量低于54545台时，项目亏损，当项目产销量大于54545台时，则项目盈利；当项目产品销售单价低于800元时，项目亏损，当项目产品销售单价高于800元时，则项目盈利；保底生产能力利用率为54.55%

产量与销售单价的盈亏平衡点越低，项目投产后盈利的可能性越大，适应市场变化的能力越强，抗风险能力也越强。

6.2.3 非线性盈亏平衡分析

当销售收入与销售量(产量)呈非线性、成本费用与销售量(产量)呈非线性关系时，盈亏平衡分析称为非线性盈亏平衡分析。其包含以下几个假定：

(1)销售量等于产量；
(2)固定成本不变和单位变动成本是产量的函数；
(3)销售单价是销售量的函数；
(4)多种产品可以换算为单一产品。
非线性盈亏平衡分析示意图(见图6-2)：

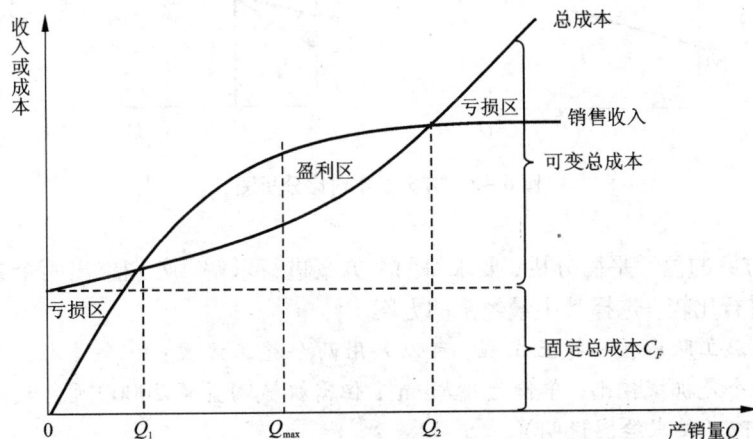

图6-2 非线性盈亏平衡图

下面结合例 6.2 对非线性盈亏平衡进行简单分析。

例 6.2 某公司计划生产一种新产品，经过市场调研及历年资料分析，预计产品的年销售收入函数为 $TR = 3100Q - 0.6Q^2$，成本函数为 $TC = 3187500 + 600Q - 0.2Q^2$。求盈亏平衡点的产量和最大利润时的产量。

解：根据盈亏平衡的含义，可知在盈亏平衡点时有：$TR = TC$

即 $3100Q - 0.6Q^2 = 3187500 + 600Q - 0.2Q^2$

$$0.4Q^2 - 2500Q + 3187500 = 0$$

解上述方程可得：$Q_1 = 2053$，$Q_2 = 4197$，即产品的盈利产量应在 2053 到 4197 之间。

最大利润时的产量时应有：$d(TR - TC)/dQ = 0$

即 $$d(0.4Q^2 - 2500Q + 3187500)/dQ = 0$$

解得 $Q_{max} = 3125$，即产品的产量在 3125 时盈利最大。

6.2.4 线性盈亏平衡分析的应用

由于各方案的经济效果函数的斜率不同，所以各函数曲线必然会发生交叉，即在不确定性因素的不同取值区间内，各方案的经济效果指标高低的排序不同，由此来确定方案的取舍。

通过盈亏平衡分析，不仅能够预先估计项目对市场变化情况的适应能力，有助于了解项目可承受的风险程度，还可以对决策者确定项目的合理经济规模及项目工艺技术方案。

把盈亏平衡分析的方法用于不同方案的比较，其结果就不是不盈不亏的问题，而是哪一个方案优劣的问题。这里的优劣，是指达到相同质量、产量的前提下，哪一个方案更好。

若两个方案中，$F_2 > F_1$，$V_2 > V_1$，则肯定方案 2 成本高，因此，肯定方案 1 较方案 2 好；若 $F_2 > F_1$，$V_2 < V_1$，则要具体讨论了。两种情况见图 6-3。$Q_0 = \dfrac{F_2 - F_1}{V_1 - V_2}$。若以盈亏多少作为选择方案基准的话，当设计产量 $Q > Q_0$ 时，应选择方案 2；当设计产量 $Q < Q_0$ 时，应选择方案 1。

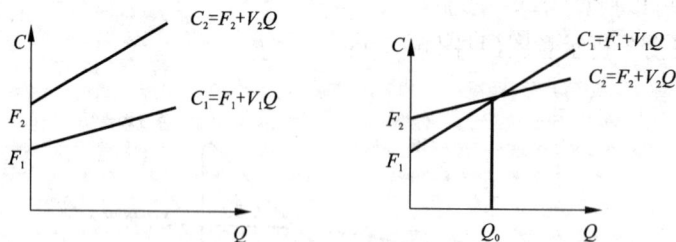

图 6-3 方案成本对比分析图

若是多个方案的盈亏平衡分析，要求每两个方案进行求解，分别求出两个方案的平衡点数量，然后再进行比较，选择其中最经济的方案。

例 6.3 某施工队承接一挖土工程，可以采用两个施工方案：一个是人工挖土，单价为 10 元/m³；另一个是机械挖土，单价为 8 元/m³，但需机械购置费 20000 元，试问这两个方案的适用情况如何？（要求绘图说明）

解：设两个方案共同应该完成的挖土工程量为 Q，则人工挖土成本为 $C_1 = 10Q$，机械挖土成本为 $C_2 = 8Q + 20000$

令 $C_1 = C_2$，得：$Q = 10000(\text{m}^3)$

故当 $Q > 10000$ m³ 时，采用机械挖土合算；当 $Q < 10000$ m³ 时，采用人工挖土合算。

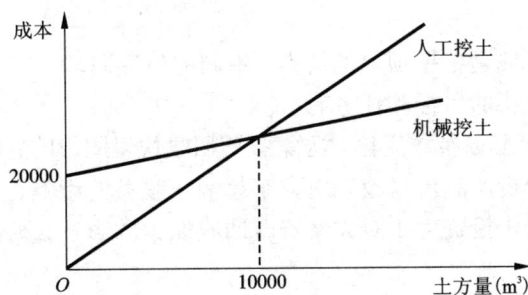

图6-4 方案成本分析图

6.3 敏感性分析

6.3.1 敏感性分析的概念

1. 敏感性分析的含义

"敏感性"一词指的是所研究方案的影响因素发生改变时对原方案的经济效果发生影响和变化的程度。如果引起的变化幅度很大，就说明这个变动的因素对方案经济效果的影响是敏感的；如果引起变动的幅度很小，就说明它是不敏感的。

投资项目评价中的敏感性分析，就是在确定性分析的基础上，通过进一步分析、预测项目主要不确定性因素的变化对项目评价指标(如财务内部收益率、财务净现值等)的影响，从中找出敏感因素，确定评价指标对该因素的敏感程度和项目对其变化的承受能力。

一个项目，在其建设与生产经营的过程中，由于项目内部、外部环境的变化，许多因素都会发生变化。一般将产品价格、产品成本、产品产量(生产负荷)、主要原材料价格、建设投资、工期、汇率等作为考察的不确定性因素。敏感性分析可以使决策者在缺少资料的情况下，能够弥补和缩小对未来方案预测的误差，了解不确定因素对评价指标的影响幅度，明确各因素变化到什么程度时才会影响方案经济效果的最优性，从而提高决策的准确性。此外，敏感性分析还可以启发评价者对那些较为敏感的因素重新进行分析研究，以提高预测的可靠性。

2. 敏感性分析的类型

敏感性分析有单因素敏感性分析和多因素敏感性分析两种。

单因素敏感性分析是对单一不确定性因素变化的影响进行分析，即假设各个不确定性因素之间相互独立，每次只考察一个因素，其他因素保持不变，以分析这个可变因素对经济评价指标的影响程度和敏感程度。单因素敏感性分析是敏感性分析的基本方法。

多因素敏感性分析是假设两个或两个以上互相独立的不确定性因素同时变化时，分析这些变化的因素对经济评价指标的影响程度和敏感程度。

6.3.2　单因素敏感性分析

单因素敏感性分析一般按以下步骤进行：

1. 确定分析指标

分析指标的确定，一般是根据项目的特点、不同的研究阶段、实际需求情况和指标的重要程度来选择，与进行分析的目标和任务有关。

如果主要分析方案状态和参数变化对方案投资回收快慢的影响，则可选用投资回收期作为分析指标；如果主要分析产品价格波动对方案超额净收益的影响，则可选用财务净现值作为分析指标；如果主要分析投资大小对方案资金回收能力的影响，则可选用财务内部收益率指标等。

如果在机会研究阶段，主要是对项目的设想和鉴别，确定投资方向和投资机会。此时，各种经济数据不完整，可信程度低，深度要求不高，可选用静态的评价指标，常采用的指标是投资收益率和投资回收期。如果在初步可行性研究和可行性研究阶段，则需选用动态的评价指标，常用财务净现值、财务内部收益率，也可以辅之以投资回收期。

由于敏感性分析是在确定性经济分析的基础上进行的，一般而言，敏感性分析的指标应与确定性经济评价指标一致，不应超出确定性经济评价指标范围而另立新的分析指标。

2. 选择需要分析的不确定性因素

影响项目经济评价指标的不确定性因素很多，但事实上没有必要对所有的不确定性因素都进行敏感性分析，而只需选择一些主要的影响因素。选择需要分析的不确定性因素时主要考虑以下两条原则：

（1）预计这些因素在其可能变动的范围内对经济评价指标的影响较大；

（2）对在确定性经济分析中采用该因素的数据的准确性把握不大。

对于一般投资项目来说，通常从以下几方面选择项目敏感性分析中的影响因素：①项目投资；②项目寿命年限；③成本，特别是变动成本；④产品价格；⑤产销量；⑥项目建设年限、投产期限和产出水平及达产期；⑦汇率、基准折现率等。

3. 分析每个不确定性因素的波动程度及其对分析指标可能带来的增减变化情况

首先，对所选定的不确定性因素，应根据实际情况设定这些因素的变动幅度，其他因素固定不变。因素的变化可以按照一定的变化幅度（如 ±5%、±10%、±20% 等）改变它的数值。其次，计算不确定性因素每次变动对经济评价指标的影响。

对每一因素的每一变动，均重复以上计算，然后把因素变动及相应指标变动结果用表（如表 6-1）或图（如图 6-5）的形式表示出来，以便于测定敏感因素。

表 6-1　单因素变化对净现值（NPV）的影响　　　　　　（单位：万元）

变化幅度 项目	-20%	-10%	0	10%	20%	平均 +1%	平均 -1%
投资额	361.21	241.21	121.21	1.21	-118.79	-9.90%	9.90%
产品价格	-308.91	-93.85	121.21	336.28	551.34	17.75%	-17.75%
经营成本	293.26	207.24	121.21	35.19	-50.83	-7.10%	7.10%

4. 确定敏感性因素

由于各因素的变化都会引起经济指标一定的变化，但其影响程度却各不相同，有些因素可能仅发生较小幅度的变化就能引起经济评价指标发生大的变动，而另一些因素即使发生了较大幅度的变化，对经济评价指标的影响也不是太大。前一类因素称为敏感性因素，后一类因素称为非敏感性因素。敏感性分析的目的在于寻求敏感性因素，可以通过计算敏感度系数和临界点来判断。

(1)敏感度系数。敏感度系数表示项目评价指标对不确定性因素的敏感程度，计算公式为：

$$E = \frac{\Delta A}{\Delta F} \qquad\qquad (6-5)$$

式中：E——敏感度系数；

ΔF——不确定性因素下的变化率(%)；

ΔA——不确定性因素下发生乙下变化率时，评价指标 A 的相应变化率(%)。

E 值越大，表明评价指标 A 对于不确定性因素越敏感；反之，则越不敏感。

(2)临界点。临界点是指项目允许不确定性因素向不利方向变化的极限值。超过极限，项目的效益指标将不可行。例如当产品价格下降到某一值时，财务内部收益率将刚好等于基准收益率，此点称为产品价格下降的临界点。临界点可用临界点百分比或者临界值分别表示某一变量的变化达到一定的百分比或者一定数值时，项目的效益指标将从可行转变为不可行。临界点可用专用软件的财务函数计算，也可由敏感性分析图直接求得近似值。

如果进行敏感性分析的目的是对不同的投资项目或某一项目的不同方案进行选择，一般应选择敏感程度小、承受风险能力强、可靠性大的项目或方案。

例 6.4 某投资项目设计年生产能力为 10 万台，计划项目投产时总投资为 1200 万元，其中建设投资为 1150 万元，流动资金为 50 万元；预计产品价格为 39 元/台；销售税金及附加为销售收入的 10%；年经营成本为 140 万元；方案寿命期为 10 年；到期时预计固定资产余值为 65 万元，基准折现率为 10%。试就投资额、单位产品价格、经营成本等影响因素对该投资方案做敏感性分析。

解：选择净现值为敏感性分析的对象，根据净现值的计算公式，可计算出项目在初始条件下的净现值。

$$NPV_0 = -1200 + [39 \times 10 \times (1 - 10\%) - 140] \times (P/A, 10\%, 10) + 65 \times (P/F, 10\%, 10)$$
$$= 121.21(万元)$$

由于 $NPV_0 > 0$，故该项目是可行的。

下面来对项目进行敏感性分析。取定三个因素——投资额、产品价格和经营成本，然后令其逐一在初始值的基础上按 ±10%、±20% 的变化幅度变动。分别计算相对应的净现值的变化情况，得出结果如表 6-1 及图 6-5 所示。

可以看出，在各个变量因素变化率相同的情况下，产品价格每下降 1%，净现值下降 17.75%，且产品价格下降幅度超过 5.64% 时，净现值将由正变负，也即项目由可行变为不可行；投资额每增加 1%，净现值将下降 9.90%，当投资额增加的幅度超过 10.10% 时，净现值由正变负，项目变为不可行；经营成本每上升 1%，净现值下降 7.10%，当经营成本上升幅度超过 14.09% 时，净现值由正变负，项目变为不可行。由此可见，按净现值对各个因素的敏感程度

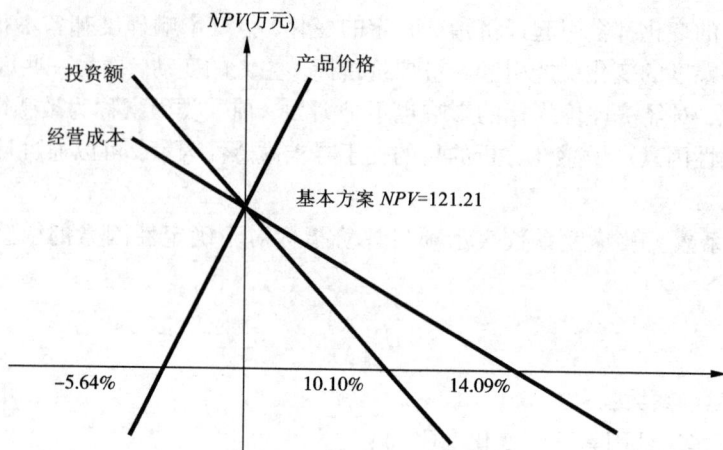

图 6 - 5 单因素敏感性分析图

来排序,依次是产品价格、投资额、经营成本,最敏感的因素是产品价格。

因此,从方案决策的角度来讲,应该对产品价格进行进一步、更准确的测算,因为从项目风险的角度来讲,如果未来产品价格发生变化的可能性较大,则意味着这一投资项目的风险性亦较大。

6.3.3 双因素敏感性分析

双因素敏感性分析是指在假定其他不确定性因素不变的条件下,计算分析两种不确定性因素同时发生变动,对项目经济效益值的影响程度,确定敏感性因素及其极限值。双因素敏感性分析一般是在单因素敏感性分析基础进行,且分析的基本原理与单因素敏感性分析大体相同。但需要注意的是,双因素敏感性分析须进一步假定同时变动的两个因素都是相互独立的,且各因素发生变化的概率相同。

例 6.5 已知某投资项目各参数的预测值如表 6 - 2 所示。经单因素敏感性分析,参数中年现金流出和年现金流入的变动对项目经济效益的影响最大,为进一步评价项目的风险和不确定性,试做双因素敏感性分析。

表 6 - 2 参数数据预测值

参数	投资	寿命	残值	年现金流入	年现金流出	利率
预测值	170000 元	10 年	20000 元	35000 元	3000 元	13%

解:设 X 和 Y 分别表示年现金流入和年现金流出的变化率,则净年值为

$$NAV = -170000(A/P, 13\%, 10) + 35000(1+X) - 3000(1+Y) + 20000(A/F, 13\%, 10)$$
$$= -170000 \times 0.1843 + 35000(1+X) - 3000(1+Y) + 20000 \times 0.0543$$
$$= 1755 + 35000X - 3000Y$$

只要 $NAV > 0$,即 $Y < 0.585 + 11.67X$,此时方案就盈利,可以按受。现分别以 X 轴、Y 轴

90

代表年现金流入和年现金流出的变化率，在坐标图中作出临界线 $Y = 0.585 + 11.67X$，如图6-6，它将坐标图划分为两个区域，左边为亏损区（$NAV < 0$），右边为盈利区（$NAV > 0$）。

从图6-6可以看出，临界线几乎与 Y 轴平行，说明该项目对年现金流入变动非常敏感，而对年现金流出变动则很不敏感。图中按 X 与 Y 值的10%、20%、30%围成三个正方形，临界线将它们各自分成两个部分，其中

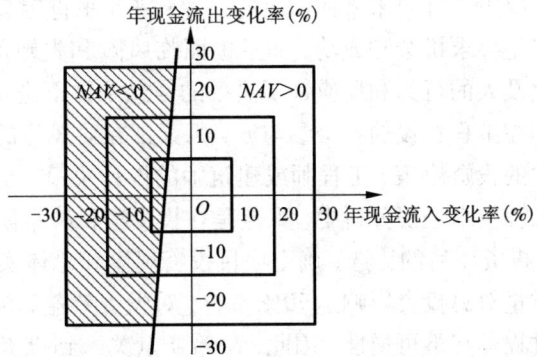

图6-6 两个参数变化敏感性分析图

阴影部分中任何一点 $NAV < 0$，非阴影部分中任何一点的 $NAV > 0$。各正方形中阴影面积与总面积的比例大小，可以近似说明年现金流入与年现金流出在此正方形范围内变化时，方案发生亏损可能性的大小。例如在 ±10% 的正方形中，阴影面积中总面积的1/4左右，这说明当年收入与年支出在 ±10% 范围内同时变化时，方案亏损可能性为25%左右，而盈利可能性约为75%。因而从整体上进一步描述了项目的盈亏不确定程度。

综上所述，敏感性分析是项目经济评价时经常用到的一种方法，它在一定程度上对不确定性因素的变动对项目投资效果的影响做了定量描述，有助于搞清项目对不确定性因素的不利变动所能容许的风险程度，有助于鉴别何者是敏感性因素，从而能够及早排除对那些无足轻重的变动因素的注意力，把进一步深入调查研究的重点集中在那些敏感性因素上，或者针对敏感性因素制定出管理和应变对策，以达到尽量减少风险、增加决策可靠性的目的。但敏感性分析也有其局限性，它不能说明不确定性因素发生变动的可能性是大还是小，也就是没有考虑不确定性因素在未来发生变动的概率，而这种概率是与项目的风险大小密切相关的。

6.4 风险分析与决策

6.4.1 风险分析的含义

风险分析又称概率分析，是通过研究各种不确定性因素发生不同变动幅度的概率分布及其对项目经济效益指标的影响，对项目可行性和风险性以及方案优劣做出判断的一种不确定性分析法。概率分析常用于对大中型重要项目的评估和决策之中。

工程项目建设的风险分析就是在市场预测、融资方案的确定和工程技术方案的经济评价过程中，综合分析识别拟建项目在建设和运营时潜在的主要风险因素，揭示风险来源，判别风险程度，提出规避风险的对策，降低风险损失。

风险分析（概率分析）的方法主要有期望值法、效用函数法和模拟分析法等。

6.4.2 决策与决策准则

1. 决策概念

决策是决策者根据所面临的风险和风险态度在不确定性环境中选择最佳方案的过程。

决策是针对未来而做出的，而未来几乎肯定会牵涉到不确定性因素。因此在决策时我们不仅是寻求机会和成功，而且也面临风险和失败的可能。因此有人说：决策就是在对将来、变化及人的行为和反应都不具备的信息条件下进行的一种游戏。

在工程建设的各个参与方，每天都在对风险的来源及其后果做出决策，这些决策可能是业主的投资决策、工程师或建筑师的设计决策，也可能是造价师就经济方面所做的决策。而在工程技术经济分析中，重点是在投资项目决策阶段的投资决策，如对投资时机和方向的抉择、投资项目的比选、确定项目投资规模和总体实施方案等。在投资项目的决策阶段，决策的质量对总投资影响达70%左右，对投资效益影响为80%左右。同时项目的投资巨大，其活动过程具有不可逆性，因此，决策质量关系到投资项目的成功与否。

决策可以分为程序化决策和非程序化决策。程序化决策用以解决结构性的或者日常问题；非程序化决策用于对非重复性的、非结构性的、新奇的和没有明确定义的情况。而投资项目本身就是一种独特的创造性的一次性活动，需要对投资机会进行识别、分析、选择、决断和构思运筹，其决策属于非程序化、非结构化决策，具有高度的创造性、智力化和综合性的特点。

决策是实际的管理活动，其价值在于结果的准确性即预想的和现实的一致性。这就要求决策者对决策的假设条件、现实标准和决策方法的适应性和局限性进行认真分析，以求提高决策的价值和有效度。

2. 决策的四项准则

决策的四项准则就是决策者对风险的四种态度。现举例加以说明。

例6.6 某建筑制品厂一种新产品，由于没有资料，只能设想出三种方案以及各种方案在市场销路好、一般、差三种情况下的益损值，如表6-3所示。每种情况出现的概率也无从知道，试进行方案决策。

表6-3 益损矩阵表 （单位：万元）

方案	销路好	销路一般	销路差	决策准则			
				冒险准则	保守准则	等概率准则	后悔值准则
A	36	23	-5	36	-5	18	14
B	40	22	-8	40	-8	18	17
C	21	17	9	21	9	15.67	19
选取方案				B	C	A或B	A

（1）冒险准则。冒险准则又称最大收益值最大准则或大中取大准则。先从各种情况下选出每个方案的最大收益值，然后对各个方案进行比较，以收益值最大的方案为选择方案。如上例中选择了收益值为40万元的方案B。这种追求利益最大的决策方法，有一定冒险性，只有资金、物资雄厚，即使出现损失对其影响也不大的企业才敢采用。

（2）保守准则。保守准则又称最小收益值最大准则或小中取大准则。以各种情况下最小收益值的最大的方案作为选定方案。这种准则对未来持保守或悲观的估计，以免可能出现较大的损失。如上例中选取了收益值为 9 万元的方案 C。

（3）等概率准则。决策者无法预知每种情况出现的概率，就假定各种情况出现的概率都相等，计算出每一方案收益值的平均数，选取平均收益值最大的方案。如上例中三种情况出现的概率为 1/3，选取平均收益值为 18 万元的方案 A 或 B。这是一种不存侥幸心理的中间型决策准则。

（4）后悔值准则。后悔值准则又称为最小机会损失准则。后悔值是指每种情况下方案中最大收益值与各方案收益值之差。如果决策者选择了某个方案，但后来事实证明他所选择的方案并非最优方案，他就会少得一定的收益或会承受一些损失。于是他后悔把方案选错了，或者感到遗憾。这个因选错方案可得而未得到的收益或遭受的损失叫后悔值或遗憾值。应用时先计算出各方案的最大后悔值，进行比较，将最大后悔值最小的方案作为最佳方案。如上例中选取后悔值为 14 万元的方案 A。后悔值计算表如表 6 - 4。

表 6 - 4 后悔值计算表

产品销售情况		销路好	销路一般	销路差	各方案最大后悔值
最理想收益值(万元)		40	23	9	
后悔值(万元)	A	40 - 36 = 4	23 - 23 = 0	9 - (-5) = 14	14
	B	40 - 40 = 0	23 - 22 = 1	9 - (-8) = 17	17
	C	40 - 21 = 19	23 - 17 = 6	9 - 9 = 0	19

6.4.3 期望值法

期望值法，是通过计算行动方案在各种自然状态概率下的收益值之和，选其中最大收益值对应的方案或最小损失值对应的方案为最优方案。期望值法是决策的理论基础。

期望值是用来描述随机变量的一个主要参数，是以各种随机变量取值的概率为权重的加权平均值。计算期望值的公式为：

$$E(X) = \sum_{i=1}^{n} X_i p_i \qquad (4-3)$$

式中：$E(X)$——方案 X 的数学期望值；

X_i——方案 X 在 i 状态(不确定性因素)下的收益值或其他经济指标值；

p_i——i 状态(不确定性因素)可能出现的概率；

i——不确定性因素；

n——不确定性因素的数量。

例 6.7 有一项工程，要决定下月是否开工，根据历史资料，下月出现好天气的概率为 0.2，坏天气的概率为 0.8，如遇好天气，开工可得利润 5 万元，遇到坏天气则要损失 1 万元，如不开工，不论什么天气都要付窝工费 1000 元，应如何决策？

解： 按最大期望益损值法求解，

开工方案：$E(A) = 0.2 \times 50000 + 0.8 \times (-10000) = 2000(元)$

不开工方案：$E(B) = 0.2 \times (-1000) + 0.8 \times (-1000) = -1000(元)$

显然是开工方案优于不开工方案,开工可得最大期望值2000元。

计算结果列入表6-5。

表6-5　最大期望收益值法　　　　　　　　　　（单位:千元）

方案	好天气 $p_1 = 0.2$	坏天气 $p_2 = 0.8$	期望收益值 $E(X)$
开工	50	-10	2.0
不开工	-1.0	-1.0	-1.0

概率分析期望值法一般按下列步骤进行:

(1)选定一个或几个评价指标。通常是将内部收益率、净现值等作为评价指标。

(2)选定需要进行概率分析的不确定因素。通常有产品价格、销售量、主要原材料价格、投资额以及外汇汇率等。针对项目的不同情况,通过敏感性分析,选择最为敏感的因素作为概率分析的不确定因素。

(3)预测不确定性因素变化的取值范围及概率分布。单因素概率分析,设定一个因素变化,其他因素均不变化,即只有一个自变量;多因素概率分析,设定多个因素同时变化,对多个自变量进行概率分析。

(4)根据测定的风险因素取值和概率分布,计算评价指标的相应取值和概率分布。

(5)计算评价指标的期望值和项目可接受的概率。

(6)求出评价指标满足经济评价要求(如净现值大于或等于零)的累计概率。分析计算结果,判断其可接受性,研究减轻和控制不利影响的措施。

6.4.4　决策树法

1.决策树法的含义

决策树法在决策中被广泛应用。它是将决策过程中各种可供选择的方案,可能出现的自然状态及其概率和产生的结果,用一个像树枝的图形表示出来,把一个复杂的多层次的决策问题形象化,以便于决策者分析、对比和选择。其突出的特点是迫使决策者构建出问题的结构,然后再以一种连贯和客观的方式加以分析。

2.决策树的构成要素与绘制方法

(1)决策点。先画一个方框"□"作为出发点,称为决策点。

(2)方案枝。从决策点引出若干直线"/",表示该决策点有若干可供选择的方案,在每条直线上标明方案名称,称为方案分枝。

(3)机会点。在方案分枝的末端画一个圆圈"○",称为自然状态点或机会点。

(4)概率枝。从状态点再引出若干直线"/",表示可能发生的各种自然状态,并标明出现的概率,称为状态分枝或概率分枝。

(5)结果点。在概率分枝的末端画一个小三角形"△",写上各方案在每种自然状态下的收益值或损失值,称为结果点。有时也用小圆圈表示结果点。

这样构成的图形称为决策树。它以方框、圆圈为节点,并用直线把它们连接起来构成树枝状图形,把决策方案、自然状态及其概率益损期望值系地在图上反映出来,供决策者抉择。

3. 决策树法的解题步骤

(1)列出方案。通过资料的整理和分析,提出决策要解决的问题,针对具体问题列出方案,并绘制成表格。

(2)根据方案绘制决策树。画决策树的过程,实质上是拟订各种抉择方案的过程,是对未来可能发生的各种事件进行周密思考、预测和预计的过程,是对决策问题一步一步深入探索的过程。决策树按从左到右的顺序绘制。

(3)计算各方案的期望值。它是按事件出现的概率计算出来的可能得到的益损值,并不是肯定能够得到的益损值,所以叫期望值。计算时从决策树最右端的结果点开始。

$$期望值 = \sum (各种自然状态的概率 \times 收益值或损失值)$$

(4)方案选择即抉择。在各决策点上比较各方案的益损期望值,以其中最大者为最佳方案。在被舍弃的方案分枝上画二杠表示剪枝。

例6.8 某建筑公司拟建一预制构件厂,一个方案是建大厂,需投资300万元,建成后如销路好每年可获利100万元,如销路差,每年要亏损20万元;另一个方案是建小厂,需投资170万元,建成后如销路好每年可获利40万元,如销路差每年可获利30万元。两方案的使用期均为10年,销路好的概率是0.7,销路差的概率是0.3,若基准收益率为10%,试用决策树法选择方案。

解:(1)按题意列方案表6-6。

表6-6 方案在不同状态下的益损值

自然状态	概率	方案(万元)	
		建大厂	建小厂
销路好	0.7	100	40
销路差	0.3	-20	30

(2)绘制决策树,如图6-7所示。

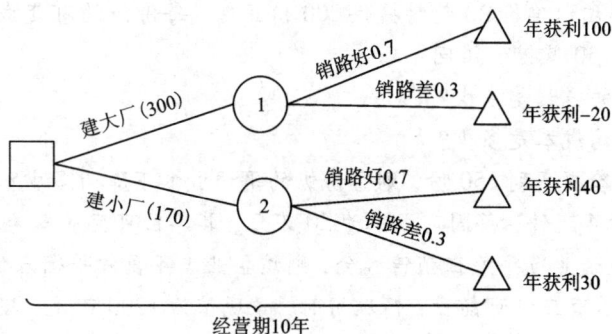

图6-7 决策树图

(3)计算各方案净现值的期望值。

点①：$E(NPV_1) = [-300 + 100(P/A, 10\%, 10)] \times 0.7 + [-300 - 20(P/A, 10\%, 10)]$
$\qquad \times 0.3$
$\qquad = 93.25(万元)$

点②：$E(NPV_2) = [-170 + 40(P/A, 10\%, 10)] \times 0.7 + [-170 + 30(P/A, 10\%, 10)]$
$\qquad \times 0.3$
$\qquad = 57.35(万元)$

（4）方案决策。

由于点①的净现值的期望值大于点②的净现值的期望值，故选用建大厂的方案。

以上这种决策树法是一级决策问题，对于多级决策相对较复杂，在进行决策树分析时严格遵循方案枝在前，概率枝在后的关系就能解决。

思考练习题

1. 不确定性产生的原因有哪些？

2. 盈亏平衡点确定方法有哪些？

3. 敏感性分析有何作用？

4. 风险决策准则有哪些？

5. 试述决策树的组成及绘制要点。

6. 某汽车配件公司以 130 英镑的价格销售一种排气系统。房屋、机械和雇员的固定成本为每周 6000 英镑，原材料和其他可变成本为每套 50 英镑。问：

（1）该系统的盈亏平衡点销售量是多少？

（2）如果该公司每周出售 100 套，可获利多少？

（3）如果每周以 80 英镑的价格销售 250 套，则获利多少？

7. 某航空公司正在考虑使用现在的飞机开通每周从阿伯丁到卡尔加里的航线，每个航班运力为 240 名乘客，固定成本为 30000 英镑，可变成本为机票的 50%，公司计划把票价定为 200 英镑/张。盈亏平衡点的乘客人数为多少？这个数字合理吗？如果不合理，你认为新的票价为多少？

8. 某饭店每天平均以单价 20 英镑提供 200 份正餐，每份饭的可变成本为 10 英镑，饭店每天的固定成本为 1750 英镑。请问：

（1）该饭店每天的盈利是多少？

（2）每份饭的平均成本是多少？

（3）如果每天供餐提高到 250 份，则每份饭的平均成本下降为多少？

9. 某企业年产量 4 万件，年固定成本为 20 万元，其单位可变成本为 15 元/件，产品市场价格为 25 元/件。该企业当年免征销售税金，则该企业当年盈亏平衡点价格为多少？

10. 某方案实施后有三种可能性：情况好时，净现值为 1200 万元，概率为 0.4；情况一般时，净现值为 400 万元，概率为 0.3；情况差时，净现值为 −800 万元。该项目的期望净现值为多少？

11. 某投资方案的现金流量见表 6−7。预计该方案的几个基本参数—总投资（10000元）、年度收入（3000 元）、寿命（5 年）以及预定折现率（12%）可能存在估计误差。它们未来的变化大约在 30% 之间, 试对该投资方案进行敏感性分析。

表 6 - 7　某投资方案现金流量表

年份	0	1	2	3	4	5
净现金流量(元)	-10000	3000	3000	3000	3000	4000

12. 某工程项目, 其主要经济参数的估计值为: 初始投资 10000 元, 寿命是 5 年, 残值 2000 元, 年度收入 5000 元, 年度支出 2200 元, 预定利率为 8%。经分析其初始投资和年度收入为关键参数, 试分析二参数同时发生变化时, 其经济评价结果的敏感性。

13. 某工程分两期进行施工, 第一期工程完工后, 由于某种原因, 第二期工程要半年后才能上马, 这样工地上的机械设备面临着是否要搬迁的问题。如果搬迁, 半年后再搬回来, 共需搬迁费用 8000 元。如果不搬迁, 对工地上的设备必须采取保养措施: 当遇到好天气(概率 0.6), 可采取一般性保养措施费用需 3000 元; 当遇到下雨天气(概率为 0.4), 仍采用一般性的保养措施, 则肯定会造成 12000 元损失, 若采取特殊保养措施(费用 6000 元), 则有 0.8 的可能性造成小损失 1000 元, 0.2 的可能性造成大损失 4000 元。用决策树方法按期望费用最小确定采用哪种方案。

14. 生产某种设备的年总收入 $TR = 3000 - 0.01Q$ (Q 代表销量), 该厂固定成本 $CF = 180000$ 元, 变动成本 $VC = 1000Q + 0.01Q^2$。试求保本销售量 Q 和最大利润销售量。企业追求最大销量收入是否合理? 企业的停业点产量是多少?

15. 某经理打算到海外某家企业工作 8 年。他现在考虑两项投资方案, 均需投资 2000 元。A 方案每年年末可获 520 元收益, B 方案于第 8 年末可得 5700 元。每项计划的内部收益率计算如下:

方案 A: $2000 = 520(P/A, r, 8)$, $r = 20\%$

方案 B: $2000 = 5700(P/F, r, 8)$, $r = 14\%$

这位经理决定选择 A, 因其收益率较高。他的决定是否正确? 为什么?

模块 7　项目可行性研究与项目评价

【能力要求】　本模块主要由可行性研究、市场研究、工程项目经济评价和项目评估与后评价四部分组成。通过学习，要求了解可行性研究的概念及作用，熟悉可行性研究的阶段及工作程序，掌握可行性研究的内容；掌握市场调查及预测方法，熟悉项目经济评价内容及方法；了解项目的后评价的概念及作用，熟悉项目后评价的内容和方法。

7.1　项目可行性研究

7.1.1　可行性研究概述

1. 可行性研究的概念

可行性研究是以预测为前提，以投资效果为目的，从技术上、经济上、管理上进行全面综合分析研究的一种方法。它是实现建设项目以最少的投资取得最佳的经济效果的重要保证，也是实现建设项目在技术上先进、经济上合理和建设上可行的科学方法。

具体地说，建设项目可行性研究是在投资决策前，对项目有关的社会、经济和技术等各方面进行深入详细、细致的调查研究、分析、计算和方案比较与论证，并对项目建成后可能取得的经济效果进行预测和评价，从而提出该项目是否适宜投资建设及如何进行投资的意见和建议，从而为项目投资决策提供依据的一种科学方法。

2. 可行性研究的产生和发展

可行性研究工作早在 20 世纪 30 年代在美国开发田纳西河流域时就已经开始试行，作为流域开发规划的重要阶段，引入后使得工程建设更加良性发展，经济效益也极为明显。第二次世界大战后，由于科学技术和经济发展的需要，可行性研究在大型工程建设项目中得到了广泛应用，成为投资项目决策前的一个非常重要的工作阶段。特别是在 20 世纪 60 年代以后，随着世界科学技术进步和经济管理科学的迅猛发展，可行性研究也得以不断改进、完善和迅猛发展，逐步形成了一套较完整的、系统的科学研究方法，它的应用范围逐渐扩大。1978 年，联合国工业发展组织(简称 UNIDO)为了推动和帮助发展中国家开展可行性研究工作，编写出版了《工业项目可行性研究手册》，系统地说明了可行性研究的内容和方法。

我国政府和各个工业部门在总结经济建设中的经验教训的基础上，于 1979 年开始学习和引进了国外的可行性研究。1981 年国家计委有关文件明确规定"把可行性研究作为建设前期工作中一个重要技术经济论证阶段，纳入项目基本建设程序"；1983 年又下达了《关于建设项目进行可行性研究的试行管理办法》，进一步明确了可行性研究的编制程序、内容和评审方法，把可行性研究作为编制和审批项目设计任务书的基础和依据；1987 年 9 月颁发了《建设项目的经济评价方法与参数》和《关于建设项目经济评价工作的暂行规定》，要求各个投资主体、各种投资来源、各种投资方式兴办的大中型基建项目，限额以上技术改造项目，均按此"方法"和相应的评价参数进行经济评价,如果评价内容和质量达不到规定要求,负责评估和各级审批、设计、施工、投资等部门均不得受理。因此,无论是代表国家投资决策的计划经济部门,还是各贷款银行以及投资公司、工程咨询公司、官办民办企业、社会集团、私人投资者都应熟悉、掌握和运用可行性研究,并对建设项目进行认真的技术经济分析论证和经济评价后再进行投资决策。

《建设项目经济评价方法与参数》自发布施行以来,在全国范围内得到了广泛的应用,它不仅成为各类规划设计单位、工程咨询公司进行投资项目经济评价和评估的指导性文件,而且也是各级计划部门审批项目建议书和可行性研究报告、各级金融机构审批贷款项目的重要依据。它的发布试行,标志着我国进入了项目投资决策科学化、民主化的新阶段。根据经济体制改革形势和发展的需要,国家计委和建设部对"方法与参数"进行了补充和修改,1993 年4 月发布了《建设项目经济评价方法与参数》(第 2 版),在整体构思上,更加突出了为社会主义市场经济服务的指导思想;在具体方法上,力求反映经济体制、财税制度改革的新情况,提高了方法的科学性、实用性和可操作性。

按照国家投资体制改革的总体要求,在认真总结《建设项目经济评价方法与参数》(第 2版)实施经验的基础上,2006 年 7 月由国家发展改革委员会和建设部发布了《建设项目经济评价方法与参数》(第 3 版),用于各类建设项目的经济评价工作。

3. 可行性研究的作用

(1)是建设项目投资决策的依据。可行性研究是项目投资建设的首要环节,其成果往往是项目投资决策者决定一个建设项目是否应该投资和如何投资的一个重要依据。

(2)是筹集资金向银行申请贷款的依据。世界银行、亚洲银行等国际金融组织,都把可行性研究作为申请工程项目贷款的先决条件。我国国内的各银行在项目建设贷款时,也要首先对贷款项目进行全面、细致的分析评估,确认项目具有贷款偿还能力、不用承担过大风险时,才会同意贷款。

(3)是项目与相关部门合同谈判、签订合同(协议)的依据。根据可行性研究报告和设计任务书,项目主管部门可同国内有关部门签订项目所需原材料、资源和设备等方面的合同(协议),以及同国外厂商对引进技术和设备正式签约。

(4)是项目进行工程设计、设备订货、施工准备等基本建设前期工作的依据。按照可行性研究中对产品方案、建设规模、场址、工艺流程、主要设备选型和总图布置等方案论证结果,在设计任务确定后,就可作为工程项目初步设计、设备订货和施工准备工作的依据。

(5)是项目采用新技术、新设备研制计划和进行科学试验的依据。项目拟采用的新技术、新设备必须经过技术经济论证,只有论证结果可行,方能拟订研制计划。

(6)是向当地政府及环保部门申请建设执照的依据。项目可行性研究在经评审后,还需地方规划部门和环保部门审查,审查内容符合要求或有治理措施时,才发建设执照。

4. 可行性研究的依据

一个拟建项目的可行性研究,必须在国家有关的规划、政策、法规的指导下完成,同时,还必须要有相应的各种技术资料。进行可行性研究工作的主要依据包括:

(1)国家经济发展的长期规划,部门、地区发展规划,经济建设的方针、任务、产业政策和投资政策。

(2)批准的项目建议书和委托单位的要求。

（3）对于大中型骨干建设项目，必须具有国家批准的资源报告、国土开发整治规划、区域规划、工业基地规划。交通运输项目，要有关的江河流域规划与路网规划。

（4）有关的自然、地理、气象、水文、地质、经济、社会、环保等基础资料。

（5）有关行业的工程技术、经济方面的规范、标准、定额资料，以及国家正式颁发的技术法规和技术标准。

（6）国家颁发的评价方法与参数，如国家基准收益率、行业基准收益率、外汇影子汇率、价格换算参数等。

7.1.2 可行性研究的阶段划分

联合国工业发展组织出版的《工业项目可行性研究手册》将可行性研究工作分为三个阶段，即投资机会研究、初步可行性研究和详细可行性研究。

1. 投资机会研究

这一阶段也称投资机会鉴别。它的主要任务是提出项目投资方向的建议，寻找有价值的投资机会。即在一个确定的地区或部门，根据对自然资源的了解和对市场需求的调查及预测、国内相关政策及国际贸易联系等情况，选择项目，寻找最有价值的投资机会。研究内容包括市场调查、消费分析、投资政策、税收政策研究等，重点是分析投资环境。

投资机会研究主要通过以下几个方面的研究来寻找投资机会：

（1）自然资源状况；

（2）农业、工业生产布局及生产情况；

（3）人口增长或购买力增长对消费品需求的潜力；

（4）产品进口情况，取代进口的可能性，产品出口的可能性；

（5）现有企业扩建的可能性、多种经营的可能性、将现有小型企业扩建到经济规模的可能性；

（6）其他国家发展工业成功的经验。

投资机会研究阶段相当于我国的项目建议书阶段，其主要任务是提供可能进行建设的投资项目。如果证明项目投资的设想是可行的，再进行更深入的调查研究。对于机会研究，所需时间大致为 1~3 个月，投资估算的精度为 ±30%，研究费用占总投资的 0.2%~0.8%。

2. 初步可行性研究

初步可行性研究也称为预可行性研究。许多项目在投资机会研究后，还不能决定取舍，就需要进行初步可行性研究。它是在投资机会研究的基础上，对项目方案进行初步的技术、经济分析和社会、环境评价，对项目是否可行做出初步判断，主要目的是判断项目是否有生命力。它的主要任务有：

（1）分析机会研究的结论，并在详细调查资料的基础上做出投资决策；

（2）确定是否应进行下一步的详细可行性研究；

（3）确定有哪些关键问题需要进行辅助性专题研究；

（4）判断项目的设想是否具有生命力，能否获得理想的效益。

初步可行性研究是投资机会研究和详细可行性研究之间的一个阶段。它与投资机会研究的区别主要在于所获资料的详细程度不同。如果投资机会研究有足够的资料数据，也可以越过初步可行性研究，直接进入详细可行性研究；如果投资机会研究对项目有关资料不足，获利情况不明显，就要进行初步可行性研究来判断项目是否值得投资。初步可行性研究的时间一般需要 3~5 个月，投资估算的精度为 ±20%，研究费用占总投资的 0.25%~1.5%。在提出项目初步可行性研究报告时，还需提出项目的总投资。

3.详细可行性研究

详细可行性研究也称为最终可行性研究。它的主要任务是对项目进行深入的技术、经济论证，确定项目方案的可行性，选择最佳方案，提出项目投资决策的意见。

详细可行性研究的投资估算精度为 ±10%。对于小型项目，研究时间一般为 0.5~1 年，研究费用占总投资的 1.0%~3.0%；对于大中型项目，研究时间一般为 1~2 年，研究费用占总投资的 0.8%~1.0%。详细可行性研究根据项目的性质、规模和复杂程度不同，研究内容也不尽相同。

7.1.3　可行性研究的内容

项目可行性研究的内容，因项目的性质不同、行业特点而异。从总体来看，可行性研究的内容与初步可行性研究的内容基本相同，但研究重点有所不同，研究的深度有所提高，研究的范围也有所扩大。其重点是研究论证项目建设的可行性，必要时还需要进一步论证项目建设的必要性。

1.项目建设的必要性

根据已确定的项目建议书（或初步可行性研究报告），从总体上进一步论证项目提出的依据、背景、理由和预期目标，即进行项目建设的必要性分析的同时，还要分析论证项目建设和生产运营必备的基本条件及其获得的可能性，即进行项目建设可能性分析。

必要性要从两个层次进行分析，一是结合项目功能定位，分析拟建项目对实现企业自身发展，满足社会需求，促进国家、地区经济和社会发展等方面的必要性；二是从国民经济和社会发展角度，分析拟建项目是否符合合理配置和有效利用资源的要求，是否符合区域规划、行业发展规划、城市规划的要求，是否符合国家产业政策和技术政策的要求，是否符合保护环境、可持续发展的要求等。

2.市场研究

在市场调查的基础上，对项目的产品和所需要的主要投入物的市场容量、价格、竞争力以及市场风险进行分析预测，为确定项目建设规模与产品方案提供依据。

市场预测的研究内容主要有市场现状调查、产品供应与需求预测、产品价格预测、目标市场与市场竞争力分析以及市场风险分析等。

3.资源条件评价

金属矿、煤矿、石油天然气矿、建材矿、化学矿以及水利水电和森林采伐等项目都是以矿产资源、水利水能资源和森林资源等自然资源的采掘为主的资源开发项目。

资源开发项目的建设应符合资源总体开发规划的要求，符合资源综合利用的要求，符合节约资源及可持续发展的要求，森林资源开发还应符合国家生态环境保护的有关规定。

资源条件评价主要是对拟开发项目资源开发的合理性、资源可利用量、资源自然品质、资源储存条件和资源开发价值等进行评价。

4.建设规模与产品方案

建设规模与产品方案研究是在市场预测和（资源开发项目）资源评价的基础上，论证比选拟建项目的建设规模和产品方案(包括主要产品和辅助产品及其组合),作为确定项目技术方案、设备方案、工程方案、原材料燃料供应方案及投资估算的依据。

建设规模是指项目设定的正常生产运营年份可能达到的生产能力或者使用效益。确定建设规模,一般应研究项目的合理经济规模、市场容量对项目规模的影响、环境容量对项目规模的影响以及资金、原材料和主要外部协作条件等对项目规模的满足程度。对于不同行业、不同类型的项目,确定建设规模时还应考虑与之相关的某些特殊因素。

产品方案是研究拟建项目生产的产品品种及其组合的方案。确定产品方案一般应研究市场需求、产业政策、专业化协作、资源综合利用、环境条件、原材料燃料供应、技术设备条件、生产储运条件等因素和内容。对于生产多种产品的拟建项目,还应研究其主要产品、辅助产品、副产品的种类及其生产能力的合理组合,以便为技术、设备、原材料燃料供应等方案的研究提供依据。

5.场址选择

可行性研究阶段的场址选择,是在初步可行性研究(或项目建议书)规划选址已确定的建设地区和地点范围内,进行具体坐落位置选择,习惯上称为工程选址。

不同行业项目选择场址需要研究的具体内容、方法和遵循的规程规范不同,称谓也不同。如工业项目称厂址选择,水利水电项目称坝(闸)址选择,交通项目称线路选择,输油气管道、输电和通信线路项目称路径选择。

场址选择应主要研究场址位置、占地面积、地形地貌、气象条件、地震情况、工程地质与水文地质条件、征地拆迁及移民安置条件、交通运输条件、水电供应条件、环境保护条件、法律支持条件、生活设施依托条件、施工条件等内容。

6.技术方案、设备方案和工程方案

(1)技术方案选择。技术方案主要指生产方法、工艺流程(工艺过程)等。技术方案选择要体现先进性、适用性、可靠性、安全性和经济合理性的要求。技术方案比选的主要内容有技术的先进程度、技术的可靠程度、技术对产品质量性能的保证程度、技术对原材料的适应性、工艺流程的合理性、自动化控制水平、技术获得的难易程度、对环境的影响程度以及购买技术或专利费用等技术经济指标。

(2)主要设备方案选择。设备方案选择是在研究和初步确定技术方案的基础上,对所需主要设备的规格、型号、数量、来源、价格等进行研究比选。设备方案的选择,首先要根据建设规模、产品方案和技术方案,研究提出所需主要设备的规格、型号和数量,然后通过调查和询价,研究提出项目所需主要设备的来源、投资方案和供应方式。对于超大、超重、超高设备,还应提出相应的运输和安装的技术措施方案。

(3)工程方案选择。工程方案选择是在已选定项目建设规模、技术方案和设备方案的基础上,研究论证主要建筑物、构筑物的建造方案。工程方案的选择,要满足生产使用功能要求,适应已选定的场址(线路走向),符合工程标准规范要求,并且经济合理。

7.原材料、燃料供应

原材料是项目建成后生产运营所需的投入物。在建设规模、产品方案和技术方案确定后,应对所需主要材料的品种、规格、质量、数量、价格、来源、供应方式和运输方式进行研究确定。

项目所需燃料包括生产工艺用燃料、公用和辅助设施用燃料、其他设施用燃料。燃料供应方式的研究内容包括燃料的品种、质量、数量、价格以及来源和运输方式。

8. 总图运输与公用辅助工程

总图运输与公用辅助工程是在已选定的场址范围内，研究生产系统、公用工程、辅助工厂及运输设施的平面和竖向布置以及相应的工程方案。包括总图布置方案、场内外运输方案、公用工程与辅助工程方案等。

9. 环境影响评价

环境影响评价是在研究确定场址方案和技术方案中，调查研究环境条件，识别和分析拟建项目影响环境的因素，研究提出治理和保护环境的措施、比选和优化环境保护方案。

10. 劳动安全卫生与消防

拟建项目劳动安全卫生与消防的研究是在已确定的技术方案和工程方案的基础上，分析论证在建设和生产过程中存在的对劳动者和财产可能产生的不安全因素，并提出相应的防范措施。

11. 组织机构与人力资源配置

拟建项目的可行性研究，应对项目的组织机构设置、人力资源配置、员工培训等内容进行研究、比选和优化方案。

12. 项目实施进度

工程建设方案确定后，应研究提出项目的建设工期和实施进度方案。

（1）建设工期。项目建设工期可以参考有关部门或专门机构制定的建设项目工期定额和单位工程工期定额，并结合项目建设内容、工程量大小、建设难易程度和施工条件等具体情况综合研究确定。

（2）实施进度安排。项目建设工期确定后，应根据工程实施各阶段工作量和所需时间，对时序做出大体安排，并编制项目实施进度表。

13. 投资估算

投资估算是在对项目的建设规模、技术方案、设备方案、工程方案及项目实施进度等进行研究并基本确定的基础上，估算项目投入总资金，并测算建设期内各年资金需要量，作为制定融资方案、进行经济评价以及编制初步设计概算的依据。

14. 融资方案

融资方案是在投资估算的基础上，研究拟建项目的资金渠道、融资形式、融资结构、融资成本、融资风险，比选推荐项目的融资方案，并以此为基础研究资金筹措方案和进行财务评价。

15. 财务评价

财务评价是在国家现行财税制度和市场价格体系下，从项目微观角度，分析和预测项目的财务效益与费用，计算财务评价指标，考察拟建项目的盈利能力和偿债能力，从而判断项目投资在财务上的可行性和合理性。

16. 国民经济评价

国民经济评价是按合理配置资源的原则，采用影子价格、社会折现率等国民经济评价参数，从国民经济宏观的角度，考察项目所耗费的社会资源和对社会的贡献，判断项目投资的经济合理性和宏观可行性。

17. 社会评价

社会评价是分析拟建项目对当地社会的影响和当地社会对项目的适应性，从而判断项目的社会可行性。

18. 风险分析

风险分析是在市场预测、技术方案、工程方案、融资方案、财务评价和社会评价已进行的初步风险分析的基础上，进一步识别拟建项目在建设和运营中潜在的主要风险因素，揭示风险来源，判别风险程度，提出规避风险对策，为决策提供依据。

19. 研究结论与建议

在上述各项研究论证的基础上，择优提出推荐方案，并对推荐方案的主要内容和论证结果进行总体描述。在肯定推荐方案优点的同时，还应指出可能存在的问题和可能遇到的主要风险，并做出项目及其推荐方案是否可行的明确结论。对于未推荐的一些重大比选方案，也要阐述方案的主要内容、优缺点和未被推荐的原因，以便决策者从多方面进行思考并做出决策。

7.1.4 可行性研究的工作程序

项目的可行性研究，一般由项目业主根据工程需要，委托满足资质要求的设计院或咨询公司进行可行性研究，并编制可行性研究报告。

1. 委托与签订合同

项目的可行性研究，既可以由项目主管部门直接给工程设计单位下达任务进行，也可以由项目业主自行委托有资质的工程设计单位承担。

项目业主和受委托单位签订的合同中一般应包括进行该项目可行性研究工作的依据、研究的范围和内容、研究工作的进度和质量、研究费用的支付办法、合同双方的责任、协作和关于违约处理的方法等主要内容。

2. 组织人员和制订计划

受委托单位接受委托后，应根据工作内容组织项目小组，并确定项目负责人和各专业负责人。项目组根据任务要求，研究和制订工作计划，安排实施进度。在安排实施进度时，要充分考虑各专业的工作特点和任务交叉情况，协调技术专业与经济专业的关系，为各专业工作留有充分时间，根据研究工作进度和内容要求，如果需要向外分包时，应落实外包单位，办理分包手续。

3. 调查研究与收集资料

项目组基于委托单位在项目建设上的意图和要求，可着手查阅项目建设地区的经济、社会和自然环境等情况的资料。拟定调查研究提纲和计划，由项目负责人组织有关专业人员赴现场以实地调查和专题抽样调查等形式实施调查，收集与整理所得的初步基础资料和技术经济资料。调查的内容包括：市场和原材料、燃料、厂址和环境，生产技术、财务资料及其他。各专题调查可视项目的特点和要求分别拟定调查细目、对象和计划。

4. 方案设计与优选

接受委托的工程设计单位，根据建设项目建议书，结合市场和资源环境的调查，在收集整理了一定的设计基础资料和技术经济基本数据的基础上，提出若干种可供选择的建设方案和技术方案，进行比较和评价，从中选择或推荐最佳建设方案。

技术方案一般应包括生产方法、工艺流程、主要设备选型、主要消耗定额和技术经济指标、建设标准、环境保护设施、定员等。

项目的建设方案一般应包括：市场分析、产品供销预测、生产规模、产品方案的选择、产品价格预测；核算原材料和燃料的需要量、规格，评述资源供应情况和供应条件，预测原材料、燃料的进厂价格；估算工厂全年总运输量，选择运输方案；确定外协工作和协作单位；厂址选择及其论证；项目筹资方案，如有贷款，应说明贷款来源、利息、偿还条件；项目的建设工期安排等。

5.经济分析和评价

按照建设项目经济评价方法的要求，对推荐的建设方案进行详细的财务分析和国民经济分析，计算相应的评价指标，评价项目的财务生存能力和从国家角度看的经济合理性。

在经济分析和评价中，需对各种不确定因素进行敏感性分析和风险分析，并提出风险转移规避等防范措施。当项目的经济评价结构不能达到有关要求时，可对建设方案进行调整或重新设计，或对几个可行性建设方案同时进行经济分析，选出技术、经济综合考虑较优者。

6.编制可行性研究报告

在对建设方案和技术方案进行技术经济论证和评价后，项目负责人组织可行性研究项目组成员，分别编写详尽的可行性研究报告，在报告中可推荐一个或几个项目建设方案，也可提出项目不可行的结论意见和项目改进的建议。

7.2　市场研究

7.2.1　市场调查

科学的投资决策建立在可靠的市场调查和准确的市场预测的基础上。广泛、全面的市场调查是项目可行性研究的基础工作。市场调查是对现在市场和潜在市场各个方面情况的研究和评价，目的在于收集市场信息，了解市场动态，把握市场的现状和发展趋势，发现市场机会，为企业投资决策提供科学依据。

1.市场调查的内容

市场调查的内容因不同企业的不同需求而不同，从投资项目决策分析与评价和市场分析的角度出发，市场调查的主要内容包括市场需求调查、市场供应调查、消费者调查和竞争者调查，企业可能进行其中某一方面的调查，也可能进行全面的综合调查。

(1)市场需求调查。市场需求调查包括产品和服务市场需求的数量、质量、价款及区域分布等的历史情况、现状和发展趋势。市场需求调查主要包括有效需求、潜在需求和需求的增长速度三个方面。有效需求是指消费者现阶段能用货币支付的需求；潜在需求指目前无法实现但随收入水平的提高或商品价格的降低等因素的变化，在今后可以实现的有效需求；需求的增长速度是影响项目建成后的市场需求的重要因素，是由现时的市场需求推测未来市场需求的关键因素。

(2)市场供应调查。市场供应调查主要调查市场的供应能力、主要生产或服务企业的生产能力，了解市场供应与市场需求的差距。市场供应调查要调查供应现状、供应潜力及正在或计划建设的相同产品项目生产能力。

（3）消费者调查。消费者调查包括产品和服务的消费群体、消费者的购买能力和习惯、消费演变历史与趋势等。对某一具体产品而言，在经过市场细分明确了消费者之后，需要对这部分消费者的消费层次、消费要求、心理状况、消费动机、消费方式等进行调查和分析。只有了解了消费者的消费动机和消费层次等，才能在细分市场中把握企业目标市场，正确预测市场需求。

（4）竞争者调查。竞争者调查是指对同类生产企业的生产技术水平高低、经营特点和生产规模、主要技术经济指标、市场占有率以及市场集中度等市场竞争特征的调查。包括调查区域内同类产品或替代产品的企业数量、各企业的市场占有率、生产能力、销售数量、销售渠道、成本水平、管理能力等，可能的潜在竞争者的情况等。只有充分了解竞争对手，才能制定有效的竞争策略。

2. 市场调查的原则

（1）科学性原则。表现在市场调查是运用科学的方法，系统地收集、记录、整理和分析市场信息资料的过程。因为在市场调查中，首先要明确调查的问题，然后进行方案的设计（如明确调查的对象、时间、地点、次数、抽样方法、样本大小等），再进行数据的收集、整理和分析等，此过程都离不开一整套科学的方法。因此，市场调查具备科学性原则。

（2）客观性原则。此原则要求调查人员应至始自终保持客观的态度去寻求反映事物真实状态的准确信息，在市场调查中要尊重事实，要防止主观性和片面性。也就是说，要以事实为依据，不允许带有任何个人主观的意愿或偏见，也不应受任何人或管理部门的影响或"压力"去从事调研活动。因此，调查人员的座右铭应是"寻找事物的本来面目，揭示并说出事物的本来面目"。

（3）时效性原则。要求在调查中要及时捕捉和抓住市场上任何有用的情报、信息，及时分析、及时反馈，为企业适时制定决策创造条件。因为若不能在有限的时间内尽可能多地收集所需的情报资料，不仅会增加费用支出，更重要的是会导致企业决策的滞后。

（4）系统性原则。表现为在市场调查中不能就事论事，要考虑市场环境中的各种宏观和微观的影响因素，要把握事物发生、发展及其变化的本质，抓住关键因素，得出正确的结论。

（5）准确性原则。体现在对调查资料的分析必须实事求是，要尊重客观事实，切忌以主观臆断来代替科学的分析。

（6）经济性原则。市场调查是一项费时、费力、费财的活动，即使在调查目标相同的情况下，采用的调查方式不同，费用支出是不同的，即使费用相同，不同的调查方案产生的效果也是不同的。因此，这就要求企业一定要根据自己的实力力争以较小的投入取得较好的调查效果。

（7）保密性原则。体现在两个方面：一是为客户（委托方）保密（因为现在许多调查都是客户委托调查公司进行的，调查公司作为一个经营单位，应以诚实守信原则保证客户利益，切忌不能将调查结果透露给第三方）；二是为被调查者提供的信息保密，不管被调查者提供的是什么样的信息，也不管被调查者提供信息的重要性程度如何。如果被调查者发现自己提供的信息被暴露出来，一方面可能给他们带来某种程度的伤害，同时也会使他们失去对市场调查的信任。被调查者愿意接受调查是调查业存在的前提，如果市场调查不能得到被调查者的信任和配合，那么整个市场调查业的前景则不容乐观。

3.市场调查的程序

一般而言，不同的市场调查，其具有的程序也不完全相同。结合国内外市场调查的经验和实践，往往可以将市场调查分为调查准备、调查实施、分析总结等三个阶段。

(1)调查准备阶段。调查准备阶段是调查工作的开端。准备工作是否充分周到，对调查工作的开展和调查的质量影响非常大。准备阶段要研究确定调查的目的和要求、调查的范围和规模、调查力量的组织等问题，还需在此基础上制订一个切实可行的调查工作计划。

市场调查计划的结构和内容随具体情况而有所变化，一般包括调查目标、调查内容和范围、调查方法及调查进度与费用预算等四部分内容。

(2)调查实施阶段。调查计划的实施、调查方案的落实是市场调查的最重要的环节。这个阶段的主要任务是组织调查人员深入实际，系统地收集各种可靠资料和数据。

一是收集文案资料。文案资料是市场调查的基础资料，也是市场调查工作的基础。可以分别向各统计机构、经济管理部门、生产和销售企业等收集市场相关信息，也可以从各种文献、报刊中获取。

二是收集一手资料。在市场调查中，光收集文案资料是不够的，还应收集原始资料，也称第一手资料。收集方法有不少，如问卷调查法、实验调查法等。

(3)分析总结阶段。该阶段主要是得出调查结果的阶段。市场调查实施后，往往要对调查资料进行整理加工，使之系统化、条理化，以揭示市场需求和各因素之间的内在联系，反映市场的客观规律。主要经过分析整理、综合分析及编写调查报告三个步骤。分析整理是将市场获得的分散的、零星的、片面的资料进行分析和比较，剔除错误的信息，进行统计分析；资料的综合分析则是市场调查的核心，通过综合分析，全面掌握资料反映的各类情况和问题，从而审慎地得出符合要求和实际的结论；编写调查报告是市场调查成果的最终体现，按照调查的要求和格式，编写调查报告，以便企业运用调查成果。

4.市场调查的类型

按照调查样本的范围大小，可以将市场调查分为市场普查、重点调查、典型调查和抽样调查。

市场普查，就是对市场有关母体(又称为总体)即所要认识的研究对象的全体，进行逐一的、普遍的、全面的调查。这是全面收集信息的一种方法，可以获得较为完整、系统的信息资料，是企业科学管理的基础。

重点调查是一种非全面调查，它是在调查对象中，选择一部分重点单位作为样本进行调查。重点调查主要适用于那些反映主要情况或基本趋势的调查。

典型调查也是一种非全面调查，它是从众多的调查研究对象中，有意识地选择若干个具有代表性的典型单位进行深入、周密、系统的调查研究。进行典型调查的主要目的不在于取得社会经济现象的总体数值，而在于了解与有关数字相关的生动具体情况。

抽样调查是一种非全面调查，它是从全部调查研究对象中，抽选一部分单位进行调查，并据以对全部调查研究对象做出估计和推断的一种调查方法。显然，抽样调查虽然是非全面调查，但它的目的却在于取得反映总体情况的信息资料，因而也可起到全面调查的作用。

5.市场调查的方法

市场调查的方法可以分为文案调查、实地调查、问卷调查、实验调查等几类。选择调查的方法要考虑收集信息的能力、调查研究的成本、时间要求、样本控制和人员效应的控制程度。

（1）文案调查法。它是指对已经存在的各种资料档案，以查阅和归纳的方式进行的市场调查。文案调查法又称二手资料或文献调查。文案资料来源很多，如国际组织和政府机构资料、行业资料、公共出版物、相关企业和行业网站及有关企业内部资料等。

（2）实地调查法。它是调查人员通过跟踪、记录被调查事务和人物的行为痕迹来取得第一手资料的调查方法。这种方法是调查人员直接到市场或某场所通过耳闻目睹和触摸的感受方式或借助于某些摄录设备和仪器，跟踪、记录被调查人员的活动、行为和事物的特点，并获取所需信息资料。

（3）问卷调查法。它是指调查人员通过面谈、电话咨询、网上填表或邮寄问卷等方式，了解被调查对象的市场行为和方式，从而收集市场信息的调查方法。它是市场调查中常用的方法，尤其在消费者行为调查中大量应用，其核心工作是设计问卷，实施问卷调查。

（4）实验调查法。它是指调查人员在调查过程中，通过改变某些影响调查对象的因素，来观察调查对象消费行为的变化，从而获得消费行为和某些因素之间的内在因果关系的调查方法。它主要应用于消费行为的调查，企业推出新产品、改变产品外形和包装、调整产品价格、改变广告方式时，都可以采用实验调查法。

一般而言，文案调查最简单、最一般、最常用，是其他调查方法的基础；实地调查能够控制调查对象，应用灵活，调查信息充分，但调查周期长、费用高，调查对象也容易受调查的心理暗示影响，存在不够客观的可能性；问卷调查适用范围广、操作简单、费用相对较低，因此得到了大量的应用；实验调查最复杂、费用较高、应用范围有限，调查结果可信度高。

7.2.2 市场预测

市场预测是在市场调查取得一定资料的基础上，运用已有的知识、经验和科学方法，对市场未来发展状态、行为、趋势进行分析并做出推测和判断，其中最为关键的是产品需求预测。市场预测既是项目可行性研究的基础，也是项目投资决策的基础。

1.市场预测目标

（1）确定投资项目的方向。也就是要分析投资项目的产品方向，生产什么产品有利，产品的目标市场在哪里，销售渠道如何。

（2）确定投资项目的产品方案。应本着社会需求什么就生产什么，市场不仅决定投资项目的投资方向，还决定着具体的产品方案和相应的建设内容。

（3）确定投资项目的生产规模。应通过市场分析确定市场需求量，了解竞争对手的情况，最终确定项目建成时的最佳生产规模，使企业在未来能够保持合理的盈利水平和持续发展能力。

2.市场预测内容

（1）市场需求预测。国内市场的需求预测主要是预测需求量和销售量，分别指未来市场上有支付能力的需求总量和拟建项目产品在未来市场上的销售量。

（2）产品出口及进口替代分析。产品出口和进口替代涉及国外较高水平的竞争对手，可以综合反映项目的生命力。产品出口和进口替代分析一般通过项目产品与有代表性的国外同类产品相对比较进行，对比内容包括产品价格、成本、生产效率、产品设计、质量、花色、包装以及服务等。应了解国外产品的销量和市场占有率，找出自身产品的优势和劣势以及劣势的原因和对策，并估计产品出口和进口替代可能的数量。

（3）价格预测。在市场经济条件下，产品价格一般以均衡价格为基础，供求关系是价格形成的主要影响因素。价格预测除应考察市场供求状况以外，还应了解影响产品价格的其他因素，主要有产品生产和经营过程中的劳动生产率、成本和利润等。

3. 市场预测的程序

为了保证市场预测取得近似准确的结果——这些结果往往反映了各事物诸多因素的相互联系和制约的关系及程度，预测工作必须按照一定的程序进行。其步骤为：明确预测目标、搜集分析资料、选择预测方法、建立预测模型和评价修正结果。

（1）明确预测目标。明确预测目标是第一要务，即预测什么、要达到什么目的、要解决什么问题。在任何一个问题上都存在着许多可以预测的事情，除非已对该问题做出清晰的定义，否则预测的成本可能会超过得出的结果的价值。确定的预测目标既不要太宽，也不要太窄。太宽可能得到一些不需要的信息，而实际需要的信息却得不到，太窄可能影响预测效果。只有目标明确，得到合理界定，才能有的放矢地搜集资料和选择合适的预测方法。

（2）搜集分析资料。搜集资料要注意资料的准确性、可靠性和可比性。资料有第一手资料和第二手资料之分。所谓第一手资料，是指为当前的某种特定目标而收集的原始资料；第二手资料是指在某处已经存在并已经为某种目的而收集起来的信息。第二手资料为搜集提供了两个起点，并具有成本低及得之迅速的优点，但应注意现有资料可能过时、不正确和不可靠。在这种情况下要花费较多的费用和较长的时间，来收集可能更恰当、更正确的第一手资料。资料来源主要有：①国家政府部门的计划和统计资料；②本行业和有关行业的计划和统计资料；③商业部门的市场统计和分析资料；④情报部门整理的有关技术经济情报和国内外市场动态资料；⑤政府出版物、期刊和书籍上有关的数据和资料；⑥企业内部财物部门、生产部门和销售部门的有关实际活动统计资料。

（3）选择预测方法。市场预测的方法很多，如专家意见法、趋势外推法、动态模型法、交叉影响分析法等等，每种方法都有各自的特点和适用范围，究竟选择哪种方法是由预测的目的、占有资料的情况、对预测精度的要求和预测费用决定的。在可能的情况下，最好能综合运用几种方法进行。

（4）建立预测模型。市场预测面临的情况是很复杂的，因素也很多，数据量也很大，为了寻求预测对象的基本脉络和发展趋势，必须建立预测模型，以便排除偶然因素的干扰，抓住问题的本质。模型就是设计出来用以表述某些真实的系统或过程的一组变量和它们之间的相互关系的。模型根据技术划分有三类：文字模型、图形模型、数学模型。一般，定量预测要建立数学模型，定性预测要建立文字模型或图形模型。

（5）评价修正结果。预测结果和客观实际往往比较难完全吻合，不能直接应用模型预测的结果，因此要进行分析评价，找出预测结果与未来实际之间可能产生多大误差。出现一定的误差在正常范围内是允许的，但误差太大，可靠性就很差，如果超过允许的范围，就失去了实际意义。因此，在现实中往往需要对预测的结果进行修正，才能选出最佳值，如此才能作为决策的依据。

在修正时，应分析误差产生的原因。产生误差的原因主要有：①现有资料不完整或存在虚假因素；②所选预测方法不当；③所选预测模型不完善；④外部环境条件的变化，不可控因素的影响；⑤实施预测的人员素质水平低下。

应针对存在的问题采取切实有效的措施予以改进或修正，使预测结果尽量符合和接近实际，也可建立一些数学模型，如用季节性指数修正产品需求量的预测值等。

7.2.3　市场预测的基本方法

市场预测的方法一般可以分为定性预测和定量预测两大类。

1.定性预测方法

定性预测方法主要靠预测者的经验和综合分析能力，对未来各种可能的变化趋势，评价其重要程度和概率，对事件进行反复评价，并在进行过程中不断修正其假设和判断。这种方法简单、适应性好、费用不高，尤其在资料数据较少的情况下，通常能获得较好效果。

(1)专家座谈法。指聘请专业人士及有关方面的专家，通过座谈开展讨论，依靠专家的知识、阅历和经验进行预测。这种方法以专家为索取信息的对象，因此选择和依靠的专家必须具有所需和较高的学术水平及较丰富的实践经验，才能达到目的。预测的方法是先向专家提出问题、提供相关信息，再由专家们讨论、分析和综合，根据专家本人的知识和经验的深度和广度做出个人判断，然后将各专家意见归纳整理，形成预测结论。这种方法的优点是占有的信息量大，考虑的因素比较全面具体，专家之间可以互相启发，集思广益，取长补短。其缺点是容易受权威的影响，与会者不能畅所欲言。

(2)销售人员意见综合法。这是把销售人员的判断综合起来的一种方法。吸引销售人员参加预测可获得许多好处，因为销售人员对市场和用户以及在发展趋势上比任何一个组织更具有敏锐性，所提供的信息比较切合实际，具有较高的灵敏度。其不足之处是：销售人员是有偏见的观察者，可能存在着不切实际的个体因素。如他们可能是天生的悲观主义者或乐观主义者；他们也可能由于最近的销售受挫或成功，从一个极端走向另一个极端；等等。

(3)德尔菲法。德尔菲法又称分别征询法。德尔菲是古希腊阿波罗神殿所在地，传说阿波罗神以预言灵验著称，因他经常派遣使者到各地去搜集聪明人的意见。这里的德尔菲法既有灵验之意，又有集中众人智慧的目的，但不采用派遣使者的办法，而采用信函征询。

德尔菲法是在专家座谈法的基础上加以改进而形成的方法。近年来成为广泛应用的预测方法，其实质是以具有反馈的函的形式征询集体智慧。具体做法是：预测提出者选定预测目标(问题)及参加的预测专家，先将所要预测的问题和有关背景材料以及调查表，用通信的方式邮寄给各位专家，分别向各位专家征询意见。预测小组把专家们寄回的个人意见，加以归纳、整理、综合，再反馈给专家，进一步征询意见，如此反复多次，直至专家们的意见渐趋一致，方可作为预测结果。

德尔菲法有三大特征：匿名性、反馈性和统计性。德尔菲法实际上就是采用函的形式进行匿名交流。在进行过程中专家互不见面，这样就避免专家座谈法的缺点，减少权威、资历、口才、人数、心理等各种因素对专家的影响，便于清除顾虑，大胆思考，畅所欲言；从汇总资料可以了解别的专家的看法，取长补短，改变自己的意见，重新预测，无损自己的威望。反馈沟通情况是德尔菲法的又一特点，因为此法以函征集意见不是一次就结束了，而是反复几次，一般 3~4 次。为了使专家掌握情况，预测领导小组每次都将专家的意见汇总分类，列出不同看法和依据，再分送给专家。专家们从反馈资料中进行分析、选择，参考有价值的信息，深入联想，反复比较，有利于提出较好的预测意见。统计性是德尔菲法的第三大特征，不同专家提出的不同估计，可以用统计方法对结果进行处理，如用平均得分值、比重系数、等级数总和等统计方法来表示，以达到预测结果统一的目的。

德尔菲法在下列领域运用较其他方法更能体现效果：一是缺乏足够的资料。在市场预测中，由于缺乏历史资料或历史资料不完备，难以采用回归分析或趋势分析时，如新产品的市场预测。二是长远规划或大趋势预测。长远规划和大趋势预测，因时间久远，可变因素太多，进行量化既不太可能，又缺乏实际作用，如预测 2050 年中国 IPD 市场需求。三是影响预测事件的因素太多。如有些产品市场需求影响因素众多，难以筛选出少数关键变量，而这些影响因素又不能不加以考虑；或主观因素对预测事件的影响较大。预测事件的变化主要受政策、方针、个人意志等主观因素影响，而不是技术、收入等客观因素影响。

(4)主观概率法。主观概率法是对预测现象的未来做出各种可能的估计。可以预测未来事件发生的结果，也可以预测未来事件成功的可能性。它与客观概率不一样，客观概率是根据事物发生的实际次数(或数值)统计出来的一种概率，而主观概率则是人们对预测现象的认识，设想并提出预测现象在未来会发生的各种可能性，利用几次经验的特定结果所做的主观判断推算出概率的结果。

如某企业要开发一项新技术，预测其成功的可能性。先由公司把这个计划附上目标说明及部分实际资料分发给 10 名专家，请专家们根据自己的知识、经验，估计和预测成功的可能性。如经过专家们的分析和判断，对成功概率的估计如下：三人认为是 0.7，四人认为是 0.6，两人认为是 0.8，一人认为是 0.2。据此可求出平均概率为$(4\times0.6+3\times0.7+2\times0.8+1\times0.2)\div10=0.63$，即专家们预测成功的可能性的平均概率是 0.63，然后加上领导意见，决定是否开发。

(5)交叉影响分析法。交叉影响分析法是研究人员先确定一组关键趋势(它们具有很高的重要性和概率)，再提出下列问题："如果发生事件 A，对所有其他趋势将会产生什么影响？"然后利用这些结果，建立相互影响事件的逻辑关系矩阵，来修正先确定的一组关键趋势，对未来事件进行预测。

这种分析法的具体做法大致如下：

首先，选定预测事件并初步估计每一事件的概率。根据预测目标，选定主要事件，用主观概率法估计事件的概率。

其次，建立相互影响事件的逻辑关系矩阵。未来事件总是互相影响的，存在着一定的逻辑关系，这种逻辑关系表现为：

1)诸事件之间存在着相互作用，如一事件发生，可能影响到另一事件的发生。

2)诸事件之间的相互作用影响程度不同。在预测中衡量影响程度的大小，常用概率来表示，最大概率为 1。诸事件的概率愈趋近于 1，它们之间的相互作用的影响就愈小。

3)诸事件之间的相互作用在时间上有滞后现象，如一些事件对另一些事件的影响，可能立刻发生作用，也可能滞后一段时间发生。

根据最后修正的概率，可对未来事件进行预测。

这种预测是建立在主观概率及对事物进行综合判断的基础上，所以属于定性预测范围。

2.定量预测方法

定量预测方法是在拥有历史和现实数据资料的基础上，根据具体数据趋势的情况和以往的经验选择合适的数学模型，进行科学计算，得出初步预测结果，再根据企业内部条件和企业外部环境变化加以修正，以获得最终的预测结果。主要有时间序列法和回归分析法两类。

（1）时间序列法。所谓时间序列，是把历史统计资料按时间顺序排列起来的一组数字序列。时间序列法就是从以往历年按时间序列排列的数据中找出发展趋势，推算未来的情况，即用自身的过去和现在来预测未来。这种方法的基本思想是假设事物过去演变的规律继续到未来，所以在预测中就以过去发展的趋势代表未来的发展趋势，也称趋势外推法。

时间序列法比较简单、迅速、适用范围广，特别是在市场稳定的情况下，应用于某种需求弹性和价格弹性较小的产品比较有效，用于短期预测效果更好。常用的方法有移动平均法和指数平滑法。

1）移动平均法。移动平均法是按数据点的顺序逐点推移，逐段平均的一种平均方法，使不规则的线性大致加以平滑，以便分析预测对象的发展方向与趋势，从而做出判断。

移动平均法多适用于短期预测。它是简单平均法的一种改进，既利用平均数的办法消除时间序列中的随机变动、季节变动或循环变动等因素的影响，又利用分段移动多次平均的办法保留时间序列中的长期变动趋势。但应注意，当原时间序列起伏很大，经过一次移动平均后仍反映不出长期变动趋势时，可进行二次移动平均以及更多次数的移动平均，以找出趋势。

2）指数平滑法。指数平滑法本质上是移动平均法的一种改良。在移动平均法中，近期的数据和远期的数据在平均数中所占的比重是一样的，没有加权是明显的不足之处，而实际情况是在预测近期发展趋势时，离预测期越近的历史数据应起较大的作用，离预测期较远的数据起的作用较小。所以对历史数据应分配给不同的权数才合理，权数的分配应该是最近的数据权数最大，以后依次递减，越远越小。所以指数平滑法实质上是一种特殊的加权移动平均法，它运用上一期的预测值和本期的实际观察值来计算下一期的预测值。常用的有一次指数平滑法和二次指数平滑法。

（2）回归分析法。回归分析法是通过对历史资料的统计与分析，寻求变量之间相互依存的相关关系规律的一种数理统计方法。通过回归分析，把非确定的相关关系转化为确定的函数关系，据此预测未来的函数关系。

回归分析的种类很多，根据其预测对象和影响因素之间的关系可分为线性回归和非线性回归，线性回归根据其自变量多少又可分为一元线性回归和多元线性回归。

7.3 工程项目财务评价

7.3.1 工程项目财务评价概述

1.财务评价的概念

财务评价，又称为财务分析或微观经济分析，它是根据国民经济与社会发展以及行业、地区发展规划的要求，在拟定的工程建设方案、财务效益与费用估算的基础上，根据国家现行财税制度和价格体系，分析、计算项目直接发生的财务效益和费用，编制财务报表，计算评价指标，考察项目盈利能力、清偿能力以及外汇平衡等财务状况，来对工程建设方案的财务可行性和经济合理性进行分析论证，为项目的科学决策提供依据。

2.工程项目财务评价的作用

（1）考察竞争性项目的盈利能力。投资者、债权人和政府部门都比较关心项目的盈利能力。由建筑企业投资的竞争性项目自然也就由该企业承担决策风险。因此项目的财务盈利能力、债务清偿能力等也就成为决策的基本依据，自然也就成为金融机构向企业提供建设贷款必须关注的重要条件。

（2）权衡基础性项目和公益性项目的经济优惠措施。这两类项目或者微利保本或者没有盈利，单纯靠企业自身难以投资建设和维持运营，须由政府采取多方面的经济优惠措施，以鼓励和支持相关项目建设，而优惠的力度及内容则要视项目具体的财务状况来定。

（3）实施项目资金规划的重要依据。项目所需投资的规模、来源，用款计划与筹款方案都是财务评价的重要内容，也是进行项目资金规划时必须考虑的重要依据，特别是投资信贷部门决定是否发放贷款的重要依据。

（4）实施合营合作项目谈判签约的重要依据。如果项目采取合营合作的方式进行建设和运营，则必须在合同中明确规定各方的责、权、利关系，尤其是在经济上的责任分担与利益分享，更要靠财务评价的结果来拟定和划分。

（5）是项目可行性研究的组成部分之一。项目可行性研究的内容必须包括财务分析。

（6）是进行国民经济评价的基础。对项目进行国民经济评价往往要以财务评价数据为基础。

3. 工程项目财务评价的内容

一般而言，财务评价的内容主要包括以下三大部分：

（1）财务预测。财务预测是在对投资项目的总体了解和对市场、环境、技术方案充分调查与掌握的基础上，收集和测算进行财务分析的各项基础数据。这些数据主要包括：

1）投资估算，包括固定资产投资和流动资金投资；

2）预计的产品产量与销售量；

3）预计的产品价格，包括近期价格和未来价格变动幅度；

4）预计的经营收入；

5）预计的成本支出，包括经营成本与税金。

（2）资金规划。即对可能的资金来源、去向与数量进行调查和估算。这些资金主要包括：

1）可能获得的国家或地方政府财政拨款；

2）可能筹集到的银行或其他金融机构贷款；

3）可能发行的企业股票、债券；

4）可能用于本项目的企业自有资金；

5）根据项目实施计划，估算出项目的逐年投资量，以及逐年债务偿还额。

（3）工程项目财务效果分析。即根据财务预测和资金规划，编制各项财务报表，计算财务评价指标，得出项目的财务效果。此项内容有时要和资金规划交叉进行，即利用财务效果可进一步调整和优化资金规划。

进行财务效果分析时应包含两部分内容，一部分是排除财务条件的影响，将全部投资作为计算基础，在整个项目的范围内考察财务效益；另一部分是分析包括财务条件在内的全部因素影响的结果，以投资者的出资额为计算基础，考察自有投资的获利性，寻求最佳财务条件和资金规划方案。

4. 工程项目财务评价的步骤

一般而言，财务评价工作大致可分为以下几个步骤：

(1)收集整理相关基础数据。根据项目市场研究和技术研究的结果、现行价格体系及财税制度进行充分调查，获得项目投资、销售（营业）收入、生产成本、利润、税金及项目计算期等系列财务基础数据，并将所得数据编制成辅助财务报表。

(2)编制基本财务报表。由上述基础数据及辅助报表，分别编制反映项目财务盈利能力、清偿能力及外汇平衡情况的基本财务报表。

(3)计算财务评价指标。根据基本财务报表计算各财务评价指标，并分别与对应的评价标准或基准值进行对比，对项目的各项财务状况做出评价。

(4)进行不确定性分析。通过盈亏平衡分析、敏感性分析、概率分析等不确定性分析方法，分析项目可能面临的风险及项目在不确定性情况下的抗风险能力，得出项目在不确定性情况下的财务评价结论或建议。

(5)由上述确定性分析和不确定性分析的结果，对项目的财务可行性做出最终判断。

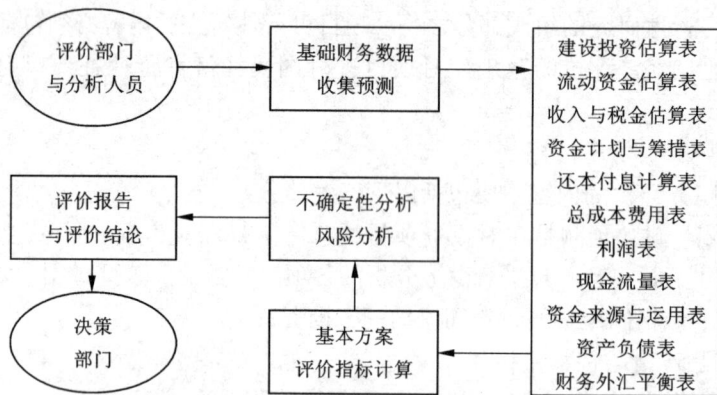

图 7-1　财务评价流程图

7.3.2　财务评价的基础数据和指标体系

1. 财务评价的基础数据

(1)生产规模与产品品种方案。生产规模与产品品种方案必须通过市场调查（国内和国外），各种产品的供求情况的分析，以及对未来发展趋势做出的有根据的预测才能确定。

(2)销售收入。计算销售收入时，假设生产出来的产品全部售出，销售量等于生产量。销售价格采用经市场预测的出厂价格，也可以根据需要采用送达用户的价格或离岸价。

(3)总投资估算及资金筹措资料。包括固定资产投资估算和流动资金估算；按资金来源的分项构成及总投资的分年度使用计划；资金筹措方案及贷款条件，包括贷款利率及偿还条件（偿还方式及偿还时间）。

(4)产品成本费用。包括总成本和单位生产成本、固定资产折旧、维简费、借款利息等费用的估算。维简费就是维持简单再生产的费用。与一般固定资产（如设备、厂房等）不同，矿山、油井、天然气和森林等自然资源是一种特殊资产，其资产的价值是随着已完成的采掘与采伐量而减少的。我国自20世纪60年代以来，对于这类资产不提折旧，而是按照生产产品数量（采矿按每吨原矿产量，林区按每立方米原木产量）计提维持简单再生产费。

114

（5）职工人数、工资及福利费。

（6）项目实施进度。包括项目建设时间及投产、达到设计生产能力进度。

（7）财会、金融、税务及其他相关规定。从 1994 年 1 月 1 日起，我国开始实行以增值税为基础的新的流转税制。新增值税制是实行价外计税的形式，因此，项目成本计算中剔除了增值税额因素，使项目成本不受增值额的影响。同时，产品销售额也不含增值税，从而增值税与利润之间不再存在彼此消长的联系，无论税负如何变化，对项目利润均不会产生影响，亦即增值税是由最终消费者负担，并不增加项目的实际负担。因此，按是否包括增值税，基本报表可以归纳为两种处理方法，两种方法的计算结果完全相同。两种方法相比，含税计算方法如实地反映了增值税通过价格附加的形式全部转嫁给产品用户的过程。然而，从财务评价的主要功能来看，不含增值税计算方法是一种更简便可行的方法。

2. 财务评价的基本报表

（1）现金流量表。现金流量表是用以反映项目计算期内各年的现金流入和现金流出的表格，用以计算各种动态和静态的评价指标，进行项目盈利能力分析。从投资的角度出发，现金流量表分为全部投资现金流量表和自有资金现金流量表。

1）全部投资现金流量表，见表 7 − 1。该表不分投资资金来源，以全部投资作为计算基础，用以计算全部投资所得税前及所得税后财务内部收益率、财务净现值及投资回收期等指标，考察项目全部投资的盈利能力，为各个方案（无论其资金来源及利息多少）进行比较建立共同基础。

表 7 − 1　现金流量表（全部投资）

序号	项　目	建设期		投产期		达到设计能力生产期							
		1	2	3	4	5	6	7	8	9	10	11	12
1	现金流入												
1.1	产品销售收入												
1.2	回收固定资产余值												
1.3	回收流动资金												
2	现金流出												
2.1	固定资产投资												
2.2	流动资金投资												
2.3	经营成本												
2.4	销售税金及附加												
2.5	所得税												
3	净现金流量（所得税前）												
4	净现金流量（所得税后）												
5	累计净现金流量（税后）												
6	现值系数												
7	净现金流现值（税后）												
8	累计净现金流现值（税后）												

计算指标：财务内部收益率(FIRR)、投资回收期(从建设期算起)。

2)自有资金现金流量表，参见表7-2。从投资者的角度出发，以投资者的出资额作为计算基础，把贷款时得到的资金作为现金流入，把还本付息作为现金流出，用以计算自有资金财务内部收益率、财务净现值等评价指标，考察项目自有资金的盈利能力。

表7-2 现金流量表(自有资金)

序号	项目		建设期		投产期		达到设计能力生产期							
			1	2	3	4	5	6	7	8	9	10	11	12
1	现金流入													
1.1	产品销售收入													
1.2	回收固定资产余值													
1.3	回收流动资金													
2	现金流出													
2.1	自有资金投入													
2.2	长期借款	还本												
		付息												
2.3	流动资金借款	还本												
		付息												
2.4	其他短期借款	还本												
		付息												
2.5	经营成本													
2.6	销售税金及附加													
2.7	所得税													
3	净现金流量													
4	累计净现金流量													
5	现值系数													
6	净现金流量现值													
7	累计净现值													

计算指标：财务内部收益率、财务净现值。

(2)损益表。损益表见表7-3，该表反映项目计算期内各年的利润总额、所得税、税后利润及其分配情况，用以计算投资利润率、投资利税率、资本金利润率等财务盈利能力指标。

(3)资金来源与运用表。资金来源与运用表见表7-4，通过"累计盈余资金"项反映项目计算期内各年的资金是否充裕，是否有足够的能力清偿债务。若累计盈余资金大于零，表明当年有资金盈余；若累积盈余资金小于零，表明当年出现资金短缺，需要筹措资金或调整借款及还款计划。因此，表7-4用于选择资金的筹措方案，制定适宜的借款及还款计划，并为编制资产负债表提供依据。

表 7 - 3　损益表

序号	项目	达产期		达到设计能力生产期							
		3	4	5	6	7	8	9	10	11	12
1	产品销售收入										
2	销售税金及附加										
3	总成本费用										
4	利润总额										
5	所得税(4×25%)										
6	税后利润										
6.1	盈余公积金										
6.2	应付利润										
6.3	未分配利润										
7	累计末分配利润										

表 7 - 4　资金来源与运用表

序号	项目	建设期		投产期		达到设计能力生产期							
		1	2	3	4	5	6	7	8	9	10	11	12
1	资金来源												
1.1	利润总额												
1.2	折旧及摊销费												
1.3	长期借款												
1.4	流动资金借款												
1.5	其他短期借款												
1.6	自有资金												
1.7	其他												
1.8	回收固资余值												
1.9	回收流动资金												
2	资金运用												
2.1	固定资产投资												
2.2	建设期利息												
2.3	流动资金投资												
2.4	所得税												
2.5	应付利润												
2.6	长期借款还本												
2.7	流动资金借款还本												
2.8	其他短期借款还本												
3	盈余资金												
4	累计盈余资金												

（4）资产负债表。资产负债表见表7-5，该表综合反映项目计算期内各年年末资产、负债和所有者权益的增减变化及对应关系，以考察项目资产、负债和所有者权益的结构是否合理，用以计算资产负债率、流动比率、速动比率，进行清偿能力的分析。

表7-5　资产负债表

序号	项　目	建设期		投产期		达到设计能力生产期							
		1	2	3	4	5	6	7	8	9	10	11	12
1	资产												
1.1	流动资产总额												
1.1.1	现金												
1.1.2	累计盈余资金												
1.1.3	应收账款												
1.1.4	存货												
1.2	在建工程												
1.3	固定资产净值												
1.4	无形和递延资产净值												
2	负债和所有者权益												
2.1	流动负债总额												
2.1.1	应付账款												
2.1.2	流动资金借款												
2.1.3	其他短期借款												
2.2	长期借款												
2.3	所有者权益												
2.3.1	资本金												
2.3.2	资本公积金												
2.3.3	累计盈余公积金												
2.3.4	累计未分配利润												
	资产负债率(%)												
	流动比率(%)												
	速动比率(%)												

（5）外汇平衡表。当项目涉及产品出口创汇及替代进口节汇时，要进行外汇效果分析，此时应填报外汇平衡表，其他项目将不涉及该表。该表用以反映项目计算期内各年外汇余缺程度，进行外汇平衡分析。

3.财务评价方法

（1）财务评价的基本方法。财务评价的基本方法包括确定性评价方法与不确定性评价方法两类,对同一个项目必须同时进行确定性评价和不确定性评价。

(2)按评价方法的性质分类

1)定量分析。指对可度量因素的分析方法。在项目财务评价中考虑的定量分析因素包括资产价值、资金成本、有关销售额、成本等一系列可以以货币表示的一切费用和收益。

2)定性分析。指对无法精确度量的重要因素实行的估量分析方法。在项目财务评价中,应坚持定量分析与定性分析相结合,以定量分析为主的原则。

(3)按评价方法是否考虑时间因素分类。对定量分析,按其是否考虑时间因素又可分为静态分析和动态分析。静态分析不考虑时间因素对资金价值的影响,对现金流量分别进行直接汇总计算分析指标的方法。动态分析在分析项目和方案的经济效益时,对分别发生于不同时间的现金流量折现后再计算分析指标。

(4)按评价是否考虑融资分类,可分为融资前分析和融资后分析

1)融资前分析。融资前动态分析通过编制项目投资现金流量表,计算项目投资内部收益率和净现值等指标。融资前分析排除了融资方案变化的影响,从项目投资总获利能力的角度,考察项目方案设计的合理性。

2)融资后分析。

(5)按项目评价的时间分类,可分为事前评价、事中评价和事后评价

1)事前评价。用于投资决策的事前评价,是指在建设项目实施前投资决策阶段所进行的评价。显然,事前评价都有一定的预测性,因而也就有一定的不确定性和风险性。

2)事中评价。事中评价,亦称跟踪评价,是指在项目建设过程中所进行的评价。

3)事后评价。事后评价,亦称项目后评价,是在项目建设投入生产并达到正常生产能力后,总结评价项目投资决策的正确性、项目实施过程中项目管理的有效性等。

4.财务评价指标体系

表 7-6　财务评价内容与评价指标体系

评价内容	基本报表	财务评价指标	
		静态指标	动态指标
盈利能力分析	项目投资现金流量表	项目投资静态投资回收期	财务内部收益率
			财务净现值
			动态投资回收期
	资本金现金流量表	资本金静态投资回收期	财务内部收益率
			财务净现值
			动态投资回收期
	投资各方现金流量表		投资各方财务内部收益率
	利润及利润分配表	投资利润率	
		投资利税率	
		资本金利润率	

评价内容	基本报表	财务评价指标	
		静态指标	动态指标
偿债能力分析	资产负债表 利润及利润分配表 借款还本付息计划表	资产负债率	
		偿债备付率	
		利息备付率	
		流动比率	
		速动比率	
		借款偿还期	
财务生存能力分析	财务计划现金流量表	累计盈余资金	
不确定性分析	盈亏平衡分析	盈亏平衡点	
		生产能力利用率	
	敏感性分析		敏感性系数
			财务内部收益率
			财务净现值
风险分析	风险识别 风险估计 风险评价 风险应对		财务净现值期望值
			财务内部收益率大于等于基准收益率的累计概率
			财务净现值大于等于零的累计概率
其他		价值指标或实物指标	

财务评价指标体系如表7-6，下面对一些主要的评价指标进行介绍。

(1)财务盈利性分析评价指标。财务盈利能力分析主要是考察项目的盈利水平，其主要评价指标为财务内部收益率、投资回收期，根据项目的特点及实际需要，也可以计算财务净现值、投资利润率、投资利税率、资本金利润率等指标。

1)财务内部收益率($FIRR$)。财务内部收益率是指项目在计算期内各年净现金流量现值累计等于零时的折现率，是主要动态评价指标。财务内部收益率可以通过现金流量表中的净现金流量用试算法计算。财务内部收益率的计算方法参见本书相关模块内容。

求出的 $FIRR$ 应与行业基准收益率或设定的基准收益率 i_c 比较，当 $FIRR \geqslant i_c$ 时，项目盈利能力已满足最低要求，在财务上可以考虑接受。

2)全部投资回收期(Pt)。全部投资回收期是以项目的净收益来回收项目总投资(固定资产投资、投资方向调节税和流动资金)所需要的时间，是反映项目财务上投资回收能力的主要静态指标。投资回收期自建设开始年算起，也可注明自投产开始年算起的投资回收期。净收益是税后利润、折旧、摊销及利息。计算方法参见本书相关模块内容。

将投资回收期 Pt 和行业基准投资回收期 T_c 比较，当 $Pt \leqslant T_c$ 时，应认为项目在财务上是可以考虑接受的。

3）财务净现值（*FNPV*）。财务净现值是反映项目在计算期内获利能力的动态评价指标，该指标是指按基准收益率 i_c 或设定的收益率（当未制定基准收益率时），将各年的净现金流量折现到建设起点（建设期初）的现值之和。财务净现值可以通过现金流量表计算求得。计算方法参见本书相关模块内容。

当 *FNPV*≥0 时，表明项目获利能力达到或超过基准收益率（或设定的收益率）要求的获利水平，应认为项目是可以考虑接受的。

4）投资利润率。投资利润率是指项目达到设计生产能力后一个正常生产年份的年利润总额与项目总投资的比率。该比率是考察项目单位投资盈利能力的静态指标。对生产期内各年的利润总额变化幅度较大的项目，应计算生产期年平均利润总额与项目总投资的比率。其计算公式为：

$$投资利润率 = [年利润总额（或年平均利润总额）/项目总投资] \times 100\% \qquad (7-1)$$

年利润总额为年产品销售（营业）收入减去年产品销售税金及附加与年总成本费用之和。年销售税金及附加为年增值税、年消费税、年营业税、年资源税、年城乡维护建设税及年教育费附加。总投资为固定资产投资、投资方向调节税、建设期利息及流动资金之和。

5）投资利税率。投资利税率是指项目达到设计生产能力后的一个正常生产年份的年利税总额或项目生产期内的年平均利税总额与总投资的比率。其计算公式为：

$$投资利税率 = [年利税总额（或年平均利税总额）/项目总投资] \times 100\% \qquad (7-2)$$

年利税总额为年销售收入与总成本费用之差，或年利润总额与年销售税金及附加之和。投资利润率和投资利税率要以通过损益表来计算。

6）资本金利润率。资本金利润率是指项目达到设计生产能力后一个正常生产年份的年利润总额或项目生产期内的年平均利润总额与资本金的比率，该比率既反映投入项目的资本金的盈利能力，还是衡量项目负债资金成本高低的指标。一般说来，项目资本金利润率越高越好，如果高于同期银行利率，则适度负债对投资者来说是有利的；反之，如果资本金利润率低于同期银行利率，则高的负债率将损害投资者的利益。资本金利润率的计算公式如下：

$$资本金利润率 = [年利润总额（或年平均利润总额）/资本金总额] \times 100\% \qquad (7-3)$$

资本金利润率可以用损益表计算。

（2）项目清偿能力分析评价指标。项目清偿能力分析主要考察计算期内各年度财务状况及偿债能力。反映项目清偿能力的评价指标包括资产负债率、固定资产投资国内借款偿还期、流动比率和速动比率等。

1）资产负债率。资产负债率是指企业某时点负债总额同资产总额的比率，是反映项目各年所面临的财务风险程度及偿债能力的指标。该指标可以衡量项目利用债权人提供资金进行经营活动的能力，反映债权人发放贷款的安全程度。其计算公式为：

$$资产负债率 = (负债总额/全部资产总额) \times 100\% \qquad (7-4)$$

资产负债率表示企业总资产中有多少是通过负债得来的，是评价企业负债水平的综合指标。适度的资产负债率既能表明企业投资人、债权人的风险小，又能表明企业经营安全、有效，具有较强的融资能力。对债权人来说，越低越好，但过低又表明企业对财务杠杆利用不够。但对企业而言则可能希望高些，但过高又影响企业的筹资能力。实践表明，行业间资产负债率差异较大。实际分析时应结合国家总体经济运行状况、行业发展趋势、企业实力等具体条件进行判断。资产负债率用资产负债表计算。

2)固定资产投资国内借款偿还期。固定资产投资国内借款偿还期是指在国家财政规定及项目具体财务条件下，以项目投产后可以用于还款的资金偿还固定资产投资国内借款本金和建设期利息（不包括已用自有资金支付的建设期利息和生产期应付利息，生产期利息列于总成本费用的财务费用）。其计算公式为：

$$I_d = \sum_{t=0}^{P_d} R_t \tag{7-5}$$

式中，I_d——固定资产投资国内借款本金和建设期利息之和；

P_d——固定资产投资国内借款偿还期（从建设年算起）；

R_t——第 t 年可用于还款的资金（包括利润、折旧、摊销及其他还款资金）。

借款偿还期可以由资金来源与运用表及国内借款还本付息计算表直接计算。其计算公式为：

$$借款偿还期 = 借款偿还后开始出现盈余的年份数 - 1 + \frac{当年应偿还借款额}{当年可用于还款资金额}$$

$$\tag{7-6}$$

当借款偿还期达到贷款机构的要求期限时，即认为项目具有清偿能力。借款还本付息计算方法主要有：

A. 固定资产投资借款利息的计算。对国内、外借款，无论实际上是按年、季、月计息，均应简化为按年计息，即名义年利率折算成实际年利率（有效年利率）。每笔借款均假定是在年中支用，借款当年按半年计息，其后年份按全年计息。还款年的借款偿还均认为在年末偿还，因此还款当年的年初借款累计均按全年计息。每年应计利息的近似计算公式如下：

$$每年应计利息 = (年初借款本息累计 + 本年借款/2) \times i \tag{7-7}$$

建设期利息逐年滚入第二年年初借款累计，到生产期偿还。生产期利息计入各年总成本费用的财务费用，但不计入借款偿还额，即生产期只偿还借款本金。

B. 流动资金借款利息的计算。流动资金的借款部分按全年计算利息，即假设为年初支用。流动资金利息计入财务费用，项目计算期末回收全部流动资金，偿还流动资金借款本金。流动资金借款的计算公式为：

$$流动资金借款利息 = 流动资金借款累计金额 \times 年利率 \tag{7-8}$$

3)流动比率。流动比率是企业某个时点流动资产同流动负债的比率，是反映项目各年偿还流动负债能力的评价指标。其计算公式为：

$$流动比率 = (流动资产总额/流动负债总额) \times 100\% \tag{7-9}$$

流动比率衡量企业资产流动性的大小，考察流动资产规模与流动负债规模之间的关系，如项目每 1 元钱流动负债有多少流动资产作为支付的保障，判断企业短期债务到期可以转化为现金用于偿还流动负债的能力。项目的流动资产在偿还流动负债后应该还有余力去应付日常经营活动中其他资金需要。特别是对债权人来说，该项比率越高，说明偿还流动负债的能力越强。国际公认的标准比率是 2.0。但是各行各业的经营性质不同，营业周期不同，对资产流动性的要求并不一样，对该项指标应该有不同的衡量标准。一般来说，行业生产周期较长，流动比率就应相应提高；反之，就可以相对降低。

4)速动比率。速动比率是企业某个时点的速动资产同流动负债的比率，是反映项目快速偿还流动负债能力的指标。其计算公式为：

$$速动比率 = (流动资产总额 - 存货)/流动负债总额 \times 100\% \qquad (7-10)$$

"流动资产总额 - 存货"为速动资产。速动资产包括流动资产中的现金、短期投资(有价证券)、应收票据及应收账款等项目。这类项目流动性较好，变现时间短。速动比率是对流动比率的补充，较流动比率更为准确地反映偿还流动负债的能力。该指标越高，说明偿还流动负债的能力越强。国际公认的标准比率是 1.0，但是不同的行业应该有所差别。流动比率和速动比率用资产负债表计算。

5)利息备付率。利息备付率是指在借款偿还期内的息税前利润与当年应付利息的比值，它从付息资金来源的充裕性角度反映支付债务利息的能力。其表达式为：

$$利息备付率 = 息税前利润/计入总成本费用的应付利息 \times 100\% \qquad (7-11)$$

息税前利润，即利润总额与计入总成本费用的利息费用之和。

利息备付率应分年计算，它表示使用项目息税前利润偿付利息的保证倍率。对于正常经营的项目，利息备付率应当大于 1，否则，表示项目的付息能力保障程度不足。尤其是当利息备付率低于 1 时，表示项目没有足够资金支付利息，偿债风险很大。根据我国企业历史数据统计分析，一般情况下，利息备付率不宜低于 2。

6)偿债备付率。偿债备付率指项目在借款偿还期内，各年可用于还本付息的资金与当期应还本付息金额的比值。其表达式为：

$$偿债备付率 = \frac{息税前利润 + 折旧 + 摊销 - 企业所得税}{当年还本付息金额} \qquad (7-12)$$

偿债备付率应分年计算，它表示可用于还本付息的资金偿还借款本息的保证倍率。正常情况应当大于 1。根据我国企业历史数据统计分析，一般情况下，偿债备付率不宜低于 1.3。低于 1 时，表示可用于计算还本付息的资金不足以偿付当年债务。

7.4　工程项目国民经济评价

7.4.1　国民经济评价概述

1. 国民经济评价的概念

项目的国民经济评价又称项目的经济分析，它是从国家整体利益出发，考察项目的效益与费用，分析和计算项目给国民经济带来的净效益，从而评价投资项目在经济上的合理性，为投资决策提供宏观上的决策依据。实际上，项目的国民经济评价问题就是研究资源利用的整体优化性问题。

2. 国民经济评价的范围

一个投资项目对于企业自身的影响是显而易见的，而它对整个社会、对国家和地区的经济发展的影响也是多方面的，只不过影响程度深浅有别而已。例如，它不仅创造以货币计量的经济收入，带来国民财富的增长，还会在就业、消费、文化教育、科学技术、生态环境、公共安全和社会公平等各个方面造成正的或负的效应。对于这些影响究竟如何考察，即对国民经济评价的范围如何界定，理论界一直有不同的理解。

一是狭义的理解，即认为国民经济评价应与社会评价分开，国民经济评价仅仅分析项目对国民经济产生的影响，而将项目对生态环境和社会生活等其他方面产生的影响放到社会评价之中去。

二是广义的理解，即认为可以将费用效益分析方法应用于经济社会的各个方面，将上述各种影响的费用和效益化为统一的可计算量，用统一的货币计量单位表示，并进行分析比较。

从目前的发展趋势看，社会评价已逐渐从原来的国民经济评价中分离出来，而成为一种新的项目评价类型，尤其在大型公共工程投资项目中应用得越来越广泛，其理论和方法也渐趋成熟。因此，将国民经济评价的考察范围定义在经济领域本身是比较恰当的，这样有助于三种评价类型（财务评价、国民经济评价和社会评价）的分工和专精，以免重复或遗漏。故本书对国民经济评价的介绍基本上属于狭义的范围。

3. 国民经济评价的作用

项目评价从企业财务评价发展到国民经济评价，是一大进步，因为国民经济评价在投资实践中发挥着财务评价所不可替代的重大作用，主要体现在以下几个方面：

（1）能从国家层面合理配置有限的社会资源。资源总是有限的，有些甚至非常稀缺。从企业财务角度评判项目得失，难以正确反映资源的利用是否合理。而国民经济评价则在宏观上对资源流动进行跟踪，引导资源配置合理化，并结合产业政策和地区政策，鼓励和促进某些利国利民的产业或项目的发展，相应抑制和淘汰某些不适宜的产业或项目的建设。

（2）能真实反映项目对国民经济的净贡献。任何项目在建成后都属于国民经济这一大系统中的一个小系统。在运行过程中，它和其他小系统之间发生着千丝万缕的联系，互相施加着错综复杂的影响。有些影响是积极的，能为国民经济发展做出贡献；有些影响则可能是消极的，会阻碍国民经济发展。这些联系与影响往往发生在项目外部，因此在财务评价中这些联系与影响难以得到体现；而国民经济评价则可对此进行科学、全面的考察，不仅反映项目的直接效益和直接费用，也反映它的间接效益和间接费用，从而在整体上衡量出项目对于国民经济的净贡献。

（3）能实现投资决策科学化。这种科学性表现为：

1）由于财务评价往往只关心企业自身内部的得失，不涉及项目以外的问题，因此结论可能是片面的。如有的项目也许项目本身利润丰厚，但对环境污染严重，从长远来看为环境治理须付出更沉重的代价，最终得不偿失，像这种财务评价可行、国民经济评价不可行的项目不能靠财务评价来把关，而只能通过国民经济评价去剔除。相反，有的项目公益性强，为社会所必需，但直接经济效益很低甚至亏损，这样的项目若只做财务评价必定通不过，也只能用国民经济评价的结果做决策。

2）能反映投入物和产出物的真实价值。由于市场发育的不完善及市场本身的局限性，财务评价采用的市场价格往往不能反映项目投入物与产出物的真实价值，其效益计算也就不完全可靠；而国民经济评价则以影子价格有效地解决了这个问题。

3）能消除外在不平等，便于数据比较。由于财务评价中包含了税收、补贴和贷款条件，使不同项目或方案的财务盈利效果失去了公正比较的基础；而国民经济评价则消除了这些外在不平等性，可以使决策更趋于科学性。

4.国民经济评价与财务评价的区别

国民经济评价与财务评价两者是互相联系的,它们之间既有共同之处,又有差异。

共同点:首先,它们都是经济效果评价,使用基本的经济评价理论和方法,寻求以最小的投入获取最大的产出,都要考虑资金的时间价值,采用内部收益率、净现值等经济盈利性指标进行经济效果分析;其次,两种分析都要在完成产品需求预测、工艺技术选择、投资估算、资金筹措方案选择基础上进行;另外,它们的计算期一般一致。

主要不同点:

(1)评价的角度和基本出发点不同。工程财务评价是站在建筑企业自身的角度上,从项目的经营者、投资者和未来的债权人的角度,分析项目在财务上能否生存的可能性,分析各方的实际收益或损失,分析投资或贷款的风险及收益;国民经济评价是在国家整体的角度上,分析和计算投资项目为国民经济所创造的效益和所做出的贡献。财务评价主要为企业的投资决策提供依据,国民经济评价则是为政府宏观上对投资的决策提供依据。

(2)计算费用和效益的范围不同。企业财务评价是根据项目直接发生的财务收支,计算项目的费用和效益;国民经济评价则从全社会的角度考察项目的费用和效益,项目的有些收入和支出属国民经济内部的转移支付,因此不作为社会费用或收益。

(3)评价中使用的价格不同。在企业财务评价中,由于要求评价结果反映投资项目实际发生情况,其计算使用的价格应是对市场进行调查和预测后,确定出未来市场上可能发生的价格;而国民经济评价采用根据机会成本和供求关系确定的影子价格。

(4)评价中使用的参数不同。评价参数是指汇率、贸易费用率、工资额及现值计算的贴现率,各参数在进行财务评价时须根据不同行业的不同企业,以及企业条件、企业环境自行选定;而进行国民经济评价时,同样为了达到横向投资项目可比的目的,上述各项均采用统一的通用参数,如影子工资等。

(5)评价中核心指标不同。企业财务评价的核心指标是利润与折旧,这两项收益也是回收投资的主要内容。如在财务评价中,投资回收期、净现值、内部收益率都是以上述两项内容进行计算的。在国民经济评价中,国民收入即净产值是主要的考核指标,而国民收入包括利润与工资,但不包括折旧。对于企业而言,尽管工资部分的大小与职工的切身利益相关,但却是当年消耗掉的费用,企业无权对其进行支配,无法用来进行再投资或投资回收。而从国家宏观角度上分析,工资是新创造价值部分,关系到社会总产品价值的增加和社会就业水平,因此是十分重要的。

国民经济评价与财务评价的主要区别见表7-6。

表7-6　国民经济评价与财务评价的区别

不同点	财务分析	国民经济评价
角度和基本出发点不同	站在项目的层次上,从项目的财务主体、投资者、未来的债权人角度,分析项目的财务效益和财务可持续性,投资各方的实际收益或损失,投资或贷款的风险及收益	国民经济评价则是站在国家的层次上,从全社会的角度分析评价比较项目对社会经济的效益和费用

不同点	财务分析	国民经济评价
项目效益和费用的含义和范围划分不同	根据项目直接发生的财务收支,计算项目的直接效益和费用	直接的效益和费用,间接的效益和费用。项目税金和补贴、国内银行贷款利息等不能作为费用或效益
价格体系不同	预测的财务收支价格	影子价格体系
内容不同	进行盈利能力分析、偿债能力分析、财务生存能力分析	只有盈利性的分析,即经济效率分析
基准参数不同	最主要:财务基准收益率	社会折现率

国民经济评价的内容包括以下三部分:

(1)国民经济效益和费用的识别与处理。国民经济评价中的效益和费用与财务评价相比,从含义到范围都有显著区别,不仅包括在项目建设和运营过程中直接发生的、在财务账面上直接显现的效益和费用,还包括那些因项目建设和运营对外部造成的、不在财务账面上直接显现的间接效益和费用。这就需要对这些效益和费用一一加以识别、归类,并尽量予以量化处理;实在无法定量的,也可定性描述。

(2)影子价格的确定与基础数据的调整。正确拟定项目投入物和产生物的影子价格,是保障国民经济评价科学性的关键。应选择既能够反映资源真实经济价值,又能够反映市场供求关系,并且符合国家经济政策的影子价格;在此前提下,将项目的各项经济基础数据按照影子价格进行调整,计算各项国民经济效益和费用。

(3)国民经济效果分析。根据以上各项效益和费用,结合社会折现率等相关经济参数,计算项目的国民经济评价指标,编制国民经济评价报表,最终对项目的经济合理性得出评价,得出正确结论。

7.4.2 国民经济费用效益识别和评价的主要参数

1. 效益和费用的识别

国民经济费用与效益的识别,是进行国民经济评价工作的重要前提。与反映项目直接效果的财务效益和费用相比较而言,经济效益和费用的识别工作要更复杂、更烦琐,是整个项目评价成败的关键。

(1)经济效益。项目的经济效益是指项目对国民经济所做的贡献,分为直接效益和间接效益。

1)直接效益。是指由项目产出物产生并在项目范围内计算的经济效益,一般表现为以下几种:

A. 增加该产出物数量,以满足国内需求的效益;

B. 替代其他相同或类似企业的产出物,使被替代企业减产以减少国家有用资源耗费(或损失)的效益;

C. 增加出口(或减少进口)所增收(或节支)国家外汇的效益。

2)间接效益。是指由项目引起的,但在直接效益中未得到反映的那部分效益,例如技术扩散和示范效果等。

（2）经济费用。项目的经济费用是指国民经济为项目付出的代价，分为直接费用和间接费用。

1）直接费用。是指项目使用投入物所产生并在项目范围内计算的经济费用，一般表现为以下几种：

A. 其他部门为供应本项目投入物而扩大生产规模所耗用的资源费用；

B. 减少对其他项目（或最终消费）投入物的供应而放弃的效益；

C. 增加进口（或减少出口）所耗用（或减收）国家外汇的费用。

此外，项目范围内主要为本项目服务的商业、教育、卫生、文化、住宅等生活福利设施投资，应计为项目的费用（这些生活福利设施所产生的效益，可视为已经体现在项目的产出效益中，一般不必单独核算）。

2）间接费用。是指由项目引起的，而在直接费用中未得到反映的那部分费用，例如生态破坏和环境污染等。

项目的间接效益和间接费用统称为外部效果。项目的外部效果一般只计算一次相关效果，不计算连续扩展的乘数效果。

2. 国民经济评价的主要参数

（1）影子价格。在财务评价中因采用的是市场价格，往往因种种原因而不能真实反映商品的价值，因此不能直接用来进行国民经济评价。而进行国民经济评价时应采用对市场价格经过修正的理论价格，即所谓影子价格（Shadow Price），才能弥补市场价格的不足。

影子价格通常是指一种资源的影子价格，因此影子价格可以定义为某种资源处于最佳分配状态时的边际产出价值。

1）外贸货物的影子价格。外贸货物是指项目使用或生产某种货物将直接或间接影响国家对这种货物的进口或出口。原则上，对于影响进出口的不同，应当区别不同情况采取不同的影子价格定价方法。但在实践中，为了简化工作，可以只对项目投入物中直接进口的和产出物中直接出口的，采取进出口价格测定影子价格。对于间接进出口的仍按国内市场价格定价。

直接进口投入物的影子价格（到厂价）= 到岸价 × 影子汇率 + 贸易费用 + 国内运杂费

直接进口产出物的影子价格（到厂价）= 离岸价 × 影子汇率 − 贸易费用 − 国内运杂费

到岸价是指进口货物运抵我国进口口岸交货的价格，它包括货物进口的货价、运抵我国口岸之前所发生的国外的运费和保险费；离岸价是指出口货物运抵我国出口口岸交货的价格，它包括货物的出厂价和国内运费以及国内出口商的经销费用；贸易费用是指物资系统、外贸公司和各级商业批发零售等部门经销物资货物的用影子价格计算的流通费用，包括货物的经手、储运、再包装、短距离倒运、装卸、保险、检验等商业流通环节上的费用支出，同时也包括流通中的损失、损耗以及资金占用的机会成本，但不包括长途运输费用。外贸货物的贸易费用一般可以通过货物的口岸价乘以贸易费用率计算得到。贸易费用率需要依照贸易货物的品种、贸易额、交易条件确定。

2）非外贸货物的影子价格。国内市场没有价格管制即价格完全取决于市场的产品或服务，项目投入物和产出物不直接进出口的，按照非外贸货物定价，以国内市场价格为基础测定影子价格。

投入物影子价格（到厂价）= 市场价格 + 国内运杂费

$$产出物影子价格(出厂价) = 市场价格 - 国内运杂费$$

(2)特殊投入物的影子价格。

1)影子工资。在国民经济评价中，劳动力的劳务费用按影子工资计算。影子工资主要包括劳力的机会成本和社会为劳动就业付出的但职工又未得到的其他代价。需要注意的是：第一，不同劳动力的差别。一般将职工分为技术人员与管理人员、熟练工人、非熟练工人三类。第二，原单位转出的劳动力并不使其产出下降，则此劳动力的影子工资为零。第三，由于劳动力转出而导致原单位的产出净损失，这就是调出人员的影子价格。

影子工资可通过财务评价时所用的工资与福利费之和乘以影子工资的换算系数求得。影子工资换算系数由国家统一测定发布。

名义工资是指在财务评价中所列的实际支付给职工的工资和提取的职工福利基金。1993年国家计委、建设部颁布的《建设项目经济评价参数》和《建设项目经济评价方法》把一般建设项目的工资换算系数确定为1。在建设期间使用大量民工的项目，如水利、公路等土建工程项目，其民工工资换算系数为0.5。

2)土地的影子价格。土地与劳动力一样，属于特殊投入物，如果进行建设项目的财务评价，只要计入土地的财务费用就可以了，但是在国民经济评价中，则需要寻找土地的影子价格。所谓土地的影子价格，是指该土地不是用于此项目，而是用于别的用途所能创造的净效益及社会为此而增加的资源消耗。这正是机会成本的概念。若项目所占用的土地是没有用处的荒山野岭，其机会成本可视为零；若项目所占用的农村用地，其机会成本为原农业净效益；若占用的是城市用地，可以用其财务费用替代影子价格。

3)影子汇率。影子汇率是一个单位外汇折合成国内价格的实际经济价值，也称之为外汇的影子价格。它在国民经济评价中，用来进行外汇与人民币之间的换算。它不同于官方汇率，官方汇率是由中国人民银行定期公布的人民币对外汇的比价，是在币种兑换中实际发生的比价，而影子汇率仅用于国民经济评价，并不发生实际交换。影子汇率的确定主要依据一个国家中某地区一段时间内进出口结构和水平、外汇的机会成本及发展趋势、外汇供需情况等因素变化。一旦上述因素发生较大变化，影子汇率值需做相应的调整。

7.4.3 国民经济评价指标与相关报表

国民经济评价和财务评价相似，也是通过计算评价指标、编制相关报表来反映项目的国民经济效果。

1. 国民经济评价的指标体系

国民经济评价的应用指标中，由于不计清偿能力，故无时间型指标，其余价值型指标、比率型指标与财务评价类似，并新增了一些反映外汇效果的指标，如图7-2所示。

2. 国民经济评价指标

国民经济评价包括国民经济盈利分析和外汇效果分析，以经济内部收益率作为主要评价指标。根据项目的特点和实际需要，也可以计算经济净现值等指标。产品出口创汇及替代进口节汇的项目，要计算经济外汇净现值、经济换汇成本和经济节汇成本等指标。此外，还可以对难以量化的外部效果进行定性分析。本书只介绍国民经济盈利分析指标。

国民经济盈利分析评价指标主要是经济内部收益率和经济净现值。

(1)经济内部收益率($EIRR$)。经济内部收益率是反映项目对国民经济净贡献的相对指

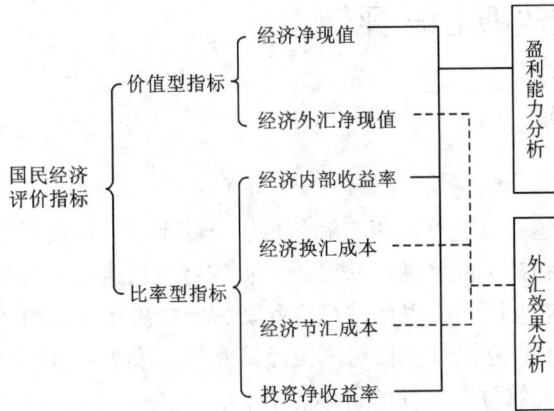

图 7 – 2 国民经济评价指标体系

标。该指标是使项目计算期内的经济净现值累计等于零时的折现率。其表达式为：

$$\sum_{t=0}^{n} (B_t - C_t)(1 + EIRR)^{-t} = 0 \qquad (7-26)$$

式中：B_t——现金流入量；

C_t——现金流出量；

$B_t - C_t$——第 t 年的净现金流量；

n——项目计算期，或经济寿命。

经济内部收益率可以通过经济现金流量表用试差法进行计算。求出的 $EIRR$ 和社会折现率 i_s 进行比较，如果 $EIRR \geqslant i_s$，项目应考虑可以接受。

（2）经济净现值（$ENPV$）。经济净现值是反映项目对国民经济所做净项献的绝对指标。该指标是用社会折现率将项目计算期内各年的净效益流量折算到建设期初的现值之和。当经济净现值大于零时，表明国家为项目付出代价后，除得到符合社会折现率的社会盈余外，还可以得到以现值计算的超额社会盈余。其计算公式为：

$$ENPV = \sum_{t=0}^{n} (B_t - C_t)(1 + i_s)^{-t} \qquad (7-27)$$

其中：i_s 为社会折现率。

一般情况下，经济净现值 $ENPV \geqslant 0$ 的项目是可以考虑接受的。经济净现值通过经济现金流量表计算。

3. 国民经济评价的基本报表

国民经济评价的基本报表分为国民经济效益费用表（全部投资）和国民经济效益费用表（国内投资）。前者以全部投资作为计算的基础，用以计算全部投资经济内部收益率、经济净现值、经济净现值率等评价指标；后者以国内投资作为计算的基础，将国外贷款利息和本金的偿还作为现金流出，用以计算国内投资的经济内部收益率、经济净现值、经济净现值率等指标。

7.5 项目评估与项目后评价

7.5.1 项目评估

1. 可行性研究项目评估概念

项目评估是指对拟建项目进行的审查和估价，一般而言只在项目可行性研究报告的基础上从建设项目的必要性和技术经济的合理性等方面，对项目进行全面审查和评价，为实现科学投资决策提供依据，它也往往是银行进行投资贷款的先决条件。由于项目评估注重从客观角度研究项目，尤其侧重研究投资项目对国民经济和社会发展的作用和意义，所以它是解决投资项目微观效益和宏观效益一致性的科学方法。

项目评估就是在投资决策(执行)前对建设项目的可行性研究报告进行评价。项目可行性研究报告，一般都是由企业、部门或地方提出，有些企业、地方和部门为了争上项目，往往只说有利方面的，不说不利方面的，目的是为了项目能够顺利通过审批进行论证，以致有许多问题不能在项目开始建设以前发现和解决，当项目建成问题暴露后，自然就对已经造成的损失和浪费无法挽回。所以，在项目可行性研究的基础上，往往要由社会有资质、有信誉的咨询机构进行项目评估，一方面可以推动项目前期工作进行充分的调查研究和分析论证；另一方面，聘请大批的各方面专家对项目进行审核，这样可以不受地方和部门的干扰或影响，做到客观公正的审核评价。

项目评估的目的是确定投资项目是否可以立项，主要站在项目的起点，应用技术经济分析的方法来分析、预测和评价投资项目未来的效益，以确定项目的投资是否值得与可行。它是投资决策的前奏和决策的依据，是建设程序和决策程序必要的组成部分。也就是说，可行性研究和项目评估都是为投资项目决策的。

项目评估的基本原则是：投资方案的选择要尽可能适应技术发展趋势，尽可能采用世界上先进的工艺技术和设备。但是，当技术的先进性和经济性发生矛盾时，最终判别标准是投资方案能否为企业、国家带来经济效益和社会效益，是否有利于企业和社会的可持续发展。

项目评估工作可以在可行性研究的同时开展调查研究(项目跟踪)，在拿到可行性研究报告后，提出评估意见。项目评估工作一般由专门的、有资信的投资咨询机构独立完成。

2. 项目评估的特征

由于独立的项目评估机构(或投资咨询机构)往往是站在第三方的角度对建设项目进行评价，这就在很大层面上保证了其评估结论的客观性、公正性。结合在评价中采用了一套比较完整的评估理论和评估方法，因而又能说明其结论的科学性。项目评估工作往往有以下一些特征：

(1)独立的项目评估机构(或投资咨询机构)往往需要向委托部门负责或向委托评估的项目负责，这些委托部门可以是政府机构、投资贷款银行，也可以是独立的法人(企业)。由于代表和维护利益的角度不同，独立的项目评估机构(投资咨询机构)往往更能摆脱部门、地区的行政干预和局限。

(2)可行性研究报告只提供多方案比较依据，而项目评估报告通常是对多方案择优。因而，项目取舍的依据(决策依据)是项目评估报告。

（3）项目评估从大局出发，因而更能保证宏观与微观、全局和局部利益的统一，这样也就更能避免投资失误。

（4）项目评估是投资决策科学化、程序化和公正性的有力保证。

项目评估既有较固定的程序、评价方法和决策原则，还有一套比较完整的评估理论，因此对项目采取精心筛选、认真评估、加强核算、严密监督的管理方法是保证投资决策科学化、程序化和公正性的前提。这在控制投资规模、调整投资方向、改善投资结构、提高投资效益方面有着其他部门不能替代的作用。

3. 项目评估的内容

在社会生产实践中技术和经济之间从来就是紧密联系在一起的。两者的关系既是相互依赖、互相促进的，又是互相矛盾、互相制约的，因而它们之间的关系是复杂的、多方面的。如何处理好技术与经济的关系，以取得最大的经济效益和社会效益，不仅是社会经济发展中重要问题，也是项目评价、投资决策所要研究的重要课题。

总之，评估的重点内容主要有以下七个方面：

（1）建设必要性、现实性、可行性和市场预测的评估

评价一个工业建设项目，首先要了解拟建项目的背景并考虑市场（原材料和产品）需求，这是衡量建设必要性、现实性的一个前提。评估的目的就是根据市场和现有生产能力的状况来判断建设项目产品的目标市场潜量，有无建设的必要，建设该项目有何意义（经济的、政治的、社会的），生产的产品能否满足消费者的需要和有无竞争力。

（2）建设条件的评估

建设条件是项目建成后的物质保证。建设条件主要包括矿产资源、原材料、能源、动力等各种投入的需求平衡，以及生产中"三废"、各种排弃物的处理，评估中应着重考虑以下几个方面：

1）资源的可靠性评估；

2）原材料供应的可靠性、稳定性和经济合理性评估；

3）原材料、产品运输条件的可靠性评估；

4）动力、水资源、能源供应的可靠性评估；

5）根据国家立法的要求，对"三废"治理方案和社会环境影响进行评估；

6）建厂地点的工程地质和水文地质条件评估；

7）对于老厂改扩建和技术改造项目还要进行老厂依托条件的评估（土地、资源、公用工程、储运工程等）；

8）相关项目关系的评估。

（3）技术方案的评估

在充分认识技术与经济关系的基础上，如何进行投资决策，最重要的问题是技术选择，即在特定的社会和经济条件下，选择什么样的技术去实现特定的目标。有的技术选择要从宏观的角度研究涉及整个国民经济的发展和社会进步，其影响的广泛性远远超出一个企业的范围。而有的技术是从微观的角度，限于一个企业范围内的产品、工艺和设备的选择。它是影响企业市场竞争力和经济效益的关键性问题。所以微观上技术选择是企业经营活动的重要决策，它涉及企业的生存和发展，当然，最终也会影响到整个国民经济的发展。

因而，技术方案的评估关键是多方案选优。一是找出最优方案；二是在不存在最优方案

时，采用各方案之长，根据实际需要产生一个较优方案。

技术方案评估的原则是，根据国家对某一行业（或产品）的技术政策来确定该项目选用工艺技术和技术装备的先进性、实用性、可靠性和经济性，并进行评价。注意技术政策服从经济政策，技术服从效益。具体要注意以下几个方面：

1）由于我国是发展中国家，工艺技术方案选择要适合国情。

2）必须考虑多方案比较选优，选用技术上成熟、经济上合理、有利于环保的方案。

3）要考虑我国的技术水平。在同等条件下优先选用国内技术。对引进技术，要考虑消化吸收能力、有效利用资源和资源的综合利用，有利于开拓国内外市场。

4）要考虑引进方式。从过去的经验看，要尽量引进技术（尤其是专用技术和专利技术），少成套进口设备，一般是考虑进口一些国内不能制造的关键设备、零部件和稀缺材料。

5）注意建设规模的经济性、生产技术的先进性、产品方案的合理性（统筹考虑市场需求与产品结构、经济效果）、产品质量的前瞻性（预测发展趋势，留有发展余地）。目的是提高项目的竞争力。

（4）机构设置和管理机制的评估

根据多年来的实践经验，认识到项目的机构设置和管理机制也是影响项目成败的重要因素。今后，企业的机构设置和管理机制必须逐步适应建立现代企业制度的需要。

（5）社会经济效果的评估

一般情况下进行企业（项目）的财务评价，有关国计民生的、投资额巨大的项目还要进行国民经济评价。

财务评价是从企业角度出发，以企业盈利最大为目标对建设项目进行评价。对企业财务收支一般要进行动态分析，要考虑货币的时间价值、机会成本、边际效益和投入产出效果。有竞争力的项目才是可以推荐的项目。

1）评价尺度和评价指标

项目评估正确与否取决于合理的评价尺度（价格体系）和正确的评价方法。

项目的财务评价是以现行实际价格为尺度（有时有关部门常常不定期公布所谓"评价价格"）和现行财税制度作为计算依据，按静态和动态效益指标相结合的原则进行效益分析。应该指出的是，项目经济效益评估是否合理，很大程度上取决于原料和产品的价格。

动态指标是用折现法衡量企业（项目）投资盈利率高低的一种评价指标体系，主要包括净现值（NPV）、净现值率（$NPVR$）、费用现值（PVC）、内部收益率。

静态指标不考虑投资的时间价值，主要有投资收益（利润、利税或净收益）率、静态投资回收期、贷款偿还期。

另外，对投资风险问题，即投资安全性问题，项目评估中也应给予充分关注。分析的方法有：盈亏平衡分析、敏感性分析、概率分析、相关项目的成败对本项目带来的影响分析等。

2）国民经济评价

对于一些投资额较大的、有关国计民生的重大项目要进行国民经济评价。国民经济评价不从个别企业、部门和短期行为来考察项目的盈利情况，而是从整个国民经济的角度，从长远的影响来考察项目的盈利情况，并以此来判断项目的取舍。

（6）项目实施方案的评估

对于老厂改扩建项目要注意原有固定资产的拆除、迁建和停产对施工方案和经济效益带来的影响。

（7）最后要提出评价结论、存在问题和建议

通过对可行性研究报告的深入论证、评价，得出项目可行还是不可行，如果可行，得出哪个方案最好，如果不可行，指出为何不可行，并提出该项目存在哪些主要问题及问题的解决办法，供决策部门（项目委托部门）参考。

4. 项目评估报告书的编制内容和格式

项目评估报告的结构由标题、正文、落款三部分组成。

（1）标题——××项目评估报告。一般在"评估报告"前面加上项目名称。

（2）正文。正文是评估报告的主要内容，它一般包括七个方面的内容：

1）项目概述。对拟建项目做概括性的总体介绍，包括该项目的生产规模、产品性能特点、项目的主要内容、项目投资、项目性质及建设工期等。

2）项目必要性评估。是该项目所可能产生的社会、经济效益和所起的积极作用。

3）建设条件的评估。包括建设位置的选择、交通、供水、供电条件、环境保护措施等。

4）技术评估。包括对拟采用的生产工艺流程、设备规格、技术情况及其先进性、合理性和可行性进行分析、评价，提出评价意见。

5）项目经济效益评价。由企业财务评价和国民经济评价组成。

6）项目盈亏平衡分析。

7）总评估。将建设项目中各项评估的情况与数据进行分析、总结，并提出全面性意见。

现实中也可采用倒叙法，先谈评估结论，然后从建设项目的可行性、现实性、资源和产品市场、建设条件、厂址的选择、生产工艺技术的确定、资金来源和筹措及经济效益评价、投资风险分析等各方面对项目的可行性加以论证。

（3）落款。包括署名和日期。

编制项目评估报告书一般没有固定的内容和格式，编制人员可以根据项目的具体情况和要求灵活掌握，但重点是要满足前述六个方面的要求。需要注意的是，项目评估报告内容重在"比选"、"评估"，对于所评估的内容，项目评估人员要谈出评估单位的观点或专家观点，以及有说服力的论据，而要尽量避免采用"审查"、"审批"，"同意"、"不同意"等行政色彩浓厚的用语。因为项目评估报告只提供决策依据，而不能代替决策，项目决策要由项目评估委托人即投资主体来做。

7.5.2　项目后评价

作为固定资产投资前期工作的重要组成部分，投资项目的可行性研究和项目评价正在我国全面推行并起到一定的作用。但是，可行性研究和项目评价是在项目建设前进行的，其判断、预测是否正确，项目的实际效果究竟如何，这都需要在项目竣工投产后根据实际数据资料进行的再评价来检验，这种再评价就是项目后评价。

1. 项目后评价的概念及作用

项目后评价一般是指项目投资完成之后所进行的评价。它通过对项目实施过程、结果及其影响进行调查研究和全面系统回顾，与项目决策时确定的目标以及技术、经济、环境、社会指标进行对比，找出差别和变化，分析原因，总结经验，汲取教训，得到启示，提出对策建议，通过信息反馈，改善投资管理和决策，达到提高投资效益的目的。

项目后评价的目的与作用有以下几个方面：

（1）总结项目管理经验教训，提高项目管理水平。投资项目管理是一项十分复杂的活动，它涉及政府主管部门、业主、设计、施工、监理、制造、物资供应、银行等许多部门，只有这些部门密切合作，项目才能顺利进行。如何协调各部门之间的关系、各方面应采取什么样的协作形式等都尚在不断探索的过程中。项目后评价通过对已建成项目实际情况的分析研究，总结项目管理经验和教训，为以后项目管理活动提供参考依据，从而可以提高项目管理水平。

（2）提高项目决策科学化水平。项目前评价是项目投资决策的依据，但前评价中所做的预测是否准确，需要后评价来检验。通过建立完善的项目后评价制度和科学的方法体系，一方面可以增强前评价人员的责任感，促使评价人员努力做好前评价工作，提高项目预测的准确性；另一方面可以通过项目后评价的反馈信息，及时纠正项目决策中存在的问题，从而提高未来项目决策的科学化水平。

（3）为政府制定投资计划、政策提供依据。通过项目后评价能够发现宏观投资管理中的不足，从而促使政府能及时地修正某些不适应经济发展的技术政策，修订某些已经过时的指标和参数。与此同时，政府还可以根据后评价所反馈的信息，合理确定投资规模和投资流向，协调各产业、各部门之间及其内部的各种比例关系，并运用行政、经济、法律等手段，建立必要的法令、法规、制度和机构，促进投资项目的良性循环。

（4）对项目建成后的经营管理进行诊断，提出完善项目的建议方案。项目后评价是在项目运营阶段进行的，因而可以分析和研究项目投产初期和达产时期的实际情况，比较实际情况与预测情况的偏离程度，探索产生偏差的原因，提出切实可行的措施，从而促使项目运营状态正常化，充分发挥项目的经济效益和社会效益。

2．项目后评价的内容

（1）项目全过程的回顾

1）项目立项决策阶段的回顾。主要内容包括项目可行性研究、项目评估或评审、项目决策审批、核准或批准等。

2）项目准备阶段的回顾。主要内容包括工程勘察设计、资金来源和融资方案、采购招投标（含工程设计、咨询服务、工程建设、设备采购）、合同条款和协议签订、开工准备等。

3）项目实施阶段的回顾。主要内容包括项目合同执行、重大设计变更、工程"三大控制"（进度、投资、质量控制）、资金支付和管理、项目管理等。

4）项目竣工和运营阶段的回顾。主要内容包括工程竣工和验收、技术水平和设计能力达标、试生产运行、经营和财务状况、运营管理等。

（2）项目绩效和影响评价

1）项目技术评价。主要内容包括工艺、技术和装备的先进性、适用性、经济性、安全性、建筑工程质量及安全，特别要关注资源、能源的合理利用。

2）项目财务和经济评价。主要内容包括项目总投资和负债状况，重新测算项目的财务评价指标、经济评价指标、偿债能力等。财务和经济评价应通过投资增量效益的分析，突出项目对企业效益的作用和影响。

3）项目环境和社会影响评价。主要内容包括项目污染控制、地区环境生态影响、环境治理与保护、增加就业机会、征地拆迁补偿和移民安置、带动区域经济社会发展、推动产业技术进步等。必要时,应进行项目的利益群体分析。

4)项目管理评价。主要内容包括项目实施相关者管理、项目管理体制与机制、项目管理者水平、企业项目管理、投资监管状况、体制机制创新等。

(3)项目目标实现程度和持续能力评价

1)项目目标实现程度从以下四个方面进行判断:

①项目工程(实物)建成,项目的建筑工程完工、设备安装调试完成、装置和设施经过试运行,具备竣工验收条件;

②项目技术和能力,装置、设施和设备的运行达到设计能力和技术指标,产品质量达到国家或企业标准;

③项目经济效益产生,项目财务和经济的预期目标,包括运营(销售)收入、成本、利税、收益率、利息备付率、偿债备付率等基本实现;

④项目影响产生,项目的经济、环境、社会效益目标基本实现,项目对产业布局、技术进步、国民经济、环境生态、社会发展的影响已经产生。

2)项目持续能力的评价,主要分析以下因素及条件:

①持续能力的内部因素,包括财务状况、技术水平、污染控制、企业管理体制与激励机制等,核心是产品竞争能力;

②持续能力的外部条件,包括资源、环境、生态、物流条件、政策环境、市场变化及其趋势等。

(4)经验教训和对策建议

项目后评价应根据调查的真实情况认真总结经验教训,并在此基础上进行分析,得出启示和对策建议。对策建议应具有参考、借鉴和指导意义,做到具有可操作性。项目后评价的经验教训和对策建议往往应从项目、企业、行业、宏观四个层面分别说明。

3.项目后评价方法

(1)统计预测法。项目后评价包括对项目已经发生事实的总结和对项目未来发展的预测。后评价时往往将后评价时点前的统计数据作为评价对比的基础,而后评价时点的数据则是我们要评价对比的对象,由此也可以说后评价时点后的数据也是预测分析的依据。

(2)对比法。一般而言,对比法又可以具体划分为前后对比法和有无对比法两类。

前后对比法是指将项目实施前与项目实施后的有关数据加以对比,确定项目效益的一种方法。在项目后评价中,它是作为一种纵向的对比,主要将项目前期的可行性研究和项目评估的预测结论与项目的实际运行结果相比较,发现差异,并分析原因。这种对比往往用于揭示项目计划、决策和实施的质量,是项目过程评价应遵循的原则。

有无对比法是指将项目实际发生的情况与若无项目可能发生的情况进行对比,以度量项目的真实效益、影响和作用。这种对比属于一种横向对比,要用于项目的效益评价和影响评价。有无对比的目的主要用于分清项目作用的影响与项目以外作用的影响。

(3)因素分析法。项目投资效果中各种指标往往都是由多种因素所决定的,实际中只有把综合性指标分解成原始因素,才能确定指标完成好坏的具体原因和症结所在。这种把综合指标分解成各个因素的方法,称为因素分析法。在运用因素分析法时,首先要确定分析指标由哪些因素组成,其次是确定各因素与指标之间的关系,最后确定各个因素对指标影响的份额。

另外还经常采用有无对比法、逻辑框架法等。

一般而言，在项目后评价过程中，应尽可能采用定量分析方法，用定量数据来说明问题，能够有效地进行前后或有无的对比。但对于无法取得定量数据的评价对象或对项目的总体评价，则应结合使用定性分析。

思考练习题

1. 什么是可行性研究？其作用有哪些？
2. 可行性研究包括哪几个阶段？各阶段的作用和任务是什么？
3. 可行性研究的主要内容有哪些？
4. 什么是财务评价？其作用是什么？
5. 什么是国民经济评价？其作用是什么？
6. 什么是机会成本？什么是影子价格？
7. 什么是项目后评价？其目的和作用有哪些？
8. 项目后评价的主要内容和方法有哪些？

模块 8　价值工程

【能力要求】　本模块主要讲述价值工程的基本概况，价值工程的工作程序，功能分析与评价以及方案创造等内容。通过学习，要求了解功能及分类、方案创造与评价，理解价值工程中价值的含义、寿命周期成本的含义，掌握提高价值的途径、价值工程的特点与工作程序、功能评价的方法等。

8.1　价值工程概述

8.1.1　价值工程的基本概念

价值工程(Value Engineering，VE)又称价值分析(Value Analysis，VA)，是一门新兴的管理技术，是降低成本提高经济效益的有效方法。它于 20 世纪 40 年代起源于美国，麦尔斯(Miles)是价值工程的创始人。二战后，由于原材料供应短缺，采购工作常常碰到难题，经过在实际工作中不断探索，麦尔斯发现有一些相对不太短缺的材料可以很好地替代短缺材料的功能。后来，麦尔斯逐渐总结出一套解决采购问题的行之有效的方法，并且把这种方法的思想及应用推广到其他领域，如将技术与经济价值结合起来研究生产和管理的其他问题，这就是早期的价值工程。1955 年这一方法传入日本后与全面质量管理相结合，得到了发扬光大，成为一套更加成熟的价值分析方法。麦尔斯发表的专著《价值分析的方法》使价值工程很快在世界范围内产生巨大影响。

1. 价值的含义

价值工程中价值的概念不同于政治经济学中有关价值的概念。在这里，"价值"是指评价某一对象所具备的功能与实现它的耗费相比的合理尺度。它既不是对象的使用价值，也不是对象的交换价值，而是对象的比较价值。它可表示为：

$$V = \frac{F}{C} \tag{8-1}$$

式中：V——产品或作业的价值；
　　　F——产品或作业的功能；
　　　C——产品或作业的成本。

定义中的"产品"泛指以实物形态存在的各种产品，如材料、制成品、设备、建筑工程等等；"作业"是指提供一定功能的工艺、工序、作业、活动等等。

2. 价值工程的定义

价值工程中的"工程"是指为实现提高价值的目标所进行的一系列分析研究活动。价值工程可定义为：着重于功能分析，力求以最低的寿命周期费用可靠地实现产品的必要的功能的一种有组织的创造性研究活动。这个定义主要强调几个方面：

（1）功能分析是价值工程的核心。功能是产品最本质的东西，人们购置产品实际上是购置这个产品所具有的功能。例如，人们需求住宅，实质是需求住宅所提供的生活空间的功能。

但由于设计制造等原因，产品除具备满足用户需求的功能外，可能存在一些多余的功能，这必将造成产品不必要的成本。通过功能分析，可发现哪些功能是必要的或过剩的，从而在改进方案中，去掉不必要的功能，减少过剩的功能，补充不足的功能，使产品功能结构更加合理，从而降低成本，提升价值。

（2）寿命周期费用最低是价值工程的目标。任何事物都有其产生、发展和消亡的过程。事物从产生到其结束为止即为其寿命周期。就建筑产品而言，其寿命周期是指从规划、勘察、设计、施工建设、使用、维修，直到报废或灭失为止的整个时期。

建筑产品在整个寿命周期过程中所发生的全部费用，称为寿命周期费用。它主要包括建设费用和使用费用两部分。建设费用是指生产者从筹建直到竣工验收为止的全部费用，包括勘察设计费、施工建造费用等。使用费用是指用户在使用中所发生的各种费用，包括维修费用、能源消耗费用、管理费用等。建筑产品寿命周期费用 C 是建设费用 C_1 和使用费用 C_2 之和，即

$$C = C_1 + C_2 \qquad\qquad (8-2)$$

建筑产品的寿命周期费用与建筑产品的功能有关。随着建筑产品功能水平的提高，建筑产品的使用费用 C_2 降低，但是建设费用 C_1 增高；反之，使用费用 C_2 增高，建设费用 C_1 降低。建设费用、使用费用与功能水平的变化规律决定了寿命周期费用如图 8-1 所示的马鞍形变化。建设费用 C_1 的曲线和使用费用 C_2 的曲线的交点所

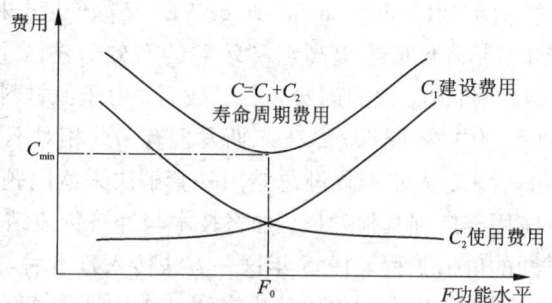

图 8-1　寿命周期费用与功能水平关系图

对应的寿命周期费用才是最低的，最低寿命周期费用 C_{min} 所对应的功能水平 F_0 是从费用方面考虑的最为适宜的功能水平。

（3）价值工程是有组织的创造性活动，需要进行系统的研究、分析。产品的价值工程，涉及设计、工艺、采购、加工、管理、销售、用户、财务等各个方面，需要调动各方面共同协作，开拓新构思和新途径，获得新方案，创造新功能载体，从而简化产品结构，节约原材料，提高产品的技术经济效益。

（4）价值工程要求将功能定量化，即将功能转化为能够与成本直接相比的量化值。

（5）价值工程是以集体的智慧开展的有计划、有组织的管理活动。开展价值工程，要组织科研、设计、制造、管理、采购、供销、财务等各方面有经验的人员参加，组成一个智力结构合理的集体，发挥集体智慧，博采众长地进行产品设计，以达到提高方案价值的目的。

3. 提升价值的途径

由于价值工程以提高产品价值为目的，这既是用户的需要，又是生产经营者追求的目标，两者的根本利益是一致的。因此，企业应当研究产品功能与成本的最佳匹配。价值工程的基本原理公式 $V = F/C$ 不仅深刻地反映出产品价值与产品功能和实现此功能所耗成本之间的关系，而且也为如何提高价值提供了以下五种途径：

（1）在提高产品功能的同时，又降低产品成本（$F\uparrow C\downarrow$）。这是提高价值最为理想的途径。但对生产者要求较高，往往要借助科学技术才能实现。

（2）在产品成本不变的条件下，提高产品的功能（$F\uparrow C\rightarrow$）。通过提高利用资源的成果或效用，达到提高产品价值的目的。

（3）保持产品功能不变的前提下，降低成本（$F\rightarrow C\downarrow$）。着眼成本改善提高价值。

（4）产品功能有较大幅度提高，产品成本有较少提高（$F\uparrow\uparrow C\uparrow$）。即成本虽然增加了一些，但功能的提高超过了成本的提高，因此价值还是提高了。

（5）产品功能略有下降，产品成本大幅度降低（$F\downarrow C\downarrow\downarrow$）。这种情况下功能虽然降低了一些，但仍能满足顾客对产品的特定功能要求。以微小的功能下降换得成本较大的降低，最终也提高了产品的价值。

总之，在产品形成的各个阶段都可以运用价值工程提高产品的价值。但在不同的阶段进行价值工程活动，其经济效果的提高幅度却是大不相同的。对于大型复杂的产品，应用价值工程的重点是在产品的研究设计阶段，一旦图纸已经设计完成并投产，产品的价值就基本决定了，这时再进行价值工程分析就变得更加复杂。不仅原来的许多工作成果要付之东流，而且改变生产工艺、设备工具等可能会造成很大的浪费，使价值工程活动的技术经济效果大大下降。因此，价值工程活动更侧重在产品的研制与设计阶段，以寻求技术突破，取得最佳的综合效果。

8.1.2　价值工程的工作程序

价值工程也像其他技术一样具有自己独特的一套工作程序。价值工程的工作程序，实质就是针对产品的功能和成本提出问题、分析问题、解决问题的过程。其工作步骤如表 8-1 所示。

价值工程的实施就是围绕上述工作程序进行的。开展价值工程的过程实际上是一个发现问题、分析问题、解决问题的过程，一般习惯于采用提问法，即针对价值工程的对象，逐步深入地提出合乎逻辑的一些问题，并通过回答问题寻找答案，使问题得以解决。这仅仅是价值工程的一般工作程序。由于价值工程应用范围广泛，其活动形式也不尽相同，因此在实际应用中，可以参照这个工作程序，根据对象的具体情况，应用价值工程的基本原理和方法，确定具体的实施措施和方法步骤。但作为这个工作程序的核心和关键，功能分析与评价、创造方案是不可缺少的。

表 8-1　价值工程的工作程序

价值工程工作阶段	工作步骤		对应问题
	基本步骤	具体步骤	
一、分析问题	1. 功能定义	（1）选择对象	（1）价值工程的研究对象是什么？
		（2）收集资料	
		（3）功能定义	（2）这是干什么用的？
		（4）功能整理	
	2. 功能评价	（5）功能分析与功能评价	（3）它的成本是多少？ （4）它的价值是多少？

续上表

价值工程工作阶段	工作步骤		对应问题
	基本步骤	具体步骤	
二、综合研究	3. 制定创新方案与评价	(6) 方案创造	(5) 有无其他方法实现同样功能?
三、方案评价		(7) 概括评价	(6) 新方案的成本是多少? (7) 新方案能满足要求吗?
		(8) 指定具体方案	
		(9) 实验研究	
		(10) 详细评价	
		(11) 提案审批	
		(12) 方案实施	
		(13) 成果评价	

8.2 价值工程对象的选择与信息收集

8.2.1 对象选择的原则

价值工程的对象选择过程就是收缩研究范围的过程,明确分析研究的目标即主攻方向。因为在生产、建设中技术经济问题是很多的,涉及的范围也很广,为了提高产品价值的目的,价值工程研究对象的选择要从市场需要出发,结合本企业实力系统考虑。一般说来,对象的选择有以下几个原则:

(1)从设计方面看,对产品结构复杂、性能和技术指标差距大、体积大、重量大的产品进行价值工程活动,可使产品结构、性能、技术水平得到优化,从而提高产品价值。

(2)从生产方面看,对量多面广、关键部件、工艺复杂、原材料消耗高和废品率高的产品或零部件,特别是对量多、产值比重大的产品,只要成本下降,所取得的总的经济效果就大。

(3)从市场销售方面看,选择用户意见多、系统配套差、维修能力低、竞争力差、利润率低的,生命周期较长的,市场上畅销但竞争激烈的,新产品、新工艺等进行价值工程活动,以赢得消费者的认同,占领更大的市场份额。

(4)从成本方面看,选择成本高于同类产品、成本比重大的,如材料费、管理费、人工费等,推行价值工程就是要降低成本,以最低的寿命周期成本可靠地实现必要功能。

8.2.2 对象选择的主要方法

价值工程对象选择往往要兼顾定性分析和定量分析,因此,对象选择的方法有多种,不同方法适用于不同的价值工程对象。应根据具体情况选用适当的方法,以取得较好的效果。以下介绍几种常用的方法。

140

1. 因素分析法

因素分析法,又称经验分析法,是指根据价值工程对象选择应考虑的各种因素,凭借分析人员的经验集体研究确定选择对象的一种方法。

因素分析法是一种定性分析方法,依据分析人员经验做出选择,简便易行。特别是在被研究对象彼此相差比较大以及时间紧迫的情况下才比较适用。在对象选择中还可以将这种方法与其他方法相结合,往往能取得更好效果。因素分析法的缺点是缺乏定量依据、准确性较差,对象选择的正确与否,主要决定于价值工程活动人员的经验及工作态度,有时难以保证分析质量。

2. ABC 分析法

ABC 分析法,又称重点选择法或不均匀分布定律法,是应用数理统计分析的方法来选择对象。

这种方法由意大利经济学家帕累托(Pareto)提出,其基本原理为"关键的少数和次要的多数",抓住关键的少数可以解决问题的大部分。在价值工程中,这种方法的基本思路是,首先把一个产品的各种部件(或企业各种产品)按成本的大小由高到低排列起来,然后绘成费用累积分配图(图 8-2)。然后将占总成本 70% ~ 80% 而占零部件总数 10% ~ 20% 的零部件划分为 A 类部件;将占总成本 5% ~ 10% 而占零部件总数 60% ~ 80% 的零部件划分为 C 类;其余为 B 类。其中 A 类零部件是价值工程的主要研究对象。

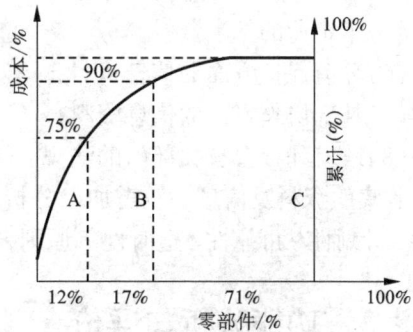

图 8-2　ABC 法分析原理图

ABC 分析法抓住成本比重大的零部件或工序作为研究对象,有利于集中精力重点突破,取得较大效果,同时简便易行,因此广泛为人们所采用。但在实际工作中,有时由于成本分配不合理,造成成本比重不大但用户认为功能重要的对象可能被漏选或排序推后。ABC 分析法的这一缺点可以通过经验分析法、强制确定法等方法补充修正。

3. 强制确定法

强制确定法,是以功能重要程度作为选择价值工程对象的一种分析方法。具体做法是,先求出分析对象的成本系数、功能系数,然后得出价值系数,从而判断分析对象的功能与成本之间是否相符。如果不相符,价值低的则被选为价值工程的研究对象。这种方法在功能评价和方案评价中也有应用。该方法详见本模块"功能系数的确定"。

4. 百分比分析法

百分比分析,是一种通过分析某种费用或资源对企业的某个技术经济指标的影响程度的大小(百分比),来选择价值工程对象的方法。

5. 价值指数法

价值指数法,是通过比较各个对象(或零部件)之间的功能水平位次和成本位次,寻找价值较低对象(零部件),将其作为价值工程研究对象的一种方法。

8.2.3 信息资料收集

当价值工程活动的对象选定以后，就要进一步开展信息资料收集工作，这是价值工程不可缺少的重要环节。通过信息资料的收集，可以得到价值工程活动的依据、标准和对比的对象；通过对比又可以受到启发，打开思路，发现问题，提到差距，以明确解决问题的方向、方针和方法。

开展价值工程活动所需的信息资料，应视具体情况而定。对于产品分析来说，一般应收集以下几个方面的资料：

(1)用户方面的信息资料；

(2)市场销售方面的信息资料；

(3)技术方面的信息资料；

(4)经济方面的信息资料；

(5)本企业的基本资料；

(6)环境保护方面的信息资料；

(7)外部协作方面的信息资料；

(8)政府和社会有关部门的法规、条例等方面的信息资料。

收集的资料及信息一般需加以分析、整理，剔除无效资料，使用有效资料；同时把握目的性、计划性、可靠性、适时性等原则，以利于价值工程活动的分析研究。

8.3 功能分析与评价

功能分析是价值工程活动的基本内容和核心。它通过分析信息资料，用动词与名词的组合方式简明正确地表达各对象的功能，明确功能特性要求，并绘制功能系统图，从而明确产品各功能之间的关系，以便于去掉不合理的功能，调整功能间的比重，使产品的功能结构更合理。

8.3.1 功能定义与功能分类

1. 功能定义

功能定义就是根据收集到的情报和资料，透过对象产品或部件的物理特征(或现象)，找出其效用或功用的本质东西，并逐项加以区分和规定效用，以简洁的语言描述出来。这里要求描述的是产品的"功能"，而不是对象的结构、外形或材质。因此，功能定义的过程就是解剖分析的过程，如图8-3所示。

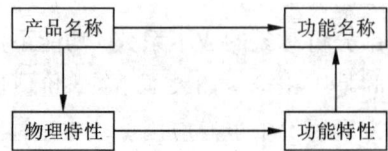

图8-3 功能定义的过程

功能定义一般采用两词法，即用两个词语的搭配来描述价值工程研究对象的功能。两个词语通常是动宾结构或主谓结构。如住宅有"提供居住空间"等功能，同时还需要具有"结构安全、居住舒适、造型大方、色泽柔和"等功能水平要求，前者为动宾结构，后者为主谓结构。功能定义时要注意正确简练、适当抽象、尽可能量化等要求。

功能定义的目的是：①明确对象产品和组成产品各部件的功能，藉以弄清产品的特性；②便于进行功能评价，因功能评价的对象是产品的功能，所以只有在给功能下定义后才能进行功能评价，通过评价弄清哪些是价值低的功能和有问题的功能，才有可能去实现价值工程的目的；③便于构思方案，对功能下定义的过程实际上也是为对象产品改进设计的构思过程，为价值工程的方案创造工作阶段做了准备，有利于方案构思。

2. 功能分类

任何产品都具有使用价值，即功能，这是存在于产品中的一种本质。为了弄清功能的定义，根据功能的不同特性，可以先将功能分为以下几类：

（1）按功能的重要程度分类，产品的功能一般可分为基本功能和辅助功能。基本功能就是要达到这种产品的目的所必不可少的功能，是产品的主要功能，如果不具备这种功能，这种产品就失去其存在的价值。辅助功能是为了更有效地实现基本功能而添加的功能，是次要功能，是为了实现基本功能而附加的功能。

（2）按功能的性质分类，功能可划分为使用功能和美学功能。使用功能从功能的内涵上反映其使用属性，而美学功能是从产品外观反映功能的艺术属性。

（3）按用户的需求分类，功能可分为必要功能和不必要功能。必要功能是指用户所要求的功能以及与实现用户所需求功能有关的功能，使用功能、美学功能、基本功能、辅助功能等均为必要功能；不必要功能是不符合用户要求的功能，包括三类：一是多余功能，二是重复功能，三是过剩功能。因此，价值工程的功能，一般是指必要功能。

（4）按功能的量化标准分类，产品的功能可分为过剩功能与不足功能。过剩功能是指某些功能虽属必要，但满足需要有余，在数量上超过了用户要求或标准功能水平。

不足功能是相对于过剩功能而言的，表现为产品整体功能或零部件功能水平在数量上低于标准功能水平，不能完全满足用户需要。

（5）按总体与局部分类，产品的功能可划分为总体功能和局部功能。总体功能和局部功能之间是目的与手段的关系，它以各局部功能为基础，又呈现出整体的新特征。

上述功能的分类不是功能分析的必要步骤，而是用以分辨确定各种功能的性质及其重要的程度。价值工程正是抓住产品功能这一本质，通过对产品功能的分析研究，正确、合理地确定产品的必备功能，消除多余的不必要功能，加强不足功能，削弱过剩功能；改进设计，降低产品成本。因此，可以说价值工程是以功能为中心，在可靠地实现必要功能基础上来考虑降低产品成本的。

8.3.2　功能整理

功能整理是用系统的观点将已经定义了的功能加以系统化，找出各局部功能相互之间的逻辑关系，并用图表形式表达，以明确产品的功能系统，从而为功能评价和方案构思提供依据。通过整理要求达到：

（1）明确功能范围：搞清楚几个基本功能，这些基本功能又是通过什么功能实现的。

（2）检查功能之间的准确程度：定义下得正确的就肯定下来，不正确的加以修改，遗漏的加以补充，不必要的就取消。

（3）明确功能之间上下位关系和并列关系，即功能之间的目的和手段关系。

功能整理的主要任务就是建立功能系统图。功能系统图是突破了现有产品和零部件的框框所取得的结果，它是按照一定的原则方式，将定义的功能连接起来，从单个到局部，从局部到整体形成的一个完整的功能体系，是该产品的设计构思。其一般形式如图 8 - 4 所示。

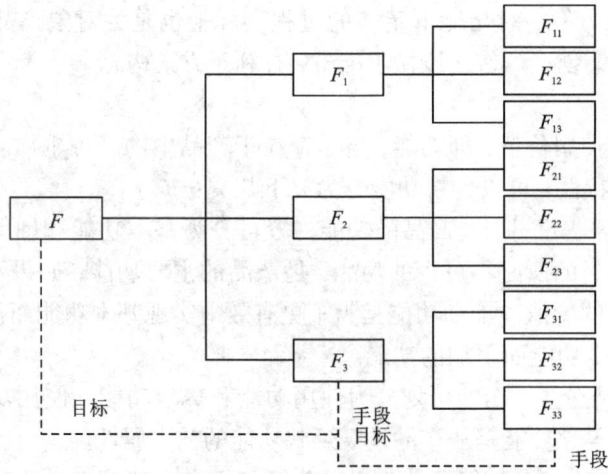

图 8 - 4　功能系统图

在图 8 - 4 中，从整体功能下开始，由左向右逐级展开，在位于不同级的相邻两个功能之间，左边的功能(上级)称为右边功能(下级)的目标功能，而右边的功能(下级)称为左边功能(上级)的手段功能。

8.3.3　功能评价

功能评价是在功能定义和功能整理完成之后，在已定性确定问题的基础上进一步做定量的确定，即评定功能的价值。

如前所述，价值 V 是功能与成本的比值。成本 C 是以货币形式来数量化的。问题是功能也必须数量化，即都用货币表示后才能把两者直接进行比较。但由于功能性质的不同，其量度单位也就多种多样，如美学功能一般是美、比较美、不美等概念来表示，它是非定量的。因此，功能评价的基本问题是功能的数量化，把定性指标转化为数量指标，为功能与成本提供可比性。

功能评价就是找出实现功能的最低费用作为功能的目标成本，以功能目标成本为基准，通过与功能现实成本的比较，求出两者的比值(功能价值)和两者的差异值(改善期望值)，然后选择功能价值低、改善期望值大的功能作为价值工程活动的重点对象。功能评价的程序如图 8 - 5 所示。

功能评价的方法包括功能成本法和功能指数法。

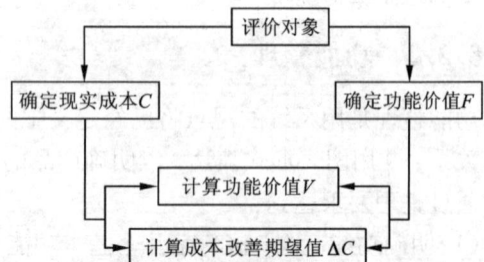

图 8 - 5　功能评价的程序

1. 功能成本法

功能成本法又称绝对值法,是通过一定的测算方法,测定实现应有功能所必须消耗的最低成本。根据功能评价的程序,首先要同时计算为实现应有功能所消耗的目标成本,经过分析、对比,求得对象的价值系数、确定价值工程的改进对象。其步骤如下:

(1)功能现实成本的计算。功能现实成本的计算与一般的传统的成本核算既有相同点,也有不同之处。两者相同点是指它们在成本费用的构成项目上是完全相同的;而两者的不同之处在于,功能现实成本的计算是以对象的功能为单位,而传统的成本核算是以产品或零部件为单位。因此,在计算功能现实成本时,就需要根据传统的成本核算资料,将产品或零部件的现实成本换算成功能的现实成本。具体地讲,当一个零部件只具有一个功能时,该零部件的成本就是它本身的功能成本;当一项功能要由多个零部件共同实现时,该功能的成本就等于这些零部件的功能成本之和;当一个零部件具有多项功能或同时与多项功能有关时,就需要将零部件成本分摊给各项有关功能,至于分摊的方法和分摊的比例,可根据具体情况决定。

(2)功能评价值的计算。对象的功能评价值 F(目标成本),是指可靠地实现用户要求功能的最低成本,可以根据图纸和定额,也可根据国内外先进水平或市场竞争的价格等来确定。它可以理解为是企业有把握,或者说应该达到的实现用户要求功能的最低成本。从企业目标的角度来看,功能评价值可以看成是企业预期的、理想的成本目标值。功能评价值一般以功能货币价值形式计算。求功能评价值的方法较多,常用功能重要性系数评价法。这种方法是把功能划分为几个功能区(即子系统),并根据各功能区的重要程度和复杂程度,确定各个功能区在总功能中所占的比重,即功能重要性系数;然后将产品的目标成本按功能重要性系数分配给各功能区作为该功能区的目标成本,即功能评价值。确定功能重要性系数的重要问题是对功能打分,常用功能打分法有强制打分法(0-1 评分法或 0-4 评分法)、多比例评分法、逻辑评分法、环比评分法(又称 DARE 法)等。

1)强制确定法,又称 FD 法,包括 0-1 法和 0-4 法两种方法。它是采用一定的评分规则,采用强制对比打分评定评价对象的功能重要性系数。下面以 0-1 法为例来加以说明。

0-1 法是将各功能一一对比,重要者得 1 分,不重要的得 0 分;然后,为防止功能重要性中出现 0 的情况,用各加 1 分的方法进行修正,最后用修正得分除以总得分即为功能重要性系数。其过程如表 8-2 所示。

表 8-2 0-1 评分法

功能	F_1	F_2	F_3	F_4	F_5	得分	修正得分	功能系数
F_1	×	0	0	1	1	2	3	0.20
F_2	1	×	1	1	1	4	5	0.33
F_3	1	0	×	1	1	3	4	0.27
F_4	0	0	0	×	0	0	1	0.07
F_5	0	0	0	1	×	1	2	0.13
合 计						10	15	1.00

强制确定法适用于被评价对象在功能重要程度上的差异不太大，且评价对象子功能数目不太多的情况。利用 0 - 4 法通常不需要修正，因为对比时有 0/4，1/3，2/2 计分结果。

2) 多比例评分法，是强制确定法的延伸，它是在对比评分时按 (0，10)、(1，9)、(2，8)、(3，7)、(4，6)、(5，5) 这 6 种比例来评定功能重要性系数，其过程如表 8 - 3 所示。

表 8 - 3　多比例评分法

功能	F_1	F_2	F_3	F_4	F_5	得分	功能系数
F_1	×	4	2	6	7	19	0.19
F_2	6	×	4	8	7	25	0.25
F_3	8	6	×	9	9	32	0.32
F_4	4	2	1	×	4	11	0.11
F_5	3	3	1	6	×	13	0.13
合　　计						100	1.00

3) 环比评分法，又称 DARE 法。这种方法是先从上至下依次比较相邻两个功能的重要程度，给出功能重要度比值，然后令最后一个被比较的功能的重要度值为 1 (作为基数)，依次修正重要度比值。其修正的方法是用排列在下面的功能修正重要度比值乘以与其相邻的上一个功能的重要度比值，就得出上一个功能的修正重要度比值。求出所有的修正重要度比值后，用其去除以总和数，得出各个功能的重要性系数，其具体过程如表 8 - 4 所示。

表 8 - 4　环比评分法

功　能	重要度比值	修正重要度比值	功能系数
F_1	1.50 → 2.25		0.29
F_2	0.50 → 1.5		0.19
F_3	3.0 → 3.00		0.39
F_4	1.00		0.13
合　　计	7.75		1.00

环比评分法适用于各个评价对象之间有明显的可比关系，能直接对比，并能准确地评定功能重要度比值。

4) 逻辑评分法。该方法是按照逻辑思维，判断各评价对象在功能重要度方面的关系，评定分数，从而推算出评价对象的功能重要性系数。其基本做法是：先将各评价对象按功能重要度上大小的顺序排列在表中；然后选定基准评价对象，适当规定其评分值；最后根据逻辑判断，自上而下地找出各评价对象功能重要度之间的数量关系，根据这种数量关系，推算出评价对象的功能指数，如表 8 - 5 所示。

逻辑评分法是一种相对评分法，适用于功能逻辑关系明显可比的情况。

表 8-5　逻辑评分法

功　能	逻辑关系(功能关系)	评分值	功能系数
F_1	$F_1 > 3F_2$	500	0.64
F_2	$F_2 > F_3 + F_4 + F_5 + F_6 + F_7$	150	0.19
F_3	$F_3 > F_5 + F_6 + F_7$	50	0.06
F_4	$F_4 > F_5 + F_6$	40	0.05
F_5	$F_5 > F_6$	20	0.03
F_6	$F_6 > F_7$	15	0.02
F_7	F_7	10	0.01
合　计		785	1.00

(3)计算功能价值系数与成本改善期望值。其表达式为：

$$价值系数(V) = \frac{功能评价值(F)}{功能现实成本(C)} \qquad (8-3)$$

$$成本改善期望值 = 功能现实成本 - 功能评价值 \qquad (8-4)$$

根据上述计算公式，功能的价值系数不外乎以下几种结果：

$V=1$。表示功能评价值等于功能现实成本，这表明评价对象的功能现实成本与实现功能所必需的最低成本大致相当，说明评价对象的价值为最佳，一般无须改进。

$V<1$。此时功能现实成本大于功能评价值。表明评价对象的现实成本偏高，而功能要求不高，这时一种可能是由于存在着过剩的功能，另一种可能是功能虽无过剩，但实现功能的条件或方法不佳，致使实现功能的成本大于功能的实际需要。

$V>1$。说明该部件功能比较重要，但分配的成本较少，即功能现实成本低于功能评价值，应具体分析，可能功能与成本分配已较理想，或者有不必要的功能，或者应该提高成本。

2. 功能指数法

功能指数法(又称相对值法)是通过评定各对象功能的重要程度，用功能指数 F_i 来表示其功能程度的大小，然后将评价对象的功能指数 F_i 与相对应的成本指数 C_i 进行比较，得出该评价对象的价值指数 V_i，从而确定改进对象，并求出该对象的成本改进期望值。其表达式如下：

$$功能系数(F_i) = \frac{某功能的重要性得分}{所有功能的总得分} \qquad (8-5)$$

$$成本系数(C_i) = \frac{某功能的现实成本}{产品成本(所有功能的现实成本)} \qquad (8-6)$$

$$价值指数(V_i) = \frac{功能系数(F_i)}{成本系数(C_i)} \qquad (8-7)$$

根据计算结果又分三种情况：

$V_i=1$。此时评价对象的功能比重与成本比重大致平衡，合理匹配，可以认为功能的现实成本是比较合理的。

$V_i < 1$。此时评价对象的成本比重大于其功能比重，表明相对于系统内的其他对象而言，目前所占的成本偏高，从而会导致该对象的功能过剩。

$V_i > 1$。此时评价对象的成本比重小于其功能比重。出现这种结果的原因可能有三个，第一个原因是由于现实成本偏低，不能满足评价对象实现其应具有的功能的要求，致使对象功能偏低；第二个原因是对象目前具有的功能已经超过了其应该具有的水平，也即存在过剩功能；最后一个原因是对象在技术、经济等方面具有某些特征，在客观上存在着功能很重要而需要消耗的成本却很少的情况。

确定 VE 对象的改进范围。从以上分析可以看出，对产品部件进行价值分析，就是使每个部件的价值系数尽可能趋近于1。为此，确定改进对象的原则如下：①F/C 值低的功能区域，目标成本与现实成本的比值小于1的属于低功能领域，基本上都应作为提高功能对象，通过改进设计使 V 达到1。②(C−F) 值大的功能区域，因为 (C−F) 的值反映了成本应降低的绝对值，该值愈大，说明成本降低的幅度也愈大。如果有几个功能对象的 V 都很低时，则应选中 (C−F) 值大的作为优先功能改进对象。③复杂的功能区域，即指要实现该功能需要许多部件，且组织或结构复杂，这些复杂的功能领域也应列为研究的重点。

例8.1 某高新技术开发区有两幢科研楼和一幢综合楼，其设计方案对比如下：

A 楼：结构方案为大柱网框架轻墙体系，采用预应力大跨度叠合楼板，墙体材料采用多孔砖及移动式可拆装式分室隔墙，窗户采用单框双玻璃钢塑窗，面积利用系数为93%，单方造价为1638 元/m²。

B 楼：结构方案同 A 楼方案，墙体采用内浇外砌，窗户采用单框双玻璃空腹钢窗，面积利用系数为87%，单方造价为1308 元/m²；

C 楼：结构方案采用砖混结构体系，采用多孔预应力板，墙体材料采用标准黏土砖，窗户采用单框双玻璃空腹钢窗，面积利用系数为79%，单方造价为1182 元/m²。

各方案功能权重与功能得分如表8−6所示。

试用价值工程方法选择最优设计方案。

表8−6 各方案功能权重与功能得分

功能 \ 方案	功能权重	方案对比得分		
		A	B	C
结构体系	0.30	10	10	8
模板类型	0.05	10	10	9
墙体材料	0.20	8	9	7
面积系数	0.35	9	8	7
窗户类型	0.10	9	7	8

解： 运用价值工程的方法、过程和原理进行设计方案评价选优。分别计算各方案的功能系数、成本系数和价值指数，并根据价值指数选择最优方案。

148

（1）计算各方案的功能系数，如表8-7所示。

表8-7 各方案功能系数计算表

方案功能	合 计	功能权重	A	B	C
结构体系		0.30	10	10	8
模板类型		0.05	10	10	9
墙体材料		0.20	8	9	7
面积系数		0.35	9	8	7
窗户类型		0.10	9	7	8
功能加权得分	25.45		9.15	8.80	7.50
功能系数	1.00		0.3595	0.3458	0.2947

（2）计算各方案的成本系数，如表8-8所示。

表8-8 各方案成本系数计算表

方案	A	B	C	合 计
单方造价（元/m²）	1638	1308	1182	4128
成本系数	0.3968	0.3169	0.2863	1.00

（3）计算各方案的价值指数，如表8-9所示。

表8-9 各方案价值指数计算表

方案	A	B	C
功能系数	0.3595	0.3458	0.2947
成本系数	0.3968	0.3169	0.2863
价值指数	0.9061	1.0913	1.0292

由表8-9的计算结果可知，B方案的价值指数最高，为最优方案。

例8.2 为控制工程造价和进一步降低费用，拟针对所选的最优设计方案的土建工程部分，以工程材料费为对象开展价值工程分析，将土建工程部分划为4个功能项目，各功能项目评分值及其目前成本如表8-10所示。按限额设计要求，目标成本额应控制为12800万元。试分析各功能项目的目标成本及其可能降低的额度，并确定功能改进的顺序。

表 8 – 10   各方案功能权重与功能得分表

功能项目	功能评分	目前成本（万元）
桩基围护工程	10	1520
地下室工程	12	1482
主体结构工程	36	5705
装饰工程	38	5105
合 计	96	13812

解： 根据表 8 – 10 所列数据，分别计算桩基维护工程、地下室工程、主体结构工程和装饰工程的功能系数、成本系数和价值指数；再根据给定的总目标成本额，计算各工程内容的目标成本额，从而确定其成本降低额度。具体计算结果汇总如表 8 – 11 所示。

表 8 – 11   各工程功能评价计算表

功能项目	功能评分	目前成本（万元）	功能系数	目标成本（万元）	成本系数	价值指数	成本降低额（万元）
桩基围护工程	10	1520	0.1042	1334	0.1101	0.9465	187
地下室工程	12	1482	0.1250	1600	0.1073	1.1650	− 118
主体结构工程	36	5705	0.3750	4800	0.4130	0.9079	905
装饰工程	38	5105	0.3958	5066	0.3696	1.0710	38
合 计	96	13812	1.00	12800	1.00	—	1012

由表 8 – 11 的计算结果可知，桩基维护工程、主体结构工程和装饰工程均应通过适当方式降低成本，地下室工程可以适当提高成本。根据成本降低额的大小及价值指数偏离"1"的远近程度，功能改进顺序依次为主体结构工程、桩基围护工程、地下室工程、装饰工程。

8.4   方案创造与评价

8.4.1   方案创造

方案创造是从提高对象的功能价值出发，在正确的功能分析和评价的基础上，针对应改进的具体目标，通过创造性的思维活动，提出能够可靠地实现必要功能的新方案。

价值工程的活动能否取得成功，关键在于在功能分析后能否构思出可行的方案。如果不能构思出最佳的可行方案则将前功尽弃。

方案创造的理论依据是功能载体具有替代性。为了引导和启发进行创造性的思考，常用的方法有以下几种：

1. 头脑风暴法

头脑风暴（Brain Storming，BS）法，是指通过会议形式，针对指定问题畅所欲言地提出解决的方案。这种方法以 5 ~ 10 人的小型会议的方式为宜,要求与会者应是各方面的专家,会议的主持者应熟悉研究对象,思想活跃,知识面广,善于启发引导,使会议气氛融洽,使与会者广开思路,畅所欲言。会议应按以下原则进行:

(1)欢迎畅所欲言,自由地发表意见。

(2)希望提出的方案越多越好。

(3)对所有提出的方案不加任何评价。

(4)要求结合别人的意见提设想,借题发挥。

(5)会议应有记录,以便于整理研究。

2. 歌顿法

歌顿(Gorden)法,是美国人歌顿在 1964 年提出的方法。这种方法的指导思想是把要研究的问题适当抽象,以利于开拓思路。在研究新方案时,会议主持人开始并不全部摊开要解决的问题,而是只对大家做一番抽象笼统的介绍,要求大家提出各种设想,以激发出有价值的创新方案。例如,想要研究试制一种新型剪板机,主持会议者请大家就如何进行切断和分离提出方案。当会议进行到一定时机,再宣布会议的具体要求,在此联想的基础上研究和提出各种新的具体方案。

这种方法要求会议主持人机智灵活、提问得当。提问太具体,容易限制思路;提问太抽象,则方案可能离题太远。

3. 专家意见法

专家意见法又称德尔菲(Delphi)法,是由组织者将研究对象的问题和要求,函寄给若干有关专家,使他们在互不商量的情况下提出各种建议和设想,专家返回设想意见,经整理分析后,归纳出若干较合理的方案和建议,再函寄给有关专家征求意见,再回收整理,如此经过几次反复后专家意见趋向一致,从而最后确定出新的功能实现方案。

这种方法的特点是专家们彼此不见面,研究问题时间充裕,可以无顾虑、不受约束地从各种角度提出意见和方案。缺点是花费时间较长,缺乏面对面的交谈和商议。

4. 专家检查法

专家检查法不是靠大家想办法,而是由主管设计的工程师做出设计,提出完成所需功能的办法和生产工艺,然后按顺序请各方面的专家(如材料方面的、生产工艺的、工艺装备的、成本管理的、采购方面的)审查。这种方法先由熟悉的人进行审查,以提高效率。

方案创造的方法很多。总的精神是要充分发挥各有关人员的智慧,集思广益,多提方案,从而为评价方案创造条件。

8.4.2　方案评价

方案评价是在方案创造的基础上对新构思方案的技术、经济和社会效果等几方面进行估价,以便于选择最佳方案。

1. 方案评价的步骤与内容

方案评价包括概略评价和详细评价两个阶段。其评价内容和步骤都包括有技术评价、经济评价、社会评价以及综合评价。在对方案进行评价时,无论是概略评价还是详细评价,一般可先做技术评价,再分别做经济评价和社会评价,最后做综合评价。其过程如图 8 - 4 所示。

在方案实施过程中，应该对方案的实施情况进行检查，发现问题及时解决。方案实施完成后，要进行总结评价和验收。

概略评价是对方案创新阶段提出的各个方案设想进行初步评价，目的是淘汰那些明显不可行的方案，筛选出少数几个价值较高的方案，以供详细评价做进一步的分析。

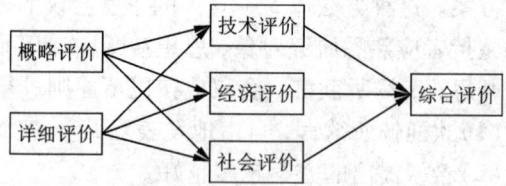

图 8-4 方案评价步骤示意图

详细评价是在掌握大量数据资料的基础上，对通过概略评价的少数方案，从技术、经济、社会三个方面进行详尽的评价分析，为提案的编写和审批提供依据。

在对方案进行评价时，无论是概略评价还是详细评价，一般可先做技术评价，再分别进行经济评价和社会评价，最后进行综合评价。

表 8-12 创新方案评价内容比照表

	概 略 评 价	详 细 评 价
技术评价	分析和研究创新方案能否满足所要求的功能及其本身在技术上能否实现	以用户需要的功能为依据，对创新方案的必要功能条件实现的程度做出分析评价。特别对产品或零部件，要对功能的实现程度、可靠性、维修性、操作性、安全性以及系统的协调性等进行评价
经济评价	分析和研究产品成本能否降低和降低的幅度，以及实现目标成本的可能性	考虑成本、利润、企业经营的要求；创新方案的适用期限与数量；实施方案所需费用、节约额与投资回收期以及实现方案所需的生产条件等
社会评价	分析研究创新方案对社会利害影响的大小	研究和分析创新方案给国家和社会带来的影响（如环境污染、生态平衡、国民经济效益等）
综合评价	分析和研究创新方案能否使价值工程活动对象的功能和价值有所提高	在上述评价的基础上，明确规定评价项目；分析各个方案对每一评价项目的满足程度；根据方案对各评价项目的满足程度来权衡利弊，判断各方案的总体价值，从而选出总体价值最大的方案

2. 方案评价方法

用于方案综合评价的方法有很多，常用的定性方法有德尔菲法、优缺点列举法等；常用的定量方法有直接评分法、加权评分法、比较价值评分法、环比评分法、强制评分法、几何平均值评分法等。下面简要介绍几种方法。

（1）优缺点列举法。这种方法是把每一个方案在技术上、经济上的优缺点详细列出，进行综合分析，并对优缺点做进一步调查，用淘汰法逐步缩小考虑范围，从范围不断缩小的过程中找出最后的结论。

（2）直接评分法。这种方法根据各种方案能够达到各项功能要求的程度，按 10 分制（或 100 分制）评分，然后算出每个方案达到功能要求的总分，比较各方案总分，做出采纳、保留、舍弃的决定，再对采纳、保留的方案进行成本比较，最后确定最优方案。

（3）加权评分法。加权评分法，又称矩阵评分法。这种方法是将功能、成本等各种因素，根据要求的不同进行加权计算，权数大小应根据它在产品中所处的地位而定，算出综合分数，最后与各方案寿命周期成本进行综合分析，选择最优方案。加权评分法主要包括以下四个步骤：①确定评价项目及其权重系数；②根据各方案对各评价项目的满足程度进行评分；③计算各方案的评分权数；④计算各方案的价值系数，以较大的为优。

方案经过评价，不能满足要求的就淘汰，有价值的就保留。

思考练习题

1. 什么是价值工程？
2. 提高价值工程的途径有哪些？
3. 价值工程的工作程序有哪些？
4. 方案创造的方法有哪些？
5. 某施工单位承接了某项工程的总包施工任务，该工程由 A、B、C、D 四项工作组成，施工场地狭小。为了进行成本控制，项目经理部对各项工作进行了分析，其结果见表 8-13：

表 8-13　功能成本分析表

工作	功能评分	预算成本（万元）
A	15	650
B	35	1200
C	30	1030
D	20	720
合计	100	3600

工程进展到第 25 周 5 层结构时，公司各职能部门联合对该项目进行突击综合大检查。

检查成本时发现：C 工作，实际完成预算费用 960 万元，计划完成预算费用为 910 万元，实际成本 855 万元，计划成本 801 万元。

检查现场时发现：

(1) 塔吊与临时生活设施共用一个配电箱，无配电箱检查记录。

(2) 塔吊由木工班长指挥。

(3) 现场单行消防通道上乱堆材料，仅剩 1 m 宽左右通道，端头 20 m×20 m 场地堆满大模板。

(4) 脚手架和楼板模板拆除后乱堆乱放，无交底记录。

工程进展到第 28 周 4 层结构拆模后，劳务分包方作业人员直接从窗口向外乱抛垃圾造成施工扬尘，工程周围居民因受扬尘影响，有的找到项目经理要求停止施工，有的向有关部门投诉。

问题：

(1) 计算下表中 A、B、C、D 四项工作的功能系数、成本系数和价值系数（计算结果保留小数点后两位）。

表 8 – 14 功能评价计算表

工作	功能评分	预算成本（万元）	功能系数	成本系数	价值系数
A	15	650			
B	35	1200			
C	30	1030			
D	20	720			
合计	100	3600			

(2)在 A、B、C、D 四项工作中，施工单位应首选哪项工作作为降低成本的对象，为什么？

(3)计算并分析 C 工作的费用偏差和进度偏差情况。

(4)根据公司检查现场发现的问题，项目经理部应如何进行整改？

(5)针对本次扬尘事件，项目经理应如何协调和管理？

附录一 工程项目财务评价案例

一、工程项目概况

某公司拟投资新建一个生产性工程项目，主要生产×产品。这种产品是××行业不可或缺的原材料，目前国内市场供不应求，每年还需一定数量的进口。

该项目厂址位于 M 市工业园区，占地约 30 亩，与铁路、高速公路等对外运输设施，水电供应可靠。

该项目由主要生产项目、辅助生产项目、附属公用工程以及配套环保工程四部分组成。

二、工程项目调查与基础数据

（一）项目生产规模与产品方案

某公司拟投资新建一个生产性建设项目，其中项目投资建设期3年，项目关键设备的经济服务期为 10 年，第四年开始生产。

按照目前市场容量，项目设计生产能力为 500 万件，投产当年达到设计生产能力60%，第二年起达到设计生产能力。

（二）项目基础数据估算与资金筹措资料

1. 工程费用

该项目由主要生产项目、辅助生产项目、附属公用工程以及配套环保工程四部分的工程费用估算如表一所示：

表一 项目建设工程费用估算表　　　单位：万元

序号	工程项目	建筑工程费	设备购置费	安装工程费	总费用
1	主要生产项目	2850	1670	680	5200
2	辅助生产项目	1250	900	750	2900
3	附属公用工程	1040	550	110	1700
4	配套环保工程	400	700	100	1200

2. 工程建设其他费用

工程建设其他费用预计需要800万元，其中土地费用约为600万元，无形资产为150万元，递延资产50万元。

3. 预备费

基本预备费为工程费用与工程建设其他费用合计的15%，建设期内涨价预备费的平均费率为5%。

4.资金筹措情况

项目建设资金来源为自有资金和贷款。建设期内预计长期贷款总额为6000万元,贷款年利率为7%(按半年计息),还款方式为等额还本法偿还。贷款在建设期内按项目的建设进度投入,即第一年投入30%,第二年投入50%,第三年投入20%。

各项流动资金的最低周转天数分别为:应收账款40天,现金30天,应付账款30天,存货20天。项目所需流动资金全部以贷款方式筹集,拟在运营期第1年贷入60%,第二年贷入40%,流动资金贷款年利率5.25%(按年计息),还款方式为运营期内每年末只还所欠利息,项目期末偿还本金。

5.项目总投资估算

根据市场信息与相关基础资料,可估算项目建设投资与流动资金投资,具体分别见表二、表三。

表二　项目建设投资估算表

单位:万元

序号	费用名称	投资额	备注
1	建设投资静态部分	13570.00	
1.1	工程费用	11000.00	
1.2	工程建设其他费用	800.00	
1.3	基本预备费	1770.00	
2	建设投资动态部分	1785.23	
2.1	涨价预备费	1075.53	
2.2	建设期贷款利息	709.70	
2.3	固定资产投资方向调节税	0.00	
3	建设投资	15355.23	

说明:

1)建设(固定资产)投资的构成:动态投资+静态投资

2)静态投资=工程费用+工程建设其他费用+基本预备费

3)动态投资=涨价预备费+固定资产投资方向调节税+建设期贷款利息

4)工程费用=建筑工程费+设备及工器具购置费+安装工程费

5)基本预备费=(工程费+工程建设其他费用)×基本预备费费率

6)涨价预备费:按照投资计划比照复利法计算利息的方式计算:$PC = \sum_{t=0}^{n} I_t [(1+f)^{m+t} - 1]$

7)建设期贷款利息的计算:每年应计利息=(年初借款本息累计+本年借款额/2)×年利率

表三　流动资金估算表　　　　　单位：万元

序号	项目	合计	投产期 4	达产期 5	达产期 6~13
1	流动资产	3493.06	2095.84	3493.06	3493.06
1.1	应收账款	1944.44	1166.66	1944.44	1944.44
1.2	存货	1379.45	827.67	1379.45	1379.45
1.2.1	原材料	222.22	133.33	222.22	222.22
1.2.2	燃料动力	138.89	83.33	138.89	138.89
1.2.3	在产品	505.56	303.34	505.56	505.56
1.2.4	产成品	512.78	307.67	512.78	512.78
1.3	现金	169.17	101.50	169.17	169.17
2	流动负债	541.67	325.00	541.67	541.67
2.1	应付账款	541.67	325.00	541.67	541.67
3	流动资金	2951.39	1770.84	2951.39	2951.39

说明：

1）流动资金＝流动资产－流动负债；流动资产＝应收账款＋存货＋现金；流动负债＝应付账款

2）年周转次数＝360/周转天数

3）应收账款＝年销售收入/应收账款年周转次数

4）现金＝(年工资和福利费＋其他费用)/现金年周转次数

5）存货＝外购原材料＋外购燃料动力＋在产品＋产成品

6）原材料、燃料费＝(年外购原材料、燃料费)/存货(原材料、燃料动力)年周转次数

7）在产品＝(年工资和福利费＋其他制造费用＋年外购原材料、燃料动力费＋年修理费)/存货(在产品)年周转次数

8）产产品＝(年工资和福利费＋其他费用＋年外购原材料、燃料动力费＋年修理费)/存货(产产品)年周转次数

9）应付账款＝(年外购原材料、燃料费)/应付账款年周转次数

6. 项目资金计划与筹措分析

根据市场信息与相关基础资料，项目投资计划与资金筹措见表四。

表四　投资使用计划与资金筹措表　　　　　单位：万元

序号	项目	合计	建设期 1	建设期 2	建设期 3	投产期 4	达产期 5
1	项目投入总资金	18306.62	4300.08	7588.27	3466.88	1770.83	1180.56
1.1	建设投资(不含建设期利息)	14645.53	4236.00	7348.75	3060.78		
1.2	建设期贷款利息	709.70	64.08	239.52	406.10		
1.3	流动资金	2951.39				1770.83	1180.56
2	资金筹措	18306.62	4300.08	7588.27	3466.88	1770.83	1180.56

续表四

| 序号 | 项 目 | 合计 | 建设期 | | | 投产期 | 达产期 |
			1	2	3	4	5
2.1	自有资金	8645.53	2436.00	4348.75	1860.78	0.00	0.00
2.1.1	用于建设投资	8645.53	2436.00	4348.75	1860.78		
2.1.2	用于流动资金						
2.2	借款	9661.09	1864.08	3239.52	1606.10	1770.83	1180.56
2.2.1	建设投资借款	6000.00	1800.00	3000.00	1200.00		
2.2.2	流动资金借款	2951.39				1770.83	1180.56
2.2.3	建设期贷款利息	709.70	64.08	239.52	406.10		

(三)产品成本分析

1.产品成本基础数据

(1)单位产品原材料、燃料动力、人工成本估算见表五：

表五　产品成本估算表　　　　　　　　　　　单位：元/t

序 号	项 目	单价(含税)
1	原材料	8
2	燃料动力	5
3	工资福利	3

(2)预计项目投产后定员300人，每人每年工资和福利费预计在50000元左右。

(3)工资福利费中70%计入可变成本，其余计入固定成本。

(4)预计项目建设投资将全部形成固定资产，使用年限10年，残值率为8%(按直线法计提折旧)。无形资产、递延资产摊销期分别为10年与5年。

(5)财务费用仅考虑利息支出；

(6)初步估算每年的其他费用530万元(其中其他制造费用400万元)；年外购原材料、燃料动力费为6500万元；年修理费为700万元。

2.产品成本估算

根据市场信息与相关基础资料，可测算项目固定资产折旧、递延资产摊销以及总成本费用，具体分别见表六、表七、表八。

3.长期借款偿还计划于还本付息估算

根据市场信息与相关基础数据，对长期借款偿还计划于还本付息估算情况(见表九)。

(四)产品销售价格分析与利润分配方案

1.销售收入和销售税金及附加估算

通过市场调查，初步确定产品销售单价为30元/件(含税)；在此价格下基本能做到产销平衡。根据市场信息与相关基础数据，销售收入和销售税金及附加估算情况(见表十)。

2.税后利润分配

首先作为未分配利润偿还借款本金,然后按税后利润弥补完前年度亏损后的10%计提法定盈余公积金;最后将剩余部分作为应付利润分配给投资者。

(五)税费政策与行业经济参数

1.有关税费

(1)增值税,税率为17%。

(2)教育费附加费,费率为3%。

(3)城市维护建设税,税率为7%。

(4)投资方向调节税(已停,不予考虑)。

(5)企业所得税,税率为25%。

2.行业经济参数

(1)行业平均收益率10%。

(3)行业基准投资回收期10年。

(3)行业平均投资利润率12%。

三、工程项目财务评价

(一)财务评价报表编制

根据前期调查与基础数据,可编制项目相关财务报表:

1.损益表,见表十一。

2.财务现金流量表(全部投资),见表十二。

3.财务现金流量表(自有资金),见表十三。

4.资金来源与运用表,见表十四。

5.资产负债表,见表十五。

表六 固定资产折旧估算表

单位：万元

序号	项目	合计	生产期									
			4	5	6	7	8	9	10	11	12	13
1	固定资产原值	15155.23										
2	年折旧率	92.00%	9.20%	9.20%	9.20%	9.20%	9.20%	9.20%	9.20%	9.20%	9.20%	9.20%
3	年折旧费		1394.28	1394.28	1394.28	1394.28	1394.28	1394.28	1394.28	1394.28	1394.28	1394.29
4	固定资产净值		13760.95	12366.67	10972.39	9578.11	8183.83	6789.55	5395.27	4000.99	2606.71	1212.42

说明：

1) 固定资产原值=建设（固定资产）投资－无形资产－递延资产

2) 直线折旧法年折旧率=（1－残值率）/折旧年限

3) 年折旧费=固定资产原值×年折旧率（或：（原值－残值）/折旧年限）

4) 固定资产余（净）值=年折旧费*（固定资产使用年限－营运期）＋残值

表七 无形及递延资产摊销估算表

单位：万元

序号	项目	合计	生产期									
			4	5	6	7	8	9	10	11	12	13
1	无形资产原值	150										
	本年摊销费		15	15	15	15	15	15	15	15	15	15
	无形资产净值		135	120	105	90	75	60	45	30	15	0
2	递延资产原值	50										
	本年摊销费		10	10	10	10	10	0				
	递延资产净值		40	30	20	10	0					
3	本年摊销费合计	200	25	25	25	25	25	15	15	15	15	15
	无形与递延资产净值		175	150	125	100	75	60	45	30	15	0

表八 总成本费用估算表

单位：万元

序号	项目	合计	投产期 4	达产期 5	6	7	8	9	10	11	12	13
	生产负荷		60%	100%	100%	100%	100%	100%	100%	100%	100%	100%
1	外购原材料	38400.00	2400.00	4000.00	4000.00	4000.00	4000.00	4000.00	4000.00	4000.00	4000.00	4000.00
2	燃料动力费	24000.00	1500.00	2500.00	2500.00	2500.00	2500.00	2500.00	2500.00	2500.00	2500.00	2500.00
3	工资福利费	14400.00	900.00	1500.00	1500.00	1500.00	1500.00	1500.00	1500.00	1500.00	1500.00	1500.00
4	修理费	7000.00	700.00	700.00	700.00	700.00	700.00	700.00	700.00	700.00	700.00	700.00
5	折旧费	13942.81	1394.28	1394.28	1394.28	1394.28	1394.28	1394.28	1394.28	1394.28	1394.28	1394.29
6	摊销费	200.00	25.00	25.00	25.00	25.00	25.00	15.00	15.00	15.00	15.00	15.00
7	财务费用	4115.04	570.70	584.91	537.13	489.36	441.59	393.82	346.04	298.27	250.50	202.72
7.1	长期借款利息	2627.52	477.73	429.96	382.18	334.41	286.64	238.87	191.09	143.32	95.55	47.77
7.2	流动资金借款利息	1487.52	92.97	154.95	154.95	154.95	154.95	154.95	154.95	154.95	154.95	154.95
8	其他费用	5300.00	530.00	530.00	530.00	530.00	530.00	530.00	530.00	530.00	530.00	530.00
9	总成本费用	107357.85	8019.98	11234.19	11186.41	11138.64	11090.87	11033.10	10985.32	10937.55	10889.78	10842.01
9.1	其中：可变成本	72480.00	4530.00	7550.00	7550.00	7550.00	7550.00	7550.00	7550.00	7550.00	7550.00	7550.00
9.2	固定成本	34877.85	3489.98	3684.19	3636.41	3588.64	3540.87	3483.10	3435.32	3387.55	3339.78	3292.01
10	经营成本	89100.00	6030.00	9230.00	9230.00	9230.00	9230.00	9230.00	9230.00	9230.00	9230.00	9230.00

说明：

1）总成本费用＝外购原材料、燃料动力＋工资福利＋修理费＋折旧费＋摊销费＋财务费用＋其他费用

2）经营成本＝总成本费用－折旧费－摊销费－财务费用

表九　长期借款偿还计划表

单位：万元

序号	项目	建设期			投产期					达产期				
		1	2	3	4	5	6	7	8	9	10	11	12	13
1	借款													
1.1	年初本息余额		1864.08	5103.60	6709.70	6038.73	5367.76	4696.79	4025.82	3354.85	2683.88	2012.91	1341.94	670.97
1.2	本年借款	1800.00	3000.00	1200.00	0.00	0.00	0.00	0.00	0.00	0.00	0.00	0.00	0.00	0.00
1.3	本年应计利息	64.08	239.52	406.10	477.73	429.96	382.18	334.41	286.64	238.87	191.09	143.32	95.55	47.77
1.4	本年还本付息				1148.70	1100.93	1053.15	1005.38	957.61	909.84	862.06	814.29	766.52	718.74
	其中：还本				670.97	670.97	670.97	670.97	670.97	670.97	670.97	670.97	670.97	670.97
	付息				477.73	429.96	382.18	334.41	286.64	238.87	191.09	143.32	95.55	47.77
1.5	年末本息余额	1864.08	5103.60	6709.70	6038.73	5367.76	4696.79	4025.82	3354.85	2683.88	2012.91	1341.94	670.97	0.00
2	还本资金来源				1419.28	1419.28	1419.28	1419.28	1419.28	1409.28	1409.28	1409.28	1409.28	1409.29
2.1	未分配利润													
2.2	折旧				1394.28	1394.28	1394.28	1394.28	1394.28	1394.28	1394.28	1394.28	1394.28	1394.29
2.3	摊销				25.00	25.00	25.00	25.00	25.00	15.00	15.00	15.00	15.00	15.00
2.4	其他资金													

说明：

1) 还款方式有等额本息、等额本金、最大还款能力等方式

2) 还本资金来源应优先考虑折旧与摊销，当折旧与摊销不足时一般在税后利润分配前补足

单位：万元

表十　销售收入和销售税金及附加估算表

序号	项　　目	合计	投产期 4	达产期 5	6	7	8	9	10	11	12	13
	生产负荷		60%	100%	100%	100%	100%	100%	100%	100%	100%	100%
1	销售收入	144000.00	9000.00	15000.00	15000.00	15000.00	15000.00	15000.00	15000.00	15000.00	15000.00	15000.00
	单价(含税)		30.00	30.00	30.00	30.00	30.00	30.00	30.00	30.00	30.00	30.00
	销售量(万件)	4800.00	300.00	500.00	500.00	500.00	500.00	500.00	500.00	500.00	500.00	500.00
2	销售税金及附加	13042.07	815.12	1358.55	1358.55	1358.55	1358.55	1358.55	1358.55	1358.55	1358.55	1358.55
2.1	增值税	11856.47	741.02	1235.05	1235.05	1235.05	1235.05	1235.05	1235.05	1235.05	1235.05	1235.05
2.1.1	销项税	20923.10	1307.69	2179.49	2179.49	2179.49	2179.49	2179.49	2179.49	2179.49	2179.49	2179.49
2.1.2	进项税	9066.63	566.67	944.44	944.44	944.44	944.44	944.44	944.44	944.44	944.44	944.44
2.2	城乡维护建设税	829.92	51.87	86.45	86.45	86.45	86.45	86.45	86.45	86.45	86.45	86.45
2.3	教育费附加	355.68	22.23	37.05	37.05	37.05	37.05	37.05	37.05	37.05	37.05	37.05

说明：

1) 增值(销项)税＝销售收入(不含税)×增值税税率

2) 销售收入(不含税)＝销售收入(含税)/(1＋增值税税率)

表十一　损益表

序号	项　　目	合计	投产期 4	达产期 5	6	7	8	9	10	11	12	13
1	销售（营业）收入	144000.00	9000.00	15000.00	15000.00	15000.00	15000.00	15000.00	15000.00	15000.00	15000.00	15000.00
2	销售税金及附加	13042.07	815.12	1358.55	1358.55	1358.55	1358.55	1358.55	1358.55	1358.55	1358.55	1358.55
3	总成本费用	107357.85	8019.98	11234.19	11186.41	11138.64	11090.87	11033.10	10985.32	10937.55	10889.78	10842.01
4	利润总额	23600.08	164.90	2407.26	2455.04	2502.81	2550.58	2608.35	2656.13	2703.90	2751.67	2799.44
5	弥补以前年度亏损	0.00	0.00	0.00	0.00	0.00	0.00	0.00	0.00	0.00	0.00	0.00
6	应纳税所得额	23600.08	164.90	2407.26	2455.04	2502.81	2550.58	2608.35	2656.13	2703.90	2751.67	2799.44
7	所得税	5900.04	41.23	601.82	613.76	625.70	637.65	652.09	664.03	675.98	687.92	699.86
8	税后利润	17700.04	123.67	1805.44	1841.28	1877.11	1912.93	1956.26	1992.10	2027.92	2063.75	2099.58
9	提取法定盈余公积金	1770.01	12.37	180.54	184.13	187.71	191.29	195.63	199.21	202.79	206.38	209.96
10	可供分配利润	15930.03	111.30	1624.90	1657.15	1689.40	1721.64	1760.63	1792.89	1825.13	1857.37	1889.62
11	应付利润	15930.03	111.30	1624.90	1657.15	1689.40	1721.64	1760.63	1792.89	1825.13	1857.37	1889.62
12	未分配利润	0.00	0.00	0.00	0.00	0.00	0.00	0.00	0.00	0.00	0.00	0.00
13	累计未分配利润	0.00	0.00	0.00	0.00	0.00	0.00	0.00	0.00	0.00	0.00	0.00

说明：

1) 贷款前，税后利润＝未分配利润，未分配利润＝0，盈余公积金＝0

2) 还清贷款的当年，未分配利润＝该年应偿还本金－折旧－摊销额，则该年应付利润＝该年税后利润－该年未分配利润－该年盈余公积金

3) 还清贷款后，应付利润＝税后利润－盈余公积金（还清贷款后，未分配利润＝0）

表十二 财务现金流量表（全部投资）

单位：万元

序号	项目	建设期			投产期		达产期							
		1	2	3	4	5	6	7	8	9	10	11	12	13
1	现金流入	0.00	0.00	0.00	9000.00	15000.00	15000.00	15000.00	15000.00	15000.00	15000.00	15000.00	15000.00	19163.81
1.1	销售（营业）收入				9000.00	15000.00	15000.00	15000.00	15000.00	15000.00	15000.00	15000.00	15000.00	15000.00
1.2	回收固定资产余值													1212.42
1.3	回收流动资金													2951.39
1.4	其他现金流入													
2	现金流出	4300.08	7588.27	3466.88	8615.95	11769.11	10588.55	10588.55	10588.55	10588.55	10588.55	10588.55	10588.55	10588.55
2.1	建设投资	4300.08	7588.27	3466.88										
2.2	流动资金				1770.83	1180.56								
2.3	经营成本				6030.00	9230.00	9230.00	9230.00	9230.00	9230.00	9230.00	9230.00	9230.00	9230.00
2.4	销售税金及附加				815.12	1358.55	1358.55	1358.55	1358.55	1358.55	1358.55	1358.55	1358.55	1358.55
2.5	其他现金流出													
3	净现金流量	-4300.08	-7588.27	-3466.88	384.05	3230.89	4411.45	4411.45	4411.45	4411.45	4411.45	4411.45	4411.45	8575.26
4	累计净现金流量	-4300.08	-11888.35	-15355.23	-14971.18	-11740.29	-7328.84	-2917.39	1494.06	5905.51	10316.96	14728.41	19139.86	23303.67
5	折现系数	0.9091	0.8264	0.7513	0.6830	0.6209	0.5645	0.5132	0.4665	0.4241	0.3855	0.3505	0.3186	0.2897
6	折现净现金流量	-3909.20	-6270.95	-2604.67	262.31	2006.06	2490.26	2263.96	2057.94	1870.90	1700.61	1546.61	1405.49	2484.25
7	累计折现净现金流量	-3909.20	-10180.15	-12784.82	-12522.51	-10516.45	-8026.19	-5762.23	-3704.29	-1833.39	-132.78	1413.43	2818.92	5303.17

表十三　财务现金流量表（自有资金）

序号	项目	建设期 1	2	3	投产期 4	5	6	7	8	达产期 9	10	11	12	13
1	现金流入	0.00	0.00	0.00	9000.00	15000.00	15000.00	15000.00	15000.00	15000.00	15000.00	15000.00	15000.00	19163.81
1.1	销售（营业）收入				9000.00	15000.00	15000.00	15000.00	15000.00	15000.00	15000.00	15000.00	15000.00	15000.00
1.2	回收固定资产余值													1212.42
1.3	回收流动资金													2951.39
1.4	其他现金流入													
2	现金流出	2436.00	4348.75	1860.78	8128.02	12446.25	12410.41	12374.58	12338.76	12305.43	12269.59	12233.77	12197.94	15113.49
2.1	项目资本金（自有资金）	2436.00	4348.75	1860.78										
2.2	借款本金偿还													
2.2.1	长期借款本金偿还				670.97	670.97	670.97	670.97	670.97	670.97	670.97	670.97	670.97	670.97
2.2.2	短期借款本金偿还													2951.39
2.3	借款利息支付													
2.3.1	长期借款利息支付				477.73	429.96	382.18	334.41	286.64	238.87	191.09	143.32	95.55	47.77
2.3.1	短期借款利息支付				92.97	154.95	154.95	154.95	154.95	154.95	154.95	154.95	154.95	154.95
2.4	经营成本				6030.00	9230.00	9230.00	9230.00	9230.00	9230.00	9230.00	9230.00	9230.00	9230.00
2.5	销售税金及附加				815.12	1358.55	1358.55	1358.55	1358.55	1358.55	1358.55	1358.55	1358.55	1358.55
2.6	所得税				41.23	601.82	613.76	625.70	637.65	652.09	664.03	675.98	687.92	699.86
2.7	其他现金流出													
3	净现金流量	-2436.00	-4348.75	-1860.78	871.98	2553.75	2589.59	2625.42	2661.24	2694.57	2730.41	2766.23	2802.06	4050.32
4	累计净现金流量	-2436.00	-6784.75	-8645.53	-7773.55	-5219.80	-2630.21	-4.79	2656.45	5351.02	8081.43	10847.66	13649.72	17700.04
5	折现系数	0.9091	0.8264	0.7513	0.6830	0.6209	0.5645	0.5132	0.4665	0.4241	0.3855	0.3505	0.3186	0.2897
6	折现净现金流量	-2214.57	-3593.81	-1398.00	595.56	1585.62	1461.82	1347.37	1241.47	1142.77	1052.57	969.56	892.74	1173.38
7	累计折现净现金流量	-2214.57	-5808.38	-7206.38	-6610.82	-5025.20	-3563.38	-2216.01	-974.54	168.23	1220.80	2190.36	3083.10	4256.48

表十四 资金来源与运用表

单位：万元

序号	项　目	合计	建设期			投产期		达产期							
			1	2	3	4	5	6	7	8	9	10	11	12	13
1	资金来源	60213.32	4300.08	7588.27	3466.88	3355.01	5007.10	3874.32	3922.09	3969.86	4017.63	4065.41	4113.18	4160.95	4208.73
1.1	利润总额	23600.08				164.90	2407.26	2455.04	2502.81	2550.58	2608.35	2656.13	2703.90	2751.67	2799.44
1.2	折旧费	13942.81				1394.28	1394.28	1394.28	1394.28	1394.28	1394.28	1394.28	1394.28	1394.28	1394.29
1.3	摊销费	200.00				25.00	25.00	25.00	25.00	25.00	15.00	15.00	15.00	15.00	15.00
1.4	长期借款	6709.70	1864.08	3239.52	1606.10										
1.5	流动资金借款	2951.39				1770.83	1180.56								
1.6	项目资本金	8645.53	2436.00	4348.75	1860.78										
1.7	回收固定资产余值	1212.42													
1.8	回收流动资金	2951.39													
1.9	其他	0.00													
2	资金运用	43585.94	4300.08	7588.27	3466.88	2594.33	4078.25	2941.88	2986.07	3030.26	3083.69	3127.89	3172.08	3216.26	3260.45
2.1	建设投资(不含建设期利息)	14645.53	4236.00	7348.75	3060.78										
2.2	建设期利息	709.70	64.08	239.52	406.10										
2.3	流动资金	2951.39				1770.83	1180.56								
2.4	所得税	5900.04				41.23	601.82	613.76	625.70	637.65	652.09	664.03	675.98	687.92	699.86
2.5	应付利润	15930.03				111.30	1624.90	1657.15	1689.40	1721.64	1760.63	1792.89	1825.13	1857.37	1889.62
2.6	偿还长期借款本金	6709.70				670.97	670.97	670.97	670.97	670.97	670.97	670.97	670.97	670.97	670.97
2.7	偿还短期借款本金	2951.39				760.68	1689.53								
2.8	其他	0.00													
3	资金盈余	16627.38	0.00	0.00	0.00	760.68	928.85	932.44	936.02	939.60	933.94	937.52	941.10	944.69	948.28
4	累计资金盈余		0.00	0.00	0.00	760.68	1689.53	2621.97	3557.99	4497.59	5431.53	6369.05	7310.15	8254.84	9203.12

表十五　资产负债表

单位：万元

序号	项目	建设期			投产期				达产期					
		1	2	3	4	5	6	7	8	9	10	11	12	13
1	资产	4300.08	11888.35	15355.23	16792.46	17699.26	17212.42	16729.16	16249.48	15774.14	15302.38	14834.20	14369.61	13908.60
1.1	流动资产总额	0.00	0.00	0.00	2856.51	5182.59	6115.03	7051.05	7990.65	8924.59	9862.11	10803.21	11747.90	12696.18
1.1.1	应收账款				1166.66	1944.44	1944.44	1944.44	1944.44	1944.44	1944.44	1944.44	1944.44	1944.44
1.1.2	存货				827.67	1379.45	1379.45	1379.45	1379.45	1379.45	1379.45	1379.45	1379.45	1379.45
1.1.3	现金				101.50	169.17	169.17	169.17	169.17	169.17	169.17	169.17	169.17	169.17
1.1.4	累计盈余资金	0.00	0.00	0.00	760.68	1689.53	2621.97	3557.99	4497.59	5431.53	6369.05	7310.15	8254.84	9203.12
1.2	在建工程	4300.08	11888.35	15355.23										
1.3	固定资产净值				13760.95	12366.67	10972.39	9578.11	8183.83	6789.55	5395.27	4000.99	2606.71	1212.42
1.4	无形及递延资产净值				175.00	150.00	125.00	100.00	75.00	60.00	45.00	30.00	15.00	0.00
2	负债及所有者权益	4300.08	11888.35	15355.23	16792.46	17699.26	17212.42	16729.16	16249.48	15774.14	15302.38	14834.20	14369.61	13908.60
2.1	流动负债总额	0.00	0.00	0.00	2095.83	3493.06	3493.06	3493.06	3493.06	3493.06	3493.06	3493.06	3493.06	3493.06
2.1.1	应付账款				325.00	541.67	541.67	541.67	541.67	541.67	541.67	541.67	541.67	541.67
2.1.2	流动资金借款				1770.83	2951.39	2951.39	2951.39	2951.39	2951.39	2951.39	2951.39	2951.39	2951.39
2.1.3	其他短期借款													
2.2	长期负债	1864.08	5103.60	6709.70	6038.73	5367.76	4696.79	4025.82	3354.85	2683.88	2012.91	1341.94	670.97	0.00
2.2.1	建设投资借款	1864.08	5103.60	6709.70	6038.73	5367.76	4696.79	4025.82	3354.85	2683.88	2012.91	1341.94	670.97	0.00
2.2.2	其他长期借款													
2.3	所有者权益	2436.00	6784.75	8645.53	8657.90	8838.44	9022.57	9210.28	9401.57	9597.20	9796.41	9999.20	10205.58	10415.54
2.3.1	资本金	2436.00	6784.75	8645.53	8645.53	8645.53	8645.53	8645.53	8645.53	8645.53	8645.53	8645.53	8645.53	8645.53
2.3.2	资本公积金													
2.3.3	累计盈余公积金				12.37	192.91	377.04	564.75	756.04	951.67	1150.88	1353.67	1560.05	1770.01
2.3.4	累计未分配利润													

（二）经济指标计算

根据损益表（表十一）与投资计划与资金筹措表（表四），可计算以下指标：

1. 投资利润率

$$投资利润率 = 年利润总额/总投资 \times 100\ \%$$
$$= 2608.35/18306.62 \times 100\%$$
$$= 14.25\%$$

2. 投资利税率

$$投资利税率 = 年利税总额/总投资 \times 100\%$$
$$= (2608.35 + 1358.55)/18306.62 \times 100\%$$
$$= 21.67\%$$

3. 资本金利润率

$$资本金利税率 = 年利润总额/项目资本金 \times 100\%$$
$$= 2608.35/8645.53 \times 100\%$$
$$= 30.17\%$$

需要说明这里选取的是正常生产年份中间年份第 9 年的数值。

根据全部投资财务现金流量表（表十二），可绘制累计现金流量图（见图一），同时可计算以下指标：

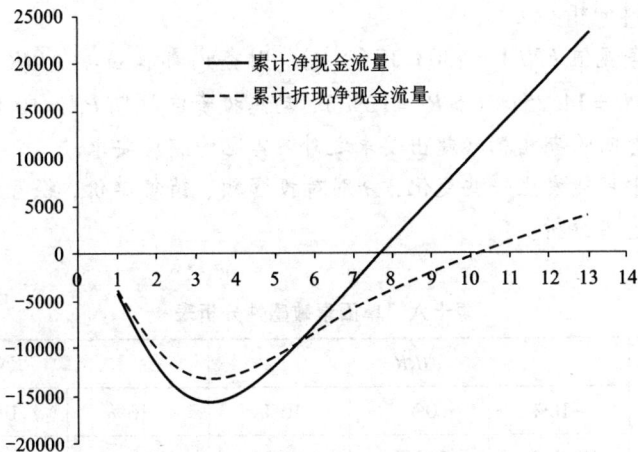

图一　累计现金流量图

4. 静态投资回收期

$$P_t = 8 - 1 + |-2917.39|/4411.45$$
$$= 7.66(年)$$

5. 动态投资回收期

$$P_t' = 11 - 1 + |-132.78|/1546.21$$
$$= 10.09(年)$$

6. 财务净现值

$$FNPV = 5303.17(万元)$$

7. 财务内部收益率

$$FIRR = 15.86\ \%$$

根据资产负债表(表十五),可计算以下指标:

8. 资产负债率

资产负债率 = 负债总额/全部资产总额×100%

$$= (3493.06 + 2683.88)/15774.14 \times 100\%$$

$$= 39.16\%$$

9. 流动比率

流动比率 = 流动资产总额/流动负债总额×100%

$$= 8924.59/3493.06 \times 100\%$$

$$= 255.49\%$$

10. 速动比率

速动比率 = (流动资产总额 - 存货)/流动负债总额×100%

$$= (8924.59 - 1379.45)/3493.06 \times 100\%$$

$$= 216.00\%$$

需要说明的是这里选取中间年份第9年的数值。

(三)项目敏感性分析

该项目的财务净现值 $FNPV = 5303.17$(>0),财务内部收益率 $FIRR = 15.86\ \%$($>i_c = 10\%$),投资利润率 $R = 14.25\ \%$($>R_c = 12\%$),动态投资回收期 $P_t' = 10.09$($>P_c = 10$)。可以看出该项目除投资回收期指标略超出要求之外,其他均满足要求。

考虑项目实施中可能发生一些变化,分别对投资额、销售单价、经营成本等因素上下浮动 10%,做如下敏感性分析。

表十六　单因素敏感性分析表

指标	FIRR			FNPV		
变化幅度	- 10%	0%	10%	- 10%	0%	10%
投资额	18.03%	15.86%	13.97%	6775.38	5303.17	3829.82
销售价格	9.79%	15.86%	21.12%	- 171.09	5303.17	10776.24
经营成本	19.82%	15.86%	11.48%	9345.07	5303.17	1260.13

四、评价结论

该项目的财务净现值 $FNPV = 5303.17$(>0),财务内部收益率 $FIRR = 15.86\ \%$($>i_c = 10\%$),投资利润率 $R = 14.25\ \%$($>R_c = 12\%$),动态投资回收期 $P_t' = 10.09$($>P_c = 10$)。可以看出该项目除投资回收期指标略超出要求之外,其他均满足要求。

通过敏感性分析也可以看出,项目对投资额、经营成本等因素上升 10% 仍然是可以接受

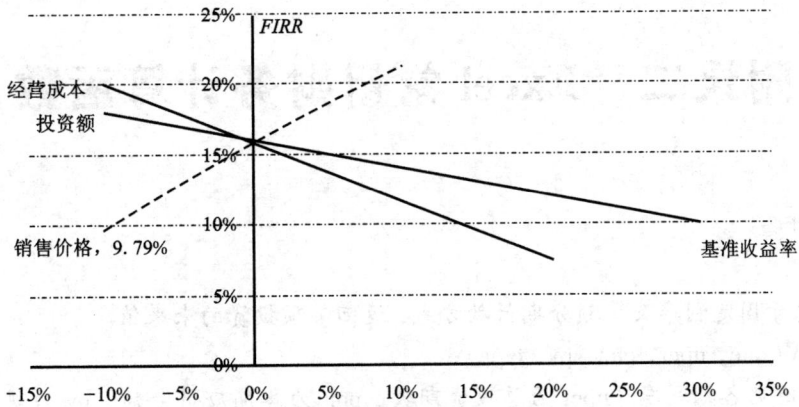

图二   敏感性分析图

的；对于销售价格下浮10%，项目将不可行，但 $FNPV=0$ 时销售价格下浮临界值9.79%，项目将依然可行，显然该项目具有一定的抗风险能力。

当然该项目是否可行，不能只取决与财务评价结论，还需要进行国民经济评价。

附录二　Excel 常用财务计算函数

1. 投资计算

（1）FV

用途：基于固定利率及等额分期付款方式，返回某项投资的未来值。

语法：FV(rate, nper, pmt, pv, type)

参数：rate 为各期利率。nper 为总投资期数。pmt 为各期应付金额。pv 为现值或一系列未来付款的当前值的累积和，也称为本金。type 为数字 0 或 1（0 为期末，1 为期初）。

示例：如果 A1 = 6%（年利率），A2 = 10（付款期总数），A3 = −100（各期应付金额），A4 = −500（现值），A5 = 1（各期的支付时间在期初），则公式"= FV(A1/12, A2, A3, A4, A5)"计算在上述条件下投资的未来值。

（2）PV

用途：返回投资的现值（即一系列未来付款的当前值的累积和）。

语法：PV(rate, nper, pmt, fv, type)

参数：rate 为各期利率。nper 为总投资（或贷款）期数。pmt 为各期所应支付的金额。fv 为未来值。type 为数字 0 或 1（0 为期末，1 为期初）。

示例：如果 A1 = 500（每月底一项保险年金的支出），A2 = 8%（投资收益率），A3 = 20（付款年限），则公式"= PV(A2/12, 12 * A3, A1, , 0)"计算在上述条件下年金的现值。

（3）NPV

用途：基于一系列现金流和固定的各期贴现率，返回一项投资的净现值。

语法：NPV(rate, value1, value2, …)

参数：rate 为某一期间的贴现率。value1，value2，… 为 1 到 29 个参数，代表支出及收入。

示例：如果 A1 = 10%（年贴现率），A2 = −10000（一年前的初期投资），A3 = 3000（第 1 年的收益），A4 = 4200（第 2 年的收益），A5 = 6800（第 3 年的收益），则公式"= NPV(A1, A2, A3, A4, A5)"计算该投资的净现值。

（4）XNPV

用途：返回一组现金流的净现值，这些现金流不一定定期发生。若要计算一组定期现金流的净现值，可以使用函数 NPV。

语法：XNPV(rate, values, dates)

参数：rate 是应用于现金流的贴现率，values 是与 dates 中的支付时间相对应的一系列现金流转。dates 是与现金流支付相对应的支付日期表。

示例：如果 A1 = 10000，A2 = 2750，A3 = 4250，A4 = 3250，A5 = 2750，B1 = 2008 − 1 − 1，B2 = 2008 − 3 − 1，B3 = 2008 − 10 − 30，B4 = 2009 − 2 − 15，B5 = 2009 − 4 − 1，则公式"= XNPV(.09, A1:A5, B1:B5)"计算在上面的成本和收益下的投资净现值。

2. 本金和利息

（1）PMT

用途：基于固定利率及等额分期付款方式，返回投资或贷款的每期付款额。

语法：PMT(rate, nper, pv, fv, type)

参数：rate 为贷款利率。nper 为该项贷款的付款总数。pv 为现值(也称本金)。fv 为未来值。type 为数字 0 或 1(0 为期末，1 为期初)。

示例：如果 A1 = 8%(年利率)，A2 = 10(支付的月份数)，A3 = 10000(贷款额)，则公式 "= PMT(A1/12, A2, A3)"计算在上述条件下贷款的月支付额。

（2）IPMT

用途：基于固定利率及等额分期付款方式，返回投资或贷款在某一给定期限内的利息偿还额。

语法：IPMT(rate, per, nper, pv, fv, type)

参数：rate 为各期利率。per 为用于计算其利息数额的期数。nper 为总投资期数。pv 为现值(本金)。fv 为未来值。type 为数字 0 或 1(0 为期末，1 为期初)。

示例：如果 A1 = 10%(年利率)，A2 = 1(用于计算其利息数额的期数)，A3 = 3(贷款的年限)，A4 = 8000(贷款的现值)，则公式 "= IPMT(A1/12, A2 * 3, A3, A4)"计算在上述条件下贷款第一个月的利息。

（3）PPMT

用途：基于固定利率及等额分期付款方式，返回投资在某一给定期间内的本金偿还额。

语法：PPMT(rate, per, nper, pv, fv, type)

参数：rate 为各期利率。per 为用于计算其利息数额的期数。nper 为总投资期数。pv 为现值(本金)。fv 为未来值。type 为数字 0 或 1(0 为期末，1 为期初)。

示例：如果 A1 = 10%(年利率)，A2 = 2(贷款期限)，A3 = 2000(贷款额)，则公式 "= PPMT(A1/12, 1, A2 * 12, A3)"计算贷款第一个月的本金支付。

（4）CUMIPMT

用途：返回一笔贷款在给定的 start-period 到 end-period 期间累计偿还的利息数额。

语法：CUMIPMT(rate, nper, pv, start_period, end_period, type)

参数：rate 为利率。nper 为总付款期数。pv 为现值。start_period 为计算中的首期(付款期数从 1 开始计数)。end_period 为计算中的末期。type 为付款时间类型(0 为期末付款，1 为期初付款)。

示例：如果 A1 = 9%(年利率)，A2 = 30(贷款期限)，A3 = 125000(现值)，则公式 "= CUMIPMT(A1/12, A2 * 12, A3, 1, 1, 0)"计算该笔贷款在第一个月所付的利息。

（5）CUMPRINC

用途：返回一笔贷款在给定的 start-period 到 end-period 期间累计偿还的本金数额。

语法：CUMPRINC(rate, nper, pv, start_period, end_period, type)

参数：rate 为利率。nper 为总付款期数。pv 为现值。start_period 为计算中的首期(付款期数从 1 开始计数)。end_period 为计算中的末期。type 为付款时间类型(0 为期末付款，1 为期初付款)。

示例：如果 A1 = 9%(年利率)，A2 = 30(贷款期限)，A3 = 125000(现值)，则公式 "=

CUMPRINC(A1/12，A2*12，A3，1，1，0)"计算该笔贷款在第一个月偿还的本金。

3. 折旧计算

(1)DB

用途：使用固定余额递减法计算指定的任何期间内的资产折旧值。

语法：DB(cost，salvage，life，period，month)

参数：cost 为资产原值。salvage 为资产残值。life 为折旧期限。period 为需要计算折旧值的期间(必须使用与 life 相同的单位)。month 为第 1 年的月份数(省略时为 12)。

示例：如果 A1 = 1000000(资产原值)，A2 = 100000(资产残值)，A3 = 6(使用寿命)，则公式"= DB(A1，A2，A3，1，7)"计算第一年 7 个月内的折旧值，"= DB(A1，A2，A3，2，7)"计算第二年的折旧值。以此类推公式到 6 年止。

(2)DDB

用途：使用双倍余额递减法计算指定的任何期间内的资产折旧值。

语法：DDB(cost，salvage，life，period，factor)

参数：cost 为资产原值。salvage 为资产残值。life 为折旧期限。period 为需要计算折旧值的期间(必须使用与 life 相同的单位)。factor 为余额递减速率，如果省略该参数，则函数假设 factor 为 2(双倍余额递减法)。

示例：如果 A1 = 2400(资产原值)，A2 = 300(资产残值)，A3 = 10(使用寿命)，则公式"= DDB(A1，A2，A3*12，1，2)"计算第一个月的折旧值，"= DDB(A1，A2，A3，1，2)"计算第一年的折旧值，"= DDB(A1，A2，A3，10)"计算第十年的折旧值，Excel 自动将 factor 设置为 2。

(3)VDB

用途：使用可变余额递减法计算指定的任何期间内的资产折旧值。

语法：VDB(cost，salvage，life，start_period，end_period，factor，no_switch)

参数：cost 为资产原值。salvage 为资产残值。life 为折旧期限。start_period 为进行折旧计算的起始期间(必须与 life 单位相同)。end_period 为进行折旧计算的截止期间(必须与 life 单位相同)。factor 为余额递减速率(折旧因子)，如果省略该参数，则函数假设 factor 为 2(双倍余额递减法)。如果不想使用双倍余额递减法，可改变参数 factor 的值。no_switch 为逻辑值，指定当折旧值大于余额递减计算值时，是否转用直线折旧法，如果该参数为 true，即使折旧值大于余额递减计算值，excel 也不转用直线折旧法。如果该参数为 false 或被忽略，且折旧值大于余额递减计算值时，excel 将转用线性折旧法。

示例：如果 A1 = 2400(资产原值)，A2 = 300(资产残值)，A3 = 10(使用寿命)，则公式"= VDB(A1，A2，A3*365，0，1)"计算第一天的折旧值，Excel 自动假定折旧因子为 2，"= VDB(A1，A2，A3*12，0，1)"计算第一个月的折旧值，"= VDB(A1，A2，A3，0，1)"计算第一年的折旧值。

(4)SLN

用途：返回某项资产在一个期间中的线性折旧值。

语法：SLN(cost，salvage，life)

参数：cost 为资产原值。salvage 为资产残值。life 为折旧期限。

示例：如果 A1 = 30000(资产原值)，A2 = 7500(资产残值)，A3 = 10(使用寿命)，则公式

"＝SLN(A1，A2，A3)"计算每年的折旧值。

(5)SYD

用途：返回某项资产按年限总和折旧法计算的指定期间的折旧值。

语法：SYD(cost，salvage，life，period)

参数：cost 为资产原值。salvage 为资产残值。life 为折旧期限。period 为需要计算折旧值的期间(必须使用与 life 相同的单位)。

示例：如果 A1＝30000(资产原值)，A2＝7500(资产残值)，A3＝10(使用寿命)，则公式"＝SYD(A1，A2，A3，1)"计算第一年的折旧值，"＝SYD(A1，A2，A3，10)"计算第十年的折旧值。

(6)AMORDEGRC

用途：返回每个会计期间的折旧值。

语法：AMORDEGRC(cost，date_purchased，first_period，salvage，period，rate，basis)

参数：cost 为资产原值。date_purchased 为购入资产的日期。first_period 为第一个期间结束时的日期。salvage 为资产在使用寿命结束时的残值。period 是期间。rate 为折旧率。basis 是所使用的年基准(0 或省略时为 360 天，1 为实际天数，3 为一年 365 天，4 为一年 360 天)。

示例：如果 A1＝2400(资产原值)，A2＝2008－8－19(购入资产的日期)，A3＝2008－12－31(第一个期间结束时的日期)，A4＝300(资产残值)，A5＝1(期间)，A6＝15%(折旧率)，A7＝1(使用的年基准)，则公式"＝AMORDEGRC(A1，A2，A3，A4，A5，A6，A7)"计算第一个期间的折旧值。

4.计算偿还率

(1)RATE

用途：返回年金的各期利率。

语法：RATE(nper，pmt，pv，fv，type，guess)

参数：nper 为总投资期数。pmt 为各期应付金额。pv 为现值。type 为数字 0 或 1(0 为期末，1 为期初)。guess 为预期利率，如果省略预期利率，则假设该值为 10%。

示例：如果 A1＝4(贷款期限)，A2＝－200(每月支付)，A3＝8000(贷款额)，则公式"＝RATE(A1＊12，A2，A3)"计算在上述条件下贷款的月利率，"＝RATE(A1＊12，A2，A3)＊12"计算在上述条件下贷款的年利率。

(2)IRR

用途：返回由数值代表的一组现金流的内部收益率。

语法：IRR(values，guess)

参数：values 为数组或单元格的引用，包含用来计算返回的内部收益率的数字。guess 为对函数 IRR 计算结果的估计值。

示例：如果 A1＝－70000(初期成本费用)，A2＝12000(第 1 年的净收入)，A3＝15000(第 2 年的净收入)，A4＝18000(第 3 年的净收入)，A5＝21000(第 4 年的净收入)，A6＝26000(第 5 年的净收入)，则公式"＝IRR(A2：A7)"计算五年后的内部收益率。

(3)MIRR

用途：返回某一期限内现金流的修正内部收益率。

语法：MIRR(values，finance_rate，reinvest_rate)

参数：values 为一个数组或对包含数字的单元格的引用(代表着各期的一系列支出及收入，其中必须至少包含一个正值和一个负值，才能计算修正后的内部收益率)。finance_rate 为现金流中使用的资金支付的利率。reinvest_rate 为将现金流再投资的收益率。

示例：如果 A1 = -120000(初期成本费用)，A2 = 39000(第 1 年的净收益)，A3 = 30000 (第 2 年的净收益)，A4 = 21000(第 3 年的净收益)，A5 = 37000(第 4 年的净收益)，A6 = 46000(第 5 年的净收益)，A7 = 10%(120000 贷款额的年利率)，A8 = 12%(再投资收益的年利率)，则公式" = MIRR(A1：A6，A7，A8)"计算 5 年后投资的修正收益率，" = MIRR(A1：A4，A7，A8)"计算 3 年后的修正收益率。

(4)XIRR

用途：返回一组现金流的内部收益率，这些现金流不一定定期发生。若要计算一组定期现金流的内部收益率，可以使用 IRR 函数。

语法：XIRR(values, dates, guess)

参数：values 是与 dates 中的支付时间相对应的一系列现金流。dates 是与现金流支付相对应的支付日期表。guess 是对函数 XIRR 计算结果的估计值。

示例：如果 A1 = -10000，A2 = 2750，A3 = 4250，A4 = 3250，A5 = 2750，B1 = 2008 - 1 - 1，B2 = 2008 - 3 - 1，B3 = 2008 - 10 - 30，B4 = 2009 - 2 - 15，B5 = 2009 - 4 - 1，则公式" = XIRR(A1：A5，B1：B5，0.1)"计算返回的内部收益率。

5.证券计算

(1)ACCRINT

用途：返回定期付息有价证券的应计利息。

语法：ACCRINT(issue, first_interest, settlement, rate, par, frequency, basis)

参数：issue 为有价证券的发行日。first_interest 是证券的起息日。settlement 是证券的成交日(即发行日之后证券卖给购买者的日期)。rate 为有价证券的年息票利率。par 为有价证券的票面价值(如果省略，函数 ACCRINT 将 par 看作 $1000)。frequency 为年付息次数(如果按年支付，frequency = 1；按半年期支付，frequency = 2；按季支付，frequency = 4)。basis 为日计数基准类型(0 或省略为 30/360，1 为实际天数/实际天数，2 为实际天数/360，3 为实际天数/365，4 为欧洲 30/360)。

示例：如果 A1 = 2008 - 3 - 1(发行日)，A2 = 2008 - 8 - 31(起息日)，A3 = 2008 - 5 - 1 (成交日)，A4 = 10%(息票利率)，A5 = 1000(票面价值)，A6 = 2(按半年期支付)，A7 = 0 (以 30/360 为日计数基准)，则公式" = ACCRINT(A1，A2，A3，A4，A5，A6，A7)"计算满足上述条件的应付利息。

(2)ACCRINTM

用途：返回到期一次性付息有价证券的应计利息。

语法：ACCRINTM(issue, maturity, rate, par, basis)

参数：issue 为有价证券的发行日。maturity 为有价证券的到期日。rate 为有价证券的年息票利率。par 为有价证券的票面价值。basis 为日计数基准类型(0 或省略为 30/360，1 为实际天数/实际天数，2 为实际天数/360，3 为实际天数/365，4 为欧洲 30/360)。

示例：如果 A1 = 2008 - 4 - 1(发行日)，A2 = 2008 - 6 - 15(到期日)，A3 = 10%(息票利率)，A4 = 1000(票面价值)，A5 = 3(以实际天数/365 为日计数基准)，则公式" = ACCRINTM

（A1，A2，A3，A4，A5）"计算满足上述条件的应计利息。

（3）INTRATE

用途：返回一次性付息证券的利率。

语法：INTRATE(settlement, maturity, investment, redemption, basis)

参数：settlement 是证券的成交日。maturity 为有价证券的到期日。investment 为有价证券的投资额。redemption 为有价证券到期时的清偿价值。basis 为日计数基准类型（0 或省略为 30/360，1 为实际天数/实际天数，2 为实际天数/360，3 为实际天数/365，4 为欧洲 30/360）。

示例：如果 A1 = 2008 - 2 - 15（成交日），A2 = 2008 - 5 - 15（到期日），A3 = 1000000（投资额），A4 = 1014420（清偿价值），A5 = 2（以实际天数/360 为日计数基准），则公式" = INTRATE(A1，A2，A3，A4，A5)"计算上述债券期限的贴现率。

（4）PRICE

用途：返回定期付息的面值 $100 的有价证券的价格。

语法：PRICE(settlement, maturity, rate, yld, redemption, frequency, basis)

参数：settlement 是证券的成交日。maturity 为有价证券的到期日。rate 为有价证券的年息票利率。yld 为有价证券的年收益率。redemption 为面值 $100 的有价证券的清偿价值。frequency 为年付息次数（如果按年支付，frequency = 1；按半年期支付，frequency = 2；按季支付，frequency = 4）。basis 为日计数基准类型（0 或省略为 30/360，1 为实际天数/实际天数，2 为实际天数/360，3 为实际天数/365，4 为欧洲 30/360）。

示例：如果 A1 = 2008 - 2 - 15（成交日），A2 = 2017 - 11 - 15（到期日），A3 = 5.75%（息票半年利率），A4 = 6.5%（收益率），A5 = 100（清偿价值），A6 = 2（按半年期支付），A7 = 0（以 30/360 为日计数基准），则公式" = PRICE(A1，A2，A3，A4，A5，A6，A7)"计算在上述条件下债券的价格。

（5）YIELD

用途：返回定期付息有价证券的收益率，函数 YIELD 用于计算债券收益率。

语法：YIELD(settlement, maturity, rate, pr, redemption, frequency, basis)

参数：settlement 是证券的成交日。maturity 为有价证券的到期日。rate 为有价证券的年息票利率。pr 为面值 $100 的有价证券的价格，redemption 为面值 $100 的有价证券的清偿价值。frequency 为年付息次数（如果按年支付，frequency = 1；按半年期支付，frequency = 2；按季支付，frequency = 4）。basis 为日计数基准类型（0 或省略为 30/360，1 为实际天数/实际天数，2 为实际天数/360，3 为实际天数/365，4 为欧洲 30/360）。

示例：如果 A1 = 2008 - 2 - 15（成交日），A2 = 2016 - 11 - 15（到期日），A3 = 5.75%（息票利率），A4 = 95.04287（价格），A5 = 100（清偿价值），A6 = 2（按半年期支付），A7 = 0（以 30/360 为日计数基准），则公式" = YIELD(A1，A2，A3，A4，A5，A6，A7)"计算在上述条件下债券的收益率。

（6）DISC

用途：返回有价证券的贴现率。

语法：DISC(settlement, maturity, pr, redemption, basis)

参数：settlement 是证券的成交日。maturity 为有价证券的到期日。pr 为面值 $100 的有价证券的价格。redemption 为有价证券到期时的清偿价值。basis 为日计数基准类型（0 或省略为 30/360，1 为实际天数/实际天数，2 为实际天数/360，3 为实际天数/365，4 为欧洲 30/360）。

示例：如果 A1 = 2007 − 1 − 25（成交日），A2 = 2007 − 6 − 15（到期日），A3 = 97.975（价格），A4 = 100（清偿价值），A5 = 1（以实际天数/360 为日计数基准），则公式" = DISC(A1，A2，A3，A4，A5)"计算在上述条件下有价证券的贴现率。

附录三 复利系数表

$i = 2\%$

n	$(F/P, i, n)$	$(P/F, i, n)$	$(F/A, i, n)$	$(P/A, i, n)$	$(A/P, i, n)$	$(A/F, i, n)$
1	1.0200	0.9804	1.0000	0.9804	1.0200	1.0000
2	1.0404	0.9612	2.0200	1.9416	0.5150	0.4950
3	1.0612	0.9423	3.0604	2.8839	0.3468	0.3268
4	1.0824	0.9238	4.1216	3.8077	0.2626	0.2426
5	1.1041	0.9057	5.2040	4.7135	0.2122	0.1922
6	1.1262	0.8880	6.3081	5.6014	0.1785	0.1585
7	1.1487	0.8706	7.4343	6.4720	0.1545	0.1345
8	1.1717	0.8535	8.5830	7.3255	0.1365	0.1165
9	1.1951	0.8368	9.7546	8.1622	0.1225	0.1025
10	1.2190	0.8203	10.9497	8.9826	0.1113	0.0913
11	1.2434	0.8043	12.1687	9.7868	0.1022	0.0822
12	1.2682	0.7885	13.4121	10.5753	0.0946	0.0746
13	1.2936	0.7730	14.6803	11.3484	0.0881	0.0681
14	1.3195	0.7579	15.9739	12.1062	0.0826	0.0626
15	1.3459	0.7430	17.2934	12.8493	0.0778	0.0578
16	1.3728	0.7284	18.6393	13.5777	0.0737	0.0537
17	1.4002	0.7142	20.0121	14.2919	0.0700	0.0500
18	1.4282	0.7002	21.4123	14.9920	0.0667	0.0467
19	1.4568	0.6864	22.8406	15.6785	0.0638	0.0438
20	1.4859	0.6730	24.2974	16.3514	0.0612	0.0412
21	1.5157	0.6598	25.7833	17.0112	0.0588	0.0388
22	1.5460	0.6468	27.2990	17.6580	0.0566	0.0366
23	1.5769	0.6342	28.8450	18.2922	0.0547	0.0347
24	1.6084	0.6217	30.4219	18.9139	0.0529	0.0329
25	1.6406	0.6095	32.0303	19.5235	0.0512	0.0312
26	1.6734	0.5976	33.6709	20.1210	0.0497	0.0297
27	1.7069	0.5859	35.3443	20.7069	0.0483	0.0283
28	1.7410	0.5744	37.0512	21.2813	0.0470	0.0270
29	1.7758	0.5631	38.7922	21.8444	0.0458	0.0258
30	1.8114	0.5521	40.5681	22.3965	0.0446	0.0246
35	1.9999	0.5000	49.9945	24.9986	0.0400	0.0200
40	2.2080	0.4529	60.4020	27.3555	0.0366	0.0166
45	2.4379	0.4102	71.8927	29.4902	0.0339	0.0139
50	2.6916	0.3715	84.5794	31.4236	0.0318	0.0118

$i = 4\%$

n	$(F/P, i, n)$	$(P/F, i, n)$	$(F/A, i, n)$	$(P/A, i, n)$	$(A/P, i, n)$	$(A/F, i, n)$
1	1.0400	0.9615	1.0000	0.9615	1.0400	1.0000
2	1.0816	0.9246	2.0400	1.8861	0.5302	0.4902
3	1.1249	0.8890	3.1216	2.7751	0.3603	0.3203
4	1.1699	0.8548	4.2465	3.6299	0.2755	0.2355
5	1.2167	0.8219	5.4163	4.4518	0.2246	0.1846
6	1.2653	0.7903	6.6330	5.2421	0.1908	0.1508
7	1.3159	0.7599	7.8983	6.0021	0.1666	0.1266
8	1.3686	0.7307	9.2142	6.7327	0.1485	0.1085
9	1.4233	0.7026	10.5828	7.4353	0.1345	0.0945
10	1.4802	0.6756	12.0061	8.1109	0.1233	0.0833
11	1.5395	0.6496	13.4864	8.7605	0.1141	0.0741
12	1.6010	0.6246	15.0258	9.3851	0.1066	0.0666
13	1.6651	0.6006	16.6268	9.9856	0.1001	0.0601
14	1.7317	0.5775	18.2919	10.5631	0.0947	0.0547
15	1.8009	0.5553	20.0236	11.1184	0.0899	0.0499
16	1.8730	0.5339	21.8245	11.6523	0.0858	0.0458
17	1.9479	0.5134	23.6975	12.1657	0.0822	0.0422
18	2.0258	0.4936	25.6454	12.6593	0.0790	0.0390
19	2.1068	0.4746	27.6712	13.1339	0.0761	0.0361
20	2.1911	0.4564	29.7781	13.5903	0.0736	0.0336
21	2.2788	0.4388	31.9692	14.0292	0.0713	0.0313
22	2.3699	0.4220	34.2480	14.4511	0.0692	0.0292
23	2.4647	0.4057	36.6179	14.8568	0.0673	0.0273
24	2.5633	0.3901	39.0826	15.2470	0.0656	0.0256
25	2.6658	0.3751	41.6459	15.6221	0.0640	0.0240
26	2.7725	0.3607	44.3117	15.9828	0.0626	0.0226
27	2.8834	0.3468	47.0842	16.3296	0.0612	0.0212
28	2.9987	0.3335	49.9676	16.6631	0.0600	0.0200
29	3.1187	0.3207	52.9663	16.9837	0.0589	0.0189
30	3.2434	0.3083	56.0849	17.2920	0.0578	0.0178
35	3.9461	0.2534	73.6522	18.6646	0.0536	0.0136
40	4.8010	0.2083	95.0255	19.7928	0.0505	0.0105
45	5.8412	0.1712	121.029	20.7200	0.0483	0.0083
50	7.1067	0.1407	152.667	21.4822	0.0466	0.0066
55	8.6464	0.1157	191.159	22.1086	0.0452	0.0052
60	10.5196	0.0951	237.991	22.6235	0.0442	0.0042

$i = 5\%$

n	$(F/P, i, n)$	$(P/F, i, n)$	$(F/A, i, n)$	$(P/A, i, n)$	$(A/P, i, n)$	$(A/F, i, n)$
1	1.0500	0.9524	1.0000	0.9524	1.0500	1.0000
2	1.1025	0.9070	2.0500	1.8594	0.5378	0.4878
3	1.1576	0.8638	3.1525	2.7232	0.3672	0.3172
4	1.2155	0.8227	4.3101	3.5460	0.2820	0.2320
5	1.2763	0.7835	5.5256	4.3295	0.2310	0.1810
6	1.3401	0.7462	6.8019	5.0757	0.1970	0.1470
7	1.4071	0.7107	8.1420	5.7864	0.1728	0.1228
8	1.4775	0.6768	9.5491	6.4632	0.1547	0.1047
9	1.5513	0.6446	11.0266	7.1078	0.1407	0.0907
10	1.6289	0.6139	12.5779	7.7217	0.1295	0.0795
11	1.7103	0.5847	14.2068	8.3064	0.1204	0.0704
12	1.7959	0.5568	15.9171	8.8633	0.1128	0.0628
13	1.8856	0.5303	17.7130	9.3936	0.1065	0.0565
14	1.9799	0.5051	19.5986	9.8986	0.1010	0.0510
15	2.0789	0.4810	21.5786	10.3797	0.0963	0.0463
16	2.1829	0.4581	23.6575	10.8378	0.0923	0.0423
17	2.2920	0.4363	25.8404	11.2741	0.0887	0.0387
18	2.4066	0.4155	28.1324	11.6896	0.0855	0.0355
19	2.5270	0.3957	30.5390	12.0853	0.0827	0.0327
20	2.6533	0.3769	33.0660	12.4622	0.0802	0.0302
21	2.7860	0.3589	35.7193	12.8212	0.0780	0.0280
22	2.9253	0.3418	38.5052	13.1630	0.0760	0.0260
23	3.0715	0.3256	41.4305	13.4886	0.0741	0.0241
24	3.2251	0.3101	44.5020	13.7986	0.0725	0.0225
25	3.3864	0.2953	47.7271	14.0939	0.0710	0.0210
26	3.5557	0.2812	51.1135	14.3752	0.0696	0.0196
27	3.7335	0.2678	54.6691	14.6430	0.0683	0.0183
28	3.9201	0.2551	58.4026	14.8981	0.0671	0.0171
29	4.1161	0.2429	62.3227	15.1411	0.0660	0.0160
30	4.3219	0.2314	66.4388	15.3725	0.0651	0.0151
35	5.5160	0.1813	90.3203	16.3742	0.0611	0.0111
40	7.0400	0.1420	120.800	17.1591	0.0583	0.0083
45	8.9850	0.1113	159.700	17.7741	0.0563	0.0063
50	11.4674	0.0872	209.348	18.2559	0.0548	0.0048
55	14.6356	0.0683	272.713	18.6335	0.0537	0.0037
60	18.6792	0.0535	353.584	18.9293	0.0528	0.0028

$i = 6\%$

n	$(F/P, i, n)$	$(P/F, i, n)$	$(F/A, i, n)$	$(P/A, i, n)$	$(A/P, i, n)$	$(A/F, i, n)$
1	1.0600	0.9434	1.0000	0.9434	1.0600	1.0000
2	1.1236	0.8900	2.0600	1.8334	0.5454	0.4854
3	1.1910	0.8396	3.1836	2.6730	0.3741	0.3141
4	1.2625	0.7921	4.3746	3.4651	0.2886	0.2286
5	1.3382	0.7473	5.6371	4.2124	0.2374	0.1774
6	1.4185	0.7050	6.9753	4.9173	0.2034	0.1434
7	1.5036	0.6651	8.3938	5.5824	0.1791	0.1191
8	1.5938	0.6274	9.8975	6.2098	0.1610	0.1010
9	1.6895	0.5919	11.4913	6.8017	0.1470	0.0870
10	1.7908	0.5584	13.1808	7.3601	0.1359	0.0759
11	1.8983	0.5268	14.9716	7.8869	0.1268	0.0668
12	2.0122	0.4970	16.8699	8.3838	0.1193	0.0593
13	2.1329	0.4688	18.8821	8.8527	0.1130	0.0530
14	2.2609	0.4423	21.0151	9.2950	0.1076	0.0476
15	2.3966	0.4173	23.2760	9.7122	0.1030	0.0430
16	2.5404	0.3936	25.6725	10.1059	0.0990	0.0390
17	2.6928	0.3714	28.2129	10.4773	0.0954	0.0354
18	2.8543	0.3503	30.9057	10.8276	0.0924	0.0324
19	3.0256	0.3305	33.7600	11.1581	0.0896	0.0296
20	3.2071	0.3118	36.7856	11.4699	0.0872	0.0272
21	3.3996	0.2942	39.9927	11.7641	0.0850	0.0250
22	3.6035	0.2775	43.3923	12.0416	0.0830	0.0230
23	3.8197	0.2618	46.9958	12.3034	0.0813	0.0213
24	4.0489	0.2470	50.8156	12.5504	0.0797	0.0197
25	4.2919	0.2330	54.8645	12.7834	0.0782	0.0182
26	4.5494	0.2198	59.1564	13.0032	0.0769	0.0169
27	4.8223	0.2074	63.7058	13.2105	0.0757	0.0157
28	5.1117	0.1956	68.5281	13.4062	0.0746	0.0146
29	5.4184	0.1846	73.6398	13.5907	0.0736	0.0136
30	5.7435	0.1741	79.0582	13.7648	0.0726	0.0126
35	7.6861	0.1301	111.435	14.4982	0.0690	0.0090
40	10.2857	0.0972	154.762	15.0463	0.0665	0.0065
45	13.7646	0.0727	212.744	15.4558	0.0647	0.0047
50	18.4202	0.0543	290.336	15.7619	0.0634	0.0034
55	24.6503	0.0406	394.172	15.9905	0.0625	0.0025
60	32.9877	0.0303	533.128	16.1614	0.0619	0.0019

$i = 8\%$

n	$(F/P, i, n)$	$(P/F, i, n)$	$(F/A, i, n)$	$(P/A, i, n)$	$(A/P, i, n)$	$(A/F, i, n)$
1	1.0800	0.9259	1.0000	0.9259	1.0800	1.0000
2	1.1664	0.8573	2.0800	1.7833	0.5608	0.4808
3	1.2597	0.7938	3.2464	2.5771	0.3880	0.3080
4	1.3605	0.7350	4.5061	3.3121	0.3019	0.2219
5	1.4693	0.6806	5.8666	3.9927	0.2505	0.1705
6	1.5869	0.6302	7.3359	4.6229	0.2163	0.1363
7	1.7138	0.5835	8.9228	5.2064	0.1921	0.1121
8	1.8509	0.5403	10.6366	5.7466	0.1740	0.0940
9	1.9990	0.5002	12.4876	6.2469	0.1601	0.0801
10	2.1589	0.4632	14.4866	6.7101	0.1490	0.0690
11	2.3316	0.4289	16.6455	7.1390	0.1401	0.0601
12	2.5182	0.3971	18.9771	7.5361	0.1327	0.0527
13	2.7196	0.3677	21.4953	7.9038	0.1265	0.0465
14	2.9372	0.3405	24.2149	8.2442	0.1213	0.0413
15	3.1722	0.3152	27.1521	8.5595	0.1168	0.0368
16	3.4259	0.2919	30.3243	8.8514	0.1130	0.0330
17	3.7000	0.2703	33.7502	9.1216	0.1096	0.0296
18	3.9960	0.2502	37.4502	9.3719	0.1067	0.0267
19	4.3157	0.2317	41.4463	9.6036	0.1041	0.0241
20	4.6610	0.2145	45.7620	9.8181	0.1019	0.0219
21	5.0338	0.1987	50.4229	10.0168	0.0998	0.0198
22	5.4365	0.1839	55.4568	10.2007	0.0980	0.0180
23	5.8715	0.1703	60.8933	10.3711	0.0964	0.0164
24	6.3412	0.1577	66.7648	10.5288	0.0950	0.0150
25	6.8485	0.1460	73.1059	10.6748	0.0937	0.0137
26	7.3964	0.1352	79.9544	10.8100	0.0925	0.0125
27	7.9881	0.1252	87.3508	10.9352	0.0914	0.0114
28	8.6271	0.1159	95.3388	11.0511	0.0905	0.0105
29	9.3173	0.1073	103.966	11.1584	0.0896	0.0096
30	10.0627	0.0994	113.283	11.2578	0.0888	0.0088
35	14.7853	0.0676	172.317	11.6546	0.0858	0.0058
40	21.7245	0.0460	259.057	11.9246	0.0839	0.0039
45	31.9204	0.0313	386.506	12.1084	0.0826	0.0026
50	46.9016	0.0213	573.770	12.2335	0.0817	0.0017
55	68.9139	0.0145	848.923	12.3186	0.0812	0.0012
60	101.2571	0.0099	1253.213	12.3766	0.0808	0.0008

$i = 10\%$

n	$(F/P, i, n)$	$(P/F, i, n)$	$(F/A, i, n)$	$(P/A, i, n)$	$(A/P, i, n)$	$(A/F, i, n)$
1	1.1000	0.9091	1.0000	0.9091	1.1000	1.0000
2	1.2100	0.8264	2.1000	1.7355	0.5762	0.4762
3	1.3310	0.7513	3.3100	2.4869	0.4021	0.3021
4	1.4641	0.6830	4.6410	3.1699	0.3155	0.2155
5	1.6105	0.6209	6.1051	3.7908	0.2638	0.1638
6	1.7716	0.5645	7.7156	4.3553	0.2296	0.1296
7	1.9487	0.5132	9.4872	4.8684	0.2054	0.1054
8	2.1436	0.4665	11.4359	5.3349	0.1874	0.0874
9	2.3579	0.4241	13.5795	5.7590	0.1736	0.0736
10	2.5937	0.3855	15.9374	6.1446	0.1627	0.0627
11	2.8531	0.3505	18.5312	6.4951	0.1540	0.0540
12	3.1384	0.3186	21.3843	6.8137	0.1468	0.0468
13	3.4523	0.2897	24.5227	7.1034	0.1408	0.0408
14	3.7975	0.2633	27.9750	7.3667	0.1357	0.0357
15	4.1772	0.2394	31.7725	7.6061	0.1315	0.0315
16	4.5950	0.2176	35.9497	7.8237	0.1278	0.0278
17	5.0545	0.1978	40.5447	8.0216	0.1247	0.0247
18	5.5599	0.1799	45.5992	8.2014	0.1219	0.0219
19	6.1159	0.1635	51.1591	8.3649	0.1195	0.0195
20	6.7275	0.1486	57.2750	8.5136	0.1175	0.0175
21	7.4002	0.1351	64.0025	8.6487	0.1156	0.0156
22	8.1403	0.1228	71.4027	8.7715	0.1140	0.0140
23	8.9543	0.1117	79.5430	8.8832	0.1126	0.0126
24	9.8497	0.1015	88.4973	8.9847	0.1113	0.0113
25	10.8347	0.0923	98.3471	9.0770	0.1102	0.0102
26	11.9182	0.0839	109.1818	9.1609	0.1092	0.0092
27	13.1100	0.0763	121.0999	9.2372	0.1083	0.0083
28	14.4210	0.0693	134.2099	9.3066	0.1075	0.0075
29	15.8631	0.0630	148.6309	9.3696	0.1067	0.0067
30	17.4494	0.0573	164.4940	9.4269	0.1061	0.0061
35	28.1024	0.0356	271.0244	9.6442	0.1037	0.0037
40	45.2593	0.0221	442.5926	9.7791	0.1023	0.0023
45	72.8905	0.0137	718.9048	9.8628	0.1014	0.0014
50	117.3909	0.0085	1163.9085	9.9148	0.1009	0.0009
55	189.0591	0.0053	1880.5914	9.9471	0.1005	0.0005
60	304.4816	0.0033	3034.8164	9.9672	0.1003	0.0003

$i = 12\%$

n	$(F/P, i, n)$	$(P/F, i, n)$	$(F/A, i, n)$	$(P/A, i, n)$	$(A/P, i, n)$	$(A/F, i, n)$
1	1.1200	0.8929	1.0000	0.8929	1.1200	1.0000
2	1.2544	0.7972	2.1200	1.6901	0.5917	0.4717
3	1.4049	0.7118	3.3744	2.4018	0.4163	0.2963
4	1.5735	0.6355	4.7793	3.0373	0.3292	0.2092
5	1.7623	0.5674	6.3528	3.6048	0.2774	0.1574
6	1.9738	0.5066	8.1152	4.1114	0.2432	0.1232
7	2.2107	0.4523	10.0890	4.5638	0.2191	0.0991
8	2.4760	0.4039	12.2997	4.9676	0.2013	0.0813
9	2.7731	0.3606	14.7757	5.3282	0.1877	0.0677
10	3.1058	0.3220	17.5487	5.6502	0.1770	0.0570
11	3.4785	0.2875	20.6546	5.9377	0.1684	0.0484
12	3.8960	0.2567	24.1331	6.1944	0.1614	0.0414
13	4.3635	0.2292	28.0291	6.4235	0.1557	0.0357
14	4.8871	0.2046	32.3926	6.6282	0.1509	0.0309
15	5.4736	0.1827	37.2797	6.8109	0.1468	0.0268
16	6.1304	0.1631	42.7533	6.9740	0.1434	0.0234
17	6.8660	0.1456	48.8837	7.1196	0.1405	0.0205
18	7.6900	0.1300	55.7497	7.2497	0.1379	0.0179
19	8.6128	0.1161	63.4397	7.3658	0.1358	0.0158
20	9.6463	0.1037	72.0524	7.4694	0.1339	0.0139
21	10.8038	0.0926	81.6987	7.5620	0.1322	0.0122
22	12.1003	0.0826	92.5026	7.6446	0.1308	0.0108
23	13.5523	0.0738	104.6029	7.7184	0.1296	0.0096
24	15.1786	0.0659	118.1552	7.7843	0.1285	0.0085
25	17.0001	0.0588	133.3339	7.8431	0.1275	0.0075
26	19.0401	0.0525	150.3339	7.8957	0.1267	0.0067
27	21.3249	0.0469	169.3740	7.9426	0.1259	0.0059
28	23.8839	0.0419	190.6989	7.9844	0.1252	0.0052
29	26.7499	0.0374	214.5828	8.0218	0.1247	0.0047
30	29.9599	0.0334	241.3327	8.0552	0.1241	0.0041
35	52.7996	0.0189	431.6635	8.1755	0.1223	0.0023
40	93.0510	0.0107	767.0914	8.2438	0.1213	0.0013
45	163.9876	0.0061	1358.2300	8.2825	0.1207	0.0007
50	289.0022	0.0035	2400.0182	8.3045	0.1204	0.0004
55	509.3206	0.0020	4236.0050	8.3170	0.1202	0.0002
60	897.5969	0.0011	7471.6411	8.3240	0.1201	0.0001

$i = 15\%$

n	$(F/P, i, n)$	$(P/F, i, n)$	$(F/A, i, n)$	$(P/A, i, n)$	$(A/P, i, n)$	$(A/F, i, n)$
1	1.1500	0.8696	1.0000	0.8696	1.1500	1.0000
2	1.3225	0.7561	2.1500	1.6257	0.6151	0.4651
3	1.5209	0.6575	3.4725	2.2832	0.4380	0.2880
4	1.7490	0.5718	4.9934	2.8550	0.3503	0.2003
5	2.0114	0.4972	6.7424	3.3522	0.2983	0.1483
6	2.3131	0.4323	8.7537	3.7845	0.2642	0.1142
7	2.6600	0.3759	11.0668	4.1604	0.2404	0.0904
8	3.0590	0.3269	13.7268	4.4873	0.2229	0.0729
9	3.5179	0.2843	16.7858	4.7716	0.2096	0.0596
10	4.0456	0.2472	20.3037	5.0188	0.1993	0.0493
11	4.6524	0.2149	24.3493	5.2337	0.1911	0.0411
12	5.3503	0.1869	29.0017	5.4206	0.1845	0.0345
13	6.1528	0.1625	34.3519	5.5831	0.1791	0.0291
14	7.0757	0.1413	40.5047	5.7245	0.1747	0.0247
15	8.1371	0.1229	47.5804	5.8474	0.1710	0.0210
16	9.3576	0.1069	55.7175	5.9542	0.1679	0.0179
17	10.7613	0.0929	65.0751	6.0472	0.1654	0.0154
18	12.3755	0.0808	75.8364	6.1280	0.1632	0.0132
19	14.2318	0.0703	88.2118	6.1982	0.1613	0.0113
20	16.3665	0.0611	102.4436	6.2593	0.1598	0.0098
21	18.8215	0.0531	118.8101	6.3125	0.1584	0.0084
22	21.6447	0.0462	137.6316	6.3587	0.1573	0.0073
23	24.8915	0.0402	159.2764	6.3988	0.1563	0.0063
24	28.6252	0.0349	184.1678	6.4338	0.1554	0.0054
25	32.9190	0.0304	212.7930	6.4641	0.1547	0.0047
26	37.8568	0.0264	245.7120	6.4906	0.1541	0.0041
27	43.5353	0.0230	283.5688	6.5135	0.1535	0.0035
28	50.0656	0.0200	327.1041	6.5335	0.1531	0.0031
29	57.5755	0.0174	377.1697	6.5509	0.1527	0.0027
30	66.2118	0.0151	434.7451	6.5660	0.1523	0.0023
35	133.1755	0.0075	881.1702	6.6166	0.1511	0.0011
40	267.8635	0.0037	1779.0903	6.6418	0.1506	0.0006
45	538.7693	0.0019	3585.1285	6.6543	0.1503	0.0003
50	1083.6574	0.0009	7217.7163	6.6605	0.1501	0.0001
55	2179.6222	0.0005	14524.1479	6.6636	0.1501	0.0001
60	4383.9987	0.0002	29219.9916	6.6651	0.1500	—

$i = 20\%$

n	$(F/P, i, n)$	$(P/F, i, n)$	$(F/A, i, n)$	$(P/A, i, n)$	$(A/P, i, n)$	$(A/F, i, n)$
1	1.2000	0.8333	1.0000	0.8333	1.2000	1.0000
2	1.4400	0.6944	2.2000	1.5278	0.6545	0.4545
3	1.7280	0.5787	3.6400	2.1065	0.4747	0.2747
4	2.0736	0.4823	5.3680	2.5887	0.3863	0.1863
5	2.4883	0.4019	7.4416	2.9906	0.3344	0.1344
6	2.9860	0.3349	9.9299	3.3255	0.3007	0.1007
7	3.5832	0.2791	12.9159	3.6046	0.2774	0.0774
8	4.2998	0.2326	16.4991	3.8372	0.2606	0.0606
9	5.1598	0.1938	20.7989	4.0310	0.2481	0.0481
10	6.1917	0.1615	25.9587	4.1925	0.2385	0.0385
11	7.4301	0.1346	32.1504	4.3271	0.2311	0.0311
12	8.9161	0.1122	39.5805	4.4392	0.2253	0.0253
13	10.6993	0.0935	48.4966	4.5327	0.2206	0.0206
14	12.8392	0.0779	59.1959	4.6106	0.2169	0.0169
15	15.4070	0.0649	72.0351	4.6755	0.2139	0.0139
16	18.4884	0.0541	87.4421	4.7296	0.2114	0.0114
17	22.1861	0.0451	105.9306	4.7746	0.2094	0.0094
18	26.6233	0.0376	128.1167	4.8122	0.2078	0.0078
19	31.9480	0.0313	154.7400	4.8435	0.2065	0.0065
20	38.3376	0.0261	186.6880	4.8696	0.2054	0.0054
21	46.0051	0.0217	225.0256	4.8913	0.2044	0.0044
22	55.2061	0.0181	271.0307	4.9094	0.2037	0.0037
23	66.2474	0.0151	326.2369	4.9245	0.2031	0.0031
24	79.4968	0.0126	392.4842	4.9371	0.2025	0.0025
25	95.3962	0.0105	471.9811	4.9476	0.2021	0.0021
26	114.4755	0.0087	567.3773	4.9563	0.2018	0.0018
27	137.3706	0.0073	681.8528	4.9636	0.2015	0.0015
28	164.8447	0.0061	819.2233	4.9697	0.2012	1.0012
29	197.8136	0.0051	984.0680	4.9747	0.2010	0.0010
30	237.3763	0.0042	1181.8816	4.9789	0.2008	0.0008
35	590.6682	0.0017	2948.3411	4.9915	0.2003	0.0003
40	1469.7716	0.0007	7343.8578	4.9966	0.2001	0.0001
45	3657.2620	0.0003	18281.3099	4.9986	0.2001	0.0001
50	9100.4382	0.0001	45497.1908	4.9995	0.2000	—
55	22644.8023	—	113219.0113	4.9998	—	—
60	56347.5144	—	281732.5718	4.9999	—	—

$i = 25\%$

n	$(F/P, i, n)$	$(P/F, i, n)$	$(F/A, i, n)$	$(P/A, i, n)$	$(A/P, i, n)$	$(A/F, i, n)$
1	1. 2500	0. 8000	1. 0000	0. 8000	1. 2500	1. 0000
2	1. 5625	0. 6400	2. 2500	1. 4400	0. 6944	0. 4444
3	1. 9531	0. 5120	3. 8125	1. 9520	0. 5123	0. 2623
4	2. 4414	0. 4096	5. 7656	2. 3616	0. 4234	0. 1734
5	3. 0518	0. 3277	8. 2070	2. 6893	0. 3718	0. 1218
6	3. 8147	0. 2621	11. 2588	2. 9514	0. 3388	0. 0888
7	4. 7684	0. 2097	15. 0735	3. 1611	0. 3163	0. 0663
8	5. 9605	0. 1678	19. 8419	3. 3289	0. 3004	0. 0504
9	7. 4506	0. 1342	25. 8023	3. 4631	0. 2888	0. 0388
10	9. 3132	0. 1074	33. 2529	3. 5705	0. 2801	0. 0301
11	11. 6415	0. 0859	42. 5661	3. 6564	0. 2735	0. 0235
12	14. 5519	0. 0687	54. 2077	3. 7251	0. 2684	0. 0184
13	18. 1899	0. 0550	68. 7596	3. 7801	0. 2645	0. 0145
14	22. 7374	0. 0440	86. 9495	3. 8241	0. 2615	0. 0115
15	28. 4217	0. 0352	109. 6868	3. 8593	0. 2591	0. 0091
16	35. 5271	0. 0281	138. 1085	3. 8874	0. 2572	0. 0072
17	44. 4089	0. 0225	173. 6357	3. 9099	0. 2558	0. 0058
18	55. 5112	0. 0180	218. 0446	3. 9279	0. 2546	0. 0046
19	69. 3889	0. 0144	273. 5558	3. 9424	0. 2537	0. 0037
20	86. 7362	0. 0115	342. 9447	3. 9539	0. 2529	0. 0029
21	108. 4202	0. 0092	429. 6809	3. 9631	0. 2523	0. 0023
22	135. 5253	0. 0074	538. 1011	3. 9705	0. 2519	0. 0019
23	169. 4066	0. 0059	673. 6264	3. 9764	0. 2515	0. 0015
24	211. 7582	0. 0047	843. 0329	3. 9811	0. 2512	0. 0012
25	264. 6978	0. 0038	1054. 7912	3. 9849	0. 2509	0. 0009
26	330. 8722	0. 0030	1319. 4890	3. 9879	0. 2508	0. 0008
27	413. 5903	0. 0024	1650. 3612	3. 9903	0. 2506	0. 0006
28	516. 9879	0. 0019	2063. 9515	3. 9923	0. 2505	0. 0005
29	646. 2349	0. 0015	2580. 9394	3. 9938	0. 2504	0. 0004
30	807. 7936	0. 0012	3227. 1743	3. 9950	0. 2503	0. 0003
35	2465. 1903	0. 0004	9856. 7613	3. 9984	0. 2501	0. 0001
40	7523. 1638	0. 0001	30088. 6554	3. 9995	0. 2500	—
45	22958. 8740	—	91831. 4962	3. 9998	—	—
50	70064. 9232	—	280255. 6929	3. 9999	—	—
55	213821. 1768	—	855280. 7072	—	—	—
60	652530. 4468	—	2610117. 7872	—	—	—

$i = 30\%$

n	$(F/P, i, n)$	$(P/F, i, n)$	$(F/A, i, n)$	$(P/A, i, n)$	$(A/P, i, n)$	$(A/F, i, n)$
1	1.3000	0.7692	1.0000	0.7692	1.3000	1.0000
2	1.6900	0.5917	2.3000	1.3609	0.7348	0.4348
3	2.1970	0.4552	3.9900	1.8161	0.5506	0.2506
4	2.8561	0.3501	6.1870	2.1662	0.4616	0.1616
5	3.7129	0.2693	9.0431	2.4356	0.4106	0.1106
6	4.8268	0.2072	12.7560	2.6427	0.3784	0.0784
7	6.2749	0.1594	17.5828	2.8021	0.3569	0.0569
8	8.1573	0.1226	23.8577	2.9247	0.3419	0.0419
9	10.6045	0.0943	32.0150	3.0190	0.3312	0.0312
10	13.7858	0.0725	42.6195	3.0915	0.3235	0.0235
11	17.9216	0.0558	56.4053	3.1473	0.3177	0.0177
12	23.2981	0.0429	74.3270	3.1903	0.3135	0.0135
13	30.2875	0.0330	97.6250	3.2233	0.3102	0.0102
14	39.3738	0.0254	127.913	3.2487	0.3078	0.0078
15	51.1859	0.0195	167.286	3.2682	0.3060	0.0060
16	66.5417	0.0150	218.472	3.2832	0.3046	0.0046
17	86.5042	0.0116	285.014	3.2948	0.3035	0.0035
18	112.455	0.0089	371.518	3.3037	0.3027	0.0027
19	146.192	0.0068	483.973	3.3105	0.3021	0.0021
20	190.050	0.0053	630.165	3.3158	0.3016	0.0016
21	247.065	0.0040	820.215	3.3198	0.3012	0.0012
22	321.184	0.0031	1067.280	3.3230	0.3009	0.0009
23	417.539	0.0024	1388.464	3.3254	0.3007	0.0007
24	542.801	0.0018	1806.003	3.3272	0.3006	0.0006
25	705.641	0.0014	2348.803	3.3286	0.3004	0.0004
26	917.333	0.0011	3054.444	3.3297	0.3003	0.0003
27	1192.533	0.0008	3971.778	3.3305	0.3003	0.0003
28	1550.293	0.0006	5164.311	3.3312	0.3002	0.0002
29	2015.381	0.0005	6714.604	3.3317	0.3001	0.0001
30	2619.996	0.0004	8729.985	3.3321	0.3001	0.0001
35	9727.860	0.0001	32422.868	3.3330	0.3000	—
40	36118.865	—	120392.883	3.3332	—	—
45	134106.817	—	447019.389	3.3333	—	—
50	497929.223	—	1659760.743	—	—	—
55	1848776.350	—	6162584.500	—	—	—
60	6864377.173	—	22881253.909	—	—	—

参考文献

[1] 胡六星.建筑工程经济[M].北京：北京大学出版社，2014

[2] 渠晓伟.建筑工程经济[M].北京：机械工业出版社，2010

[3] 康峰.建筑工程经济[M].北京：中国电力出版社，2009

[4] 陈锡璞.工程经济[M].北京：机械工业出版社，2000

[5] 周传林.公路工程经济[M].北京：人民交通出版社，2006

[7] 田恒久.工程经济[M].武汉：武汉理工大学出版社，2004

[8] 赵彬.工程技术经济[M].北京：高等教育出版社，2003

[9] 全国一级建造师执业资格考试用书编写委员会.建设工程经济[M].北京：中国建筑工业出版社，2011

[10] 全国注册咨询工程师（投资）资格考试参考教材编写委员会.项目决策分析与评价[M].北京：中国计划出版社，2012

图书在版编目(CIP)数据

工程经济 / 曾福林,徐猛勇,史舒心主编.
—长沙:中南大学出版社,2014.12(2020.8 重印)
ISBN 978 - 7 - 5487 - 1252 - 7

Ⅰ.工… Ⅱ.①曾…②徐… Ⅲ.工程经济学
Ⅳ.F062.4

中国版本图书馆 CIP 数据核字(2014)第 300299 号

工程经济

曾福林　徐猛勇　史舒心　主编

□责任编辑　周兴武
□责任印制　周　颖
□出版发行　中南大学出版社
　　　　　　社址:长沙市麓山南路　　　　　邮编:410083
　　　　　　发行科电话:0731 - 88876770　　传真:0731 - 88710482
□印　　装　长沙德三印刷有限公司

□开　　本　787 mm × 1092 mm 1/16 □印张 12.75 □字数 312 千字
□版　　次　2015 年 1 月第 1 版　□2020 年 8 月第 4 次印刷
□书　　号　ISBN 978 - 7 - 5487 - 1252 - 7
□定　　价　42.00 元